谨以此丛书纪念
钱学森诞辰一百周年

曹刚川 二〇一〇年十一月

国家出版基金项目
NATIONAL PUBLICATION FOUNDATION

钱学森科学技术思想研究丛书

钱学森系统科学思想研究

苗东升　著

科学出版社
北京

内 容 简 介

本书探讨钱学森系统科学的思想来源和形成发展过程，论述钱学森系统科学体系结构，考察钱学森在系统科学的不同层次、不同学科中提出的新概念、新原理、新方法，评价钱学森对这门新兴科学的独特贡献，并且放在世界系统科学发展的总趋势中解读钱学森的学术思想，对中国过去三十年进行回顾和反思，探讨系统科学如何进一步发展。

本书可供关心系统科学的专家学者参考，也可作为相关学科的大学生和有兴趣的读者学习系统科学的参考书。

图书在版编目(CIP)数据

钱学森系统科学思想研究 / 苗东升著.—北京：科学出版社，2012
(钱学森科学技术思想研究丛书)
ISBN 978-7-03-035800-4

Ⅰ.①钱… Ⅱ.①苗… Ⅲ.①钱学森(1911～2009)-系统科学-科学思想-研究 Ⅳ.①N94

中国版本图书馆 CIP 数据核字(2012)第 246187 号

责任编辑：张海娜 / 责任校对：钟 洋
责任印制：吴兆东 / 封面设计：陈 敬

科学出版社出版
北京东黄城根北街 16 号
邮政编码：100717
http://www.sciencep.com

北京中科印刷有限公司 印刷

科学出版社发行 各地新华书店经销

*

2012 年 10 月第 一 版 开本：B5(720×1000)
2024 年 1 月第十二次印刷 印张：15
字数：299 000

定价：138.00 元

(如有印装质量问题，我社负责调换)

《钱学森科学技术思想研究丛书》序

在现代科学技术革命、政治多极化、经济全球化与文化多元化的新形势下，人类面对越来越复杂的世界，我国社会主义现代化建设同样也面对各种各样的复杂性问题。突破还原论，发展整体论，在还原与整体辩证统一的系统论基础上构建现代科学技术体系，探索开放的复杂巨系统理论与方法，并付诸实践，已经成为现代科学技术发展进程中的重大时代课题。

早在19世纪末，恩格斯就曾经预言①，随着自然科学系统地研究自然界本身所发生的变化的时候，自然科学将成为关于过程，关于这些事物的发生和发展以及关于把这些自然过程结合为一个伟大的整体的联系的科学。1991年10月，钱学森根据现代科学技术发展的新形势，进一步明确指出②："我认为今天的科学技术不仅仅是自然科学工程技术，而是人认识客观世界、改造客观世界整个的知识体系，这个体系的最高概括是马克思主义哲学。我们完全可以建立起一个科学体系，而且运用这个科学体系去解决我们中国社会主义建设中的问题。……我在今后的余生中就想促进这件事情。"

在东西方文化互补、融合的基础上，钱学森提出的探索宇宙五观世界观（胀观、宇观、宏观、微观、渺观）、社会主义社会三个文明（物质、政治、精神）与地理建设（生态文明）的体系结构、现代科学技术体系五个层次、十一个大部门的总体思想、开放的复杂巨系统理论、从定性到定量综合集成研讨厅与大成智慧学等，构成了钱学森科学技术思想的核心内涵。可以说，钱学森科学技术思想的核心是对现时代科学技术发展趋势的总体把握，是依据现时代科学技术综合化、整体化的发展方向，对恩格斯关于自然科学正在发展为"一个伟大的整体联系的科学"这一预见的科学论证与深刻阐发，它必将大大推动科学技术的发展，必将成为中国社会主义现代化建设的强大思想武器。因此，深入学习、研究、解读、继承，并大力传播与发展钱学森的科学技术思想，是我们这一代科技工作者不可推卸的历史责任。

钱学森在美国的二十年，潜心研究应用力学、工程控制论和物理力学，参与开拓美国现代火箭技术，成就为世界著名的技术科学家和火箭技术专家；回国后的前

---

① 中共中央马克思恩格斯列宁斯大林著作编译局. 马克思恩格斯选集（第四卷）. 第二版. 北京：人民出版社，1995：245.

② 钱学森. 感谢、怀念与心愿. 人民日报[1991-10-17].

二十五年，专心致志地领导、开拓我国导弹、航天事业，成为世界级的航天发展战略家、系统工程理论与实践的开拓者和国家功臣；晚年的钱学森，在马克思主义哲学的指导下，在科学技术的广阔领域里不懈地探索着，从工程技术走向了科学论，成为具有大识、大德和大功的大成智慧者，具有深厚马克思主义哲学功底的科学大师和思想家。钱学森提出的科学技术思想具有非同寻常的前瞻性和战略意识，对于我国科学技术的发展与社会主义现代化建设是一座无价的思想宝库。我们这些来自不同学术领域的后来者，研究、解读他的创新科学技术思想，是有难度的，在知识域上也是有局限性的。现在呈现在读者面前的《钱学森科学技术思想研究丛书》只是我们学习、研究钱学森科学技术思想的初步成果。我们把本丛书奉献给读者，目的是希望尽我们的微薄之力，进一步推动钱学森科学技术思想的研究工作，诚恳地欢迎社会各界提出不同的意见，并进行广泛的学术交流。

在《钱学森科学技术思想研究丛书》陆续与读者见面的时候，我们衷心地感谢国内相关领域的学者、专家积极主动地参与研讨，尽心尽力地出谋划策，无私地贡献自己的知识和智慧；特别要感谢谢光选、郑哲敏院士和新闻出版总署、科学出版社的领导和同志们，正是他们的大力支持和鼓励，才使本丛书得以在钱学森百年诞辰之际问世。

《钱学森科学技术思想研究丛书》编委会

2010 年 12 月 11 日

前　言

钱学森后三十年的学术探索是全方位的，但着力最多、成就最大的是系统科学。这个时期的钱学森首先是系统科学家，然后才是自然科学家、思维科学家、人体科学家、社会科学家等。钱学森是中国系统科学的开创者和导师，著述颇丰，是二十世纪八九十年代我国系统科学新思想、新观点、新概念、新方法的主要提出者和倡导者，影响巨大而深远。作者能够在接近“知天命”之年时进入系统科学的领域，在很大程度上得益于钱学森的影响和启发。尽管不是入室弟子，主观上却把他当成自己在学术研究上的引路人和导师。故多年前就萌发了写一本书的想法，理清钱学森系统科学思想发生发展的过程，概述他对这一学科的主要贡献，同时表达一下自己对他的敬慕和感谢之情。

晚年钱学森不写专著，他关于系统科学的思想都是以论文、谈话、书信的方式发表的，尽管大多数已结集出版，毕竟还显得零散，不够系统。作为一种科学前沿的探索，后面的提法对前面的提法作出修正，甚至是否定，致使初学者有不知如何入门的困惑。一些知名学者有时也把他某些早期说法（后来已经修正）当做一贯坚持的观点加以引用，造成某些混乱。钱学森的每一篇论文、每一次谈话、每一封信，都是在特定语境下完成的，而一般读者需要的是那些在一般语境下成立的思想、观点和方法。这些都增加了读者阅读钱学森系统科学著作的困难，有些人甚至据此贬低或否定他的科学思想。欲使钱学森系统科学思想传播得更广泛，并在传播的基础上进一步深化、发展，亟须对钱学森的论著、谈话、书信中有关系统科学的内容进行一番必要的梳理，从特殊语境转换到一般语境，使他的系统科学思想更加条理化、系统化。

非线性科学有一条原理，叫做路径依赖性，断言非线性系统的现在状态和未来走向对它的初态和已走过的路径有依赖性。世界上本无系统科学家，系统科学的创立者都是由其他领域的学者转变而来的。他们原来领域的专业知识（初态）、各自走过的学术道路决定了他们的思想特点、学术风格乃至对系统科学贡献的不同，以及各自在学术上的长处和短处。钱学森是作为力学家和导弹技术专家走向世界科学技术前沿的，通过成功地领导中国航天科技成为中华民族的功臣。力学属于自然科学，航天科技也主要是自然科学，钱学森的系统思想从何而来？与自然科学有何关系？他如何从自然科学走向系统科学？本书试图回答这些有趣的问题，从中觅得一些做学问的启示。

本书在《钱学森科学技术思想研究丛书》中立项，最初是由赵少奎和我策划的，意向中的作者并非我本人，而是建议由与钱学森有长期直接接触、他在学术上的合作者来承担。然而因他们事情太多，很难有时间做这种寻章摘句之事。我们几经努力，无果而终。不得已，赵兄鼓动我来写，实际上多年来我一直在考虑这方面的问题，自己学习和研究钱学森的部分体会已经陆续见诸学术刊物。但心里又一直在打鼓，最担心的是自己有此资格吗？作为学者，本人 46 岁时才确定了以研究系统科学作为学术方向，这实在是太晚了。孔夫子有言："四十、五十而无闻焉，斯亦不足畏也已"（《论语·子罕》）。还有一点，我不是钱学森嫡传弟子，没有受到他长期的耳提面命，难以获得他的真传。尤其是那种"只可意会、不可言传"的思想影响最为珍贵，只有长期直接接触钱学森的入室弟子才有可能获得（当然，这只是必要条件，还需有做学问的真诚和必要的悟性）。没有这种条件，必然限制了我对钱学森学术思想了解的广度、深度和真切度。

但转而一想，我也有自己的优势。其一，三十年来本人一直在学习和研究钱学森的著述，自信在目前在世的中国学者中难有第二个像我这样下过死工夫的。灵气不足，那就以勤补拙，这个"勤"，我是颇为富有的。其二，古诗云："秋风至庭树，孤客最先闻"（刘禹锡）。我是中国学界的孤微子，名利场没有我的份。这也有两重性，锤炼了我对学问的真诚。由于用进废退的达尔文原理在起作用，三十年来练就些许非孤客难以得到的学术定力和感悟力，不仅能够在冷板凳上坐得住，而且自以为对钱学森学术思想有些独到的理解，作为一家之言，我觉得值得写出来。前思后想，左衡右量，接受了赵兄的建议，终于有了这本书。

本书书名中加上"思想"二字，意在表明本书并不打算写成系统科学的专著或教科书，而是侧重考察、评析钱学森在系统科学方面的科学思想，探究他做学问的立场、观点和方法，剖析他在系统科学领域耕耘几十年的心路历程，即陆机所谓"得其用心"（《文赋》）。同时也表明作者对一些已经成为历史的相关事件的看法，希望对后来人了解中国系统科学的过去有所助益，更希望能够对中国系统科学进一步发展有所助益。就全书内容的逻辑看，全书可分为三篇，第 1～5 章为总论，第 6～10 章为分论，第 11～15 章为余论。

清代大学者袁枚有诗云："阿婆还是初笄女，头未梳成不许看"。钱学森生前颇为喜欢这两句诗，曾经用来勉励他的大弟子。作为研究钱学森学术思想的论著，本书算是"头已梳成、就要出嫁之女"，不仅允许看，而且希望读者多多，多多可以益善嘛！至于梳妆"入时也无"，是丑是美，老夫静候学界同仁和读者的批评。

今天是元宵节，寒风凛冽。入冬以来，四九冷于三九，五九冷于四九，六九又冷于五九，成为今春一大特色。奇冷也是一种难得的景色，因景生情，想起戴叙伦的小令《转应曲》，仿而效之，得打油词一首：

转应曲·元宵

元宵，元宵，元宵到来年了
欧美东亚雪下，白天黑，夜风刮
刮风，刮风，五洲争看飞龙

苗东升
2012年2月6日

目　　录

第 1 章　钱学森论系统思想的历史演变

成为一个自觉的历史唯物主义者之后，钱学森很重视对自己所考察的社会事物、所研究的学问作历史的考察，因为他相信“历史会给我们启示”①。这既是历史唯物主义的观点，也是一种系统思想。一个在历史演变中产生发展起来的系统，只有放在足够完整而适当的历史环境和历史过程中考察，即在历史的时空中考察，才能把握它的真谛，即真实的历史空间和完整的历史过程所产生的整体涌现性，依据这种整体涌现性来考察该事物。

1.1 导　　言

所谓系统研究、系统运动、“系统热”是 20 世纪中后期的一种国际性社会现象，在一定的社会历史背景下产生，经历了一定的历史演变过程，需要历史地去把握。只关注学科中具体问题的学者对此不感兴趣，具有历史感、有志于构筑学科整体发展模式和研究纲领的学者，必定重视对学科形成和发展作历史的整体把握，从历史中寻找启示。钱学森正是这样的学者，他的系统思想深具历史感。所以当 20 世纪 70 年代末决定转向重点研究系统科学后，他考察了这门学问是在怎样的社会历史环境条件下发生发展起来的，这种社会历史环境赋予其哪些特点，发展演变到今天又发生了和应该发生哪些变化，进而预测其未来将如何发展。在这一点上钱学森就比同一时期的其他系统科学家高明，他们常常离开具体的历史环境看问题。本书研究的是钱学森的系统科学思想，首先应当把它放在世界范围的系统科学思想发展中考察。特别地，我们要根据钱学森自己关于系统思想发生发展的历史观点，来解读钱学森系统思想的发生发展过程。

现代系统思想是在西方发达国家首先形成的。由于这个缘故，如钱学森所说，一些西方学者常常“一说到系统工程中的系统，总好像是 20 世纪的新发现，是现代科学技术所独特的创造。这在我们看来，自然不能同意”(92页)。钱学森对系统科学史的梳理就是以澄清这一错误认识为线索而进行的。为什么说系统概念不是现代科学的独创？它的起源应该追溯到什么时候？经历了怎样的发展行程？20 世纪有哪些新贡献？现代系统思想与现代科学的关系如

---

① 钱学森，等. 论系统工程(新世纪版). 上海：上海交通大学出版社，2007：115. 本书后面只注明页码的引文均出自此书.

何？本章将通过回答这些问题来梳理和评析钱学森在这方面的观点。

1.2　现代系统思想前史:古代系统思想

本着历史唯物主义的基本原则,钱学森把系统思想区分为古代的和现代的两类,认定现代系统思想是在古代系统思想的基础上形成、发展的。我们首先考察他对古代系统思想的评述。由于这个问题既涉及系统思想的起源,必然有唯物论与唯心论的对立;又涉及从古代系统思想到现代系统思想的转变和发展,必然有辩证法与形而上学的对立,不能不从哲学上思考问题。这样做也有助于了解钱学森为什么一再强调系统科学必须以辩证唯物主义作为哲学指导。

辩证唯物主义认为,人的一切认识或思想都来自社会实践,是客观事物通过实践反映到主观世界的结果。系统概念、系统思想当然也不例外。钱学森依据这一哲学原理断言:系统思想、系统概念古已有之,绝不像西方某些人所说的那样是现代科学技术所独有的。根据何在?从学理上看,“人类自有生产活动以来,无不在同自然系统打交道”(37页)。作为劳动对象和劳动环境的自然界是以系统方式存在的,称为自然系统,包括大大小小的各种自然系统。人在生产劳动中同这些自然系统打交道,为了生存发展,就得了解它,适应它,利用它。在此过程中,这些自然物的系统性就会不断反映到人的意识中。人的劳动成果也是以系统方式存在的,也会反映到人的意识中。久而久之,人们就形成了最初的系统思想,只是古代人尚不自觉而已。人是社会动物,社会本身是一种系统的存在,也会反映到人脑中,社会生活本身也在培育人的系统思想。基于这些事实,钱学森得出结论说:“系统概念来源于古代人类的社会实践经验,所以一点也不神秘”(37页)。

古代系统概念的萌发也有人的主观原因,即人类思维固有的质性使然。“系统思想由来已久。一个人在实践当中,认识一点客观事物,他总要想把这些事物联系起来看”(364页)。钱学森这里说的是人脑思维固有的系统化趋势:总想把不同事物联系起来,哲学上就是事物普遍联系的观点。客观事物以系统方式存在,认识主体的思维具有把认识成果系统化的追求(“联系起来看”),两方面相结合,系统概念的产生就具备了必然性。钱学森还特别提到古人的天神观念,认为这是关于自然界系统性的一种非科学的解释,由此产生了神话系统。

以古代人类创造物为载体所表示、记录和保存下来的系统思想,存在于各个古老民族的文化中。其中特别突出者,西方文化的代表是古希腊,东方文化的代表是古中国。钱学森对两者作了简要的考察。就中国而论,我们的祖先在农事、医药、水利、建筑、手工业、天文历法、军事指挥等方面都表现了杰出的系统思想,至今仍然能够为人们提供思想启迪。钱学森在不同场合对这些内容都有所提及,他特别重视的是以下几方面：

(1) 工程技术的系统思想。典型代表是四川都江堰水利工程，钱学森多次提到它，并给以很高的评价："工程之间的联系关系处理得恰到好处，形成一个协调运转的工程总体"(37页)，"即使按照今天系统工程的观点，这也是一项杰出的大型工程建设"(6页)。

(2) 中医的系统思想。钱学森说："其实再小一点的事也用得上系统工程的思想，如治病，要人、病、证三结合以人为主统筹考虑。这就是说要把人体作为一个复杂的体系，还要把人和环境作为一个复杂体系来考虑"(6页)。晚年钱学森对中医极为关注，把中医作为建立人体科学的重要资源，这跟他对中医深刻的系统思想之认识密切相关。

(3) 农业的系统思想。钱学森认为，《管子》的《地员》篇、《氾胜之书》等古籍"对农作与种子、地形、土壤、水分、肥料、季节、气候诸因素的关系，都有辩证的叙述"(37页)，辩证的叙述就是系统论的叙述。

(4) 军事学术的系统思想。孙子军事理论的全面性观点十分突出，特别强调"全"，有全知、全胜、全争、全利等概念，提出作战要做到"我专而敌分"(虚实篇)等，都是十分高明的系统思想。"我专"是正面应用系统的整体涌现性，使己方最大限度地发挥系统效应；"敌分"则是反面应用系统的整体涌现性，让敌人不能发挥集中兵力的系统效应。

当然，古代系统思想的显著特点是认识的直观性、应用的自发性，只是"朴素的系统概念的自发应用"(37页)。古代中国的系统思想虽然已达到很高水平，但还没有形成明确的系统理论，甚至还没有产生系统这个词。按照钱学森的概念，用今天的标准衡量，那时人们对系统现象的认识尚属于前科学。

人对客观世界的认识是逐步提升的，概括性、抽象性越来越高，最终要概括到哲学思想中。在科学技术的每个层次上都可以进行哲学概括，前科学同样需要而且能够进行哲学概括，古代哲学就是对前科学知识进行哲学概括的产物。对系统的认识也如此。如钱学森所说："在人类历史上，凡是人们成功地从事比较复杂的工程建设时，就已不自觉地运用了系统工程方法，而且这里面也自然孕育着理论"(6页)。他又说："朴素的系统概念，不仅表现在古代人类的实践中，而且在古中国和古希腊的哲学思想中得到了反映"(37页)。在西方古代学者中，钱学森举出辩证法大师赫拉克利特关于"世界是包括一切的整体"的论断；还有原子论创立者德谟克利特，他写过《宇宙大系统》一书，虽然早已失传，书名足以表明古希腊系统思想已达到怎样的高度。在中国古代哲人中，钱学森提到老子强调自然界统一性的观点，千差万别的自然存在物具有统一性，这当然是一种系统观点。对于南宋陈亮的"理一分殊"思想，钱学森用现代科学语言作了这样的解读："称理一为天地万物的理的整体，分殊是这个整体中每一事物的功能，试图从整体角度说明部分与整体的关系”。他由这些事实引出的结论是:“用自发的系统概念考察自然现象,这是古代中国和希腊唯物主义哲学思想的一个特征。古代辩证唯物的哲学思想包含了系统思想的萌芽”(38页)。

对于古希腊的系统思想,恩格斯做过这样的评论:“在希腊人那里——正因为他们还没有进步到对自然的解剖、分析——自然界还被当作一个整体而从总的方面来观察。自然现象的总联系还没有在细节方面得到证明,这种联系对希腊人来说是直接的直观的结果”①。就是说,古希腊人把自然界当作一个整体来观察,注重把握自然界的总联系,显然是一种系统思想,此乃他们的高明之处。但古希腊人还不懂得对自然系统进行解剖和分析,无法从细节方面去证明自然的总联系,因而他们的系统思想只能是直观的、朴素的。这又是他们的历史局限性,被局限在古代系统思想的水平上。钱学森赞赏恩格斯的这些评价,多次引用这段话作为分析古代(包括中国古代)系统思想的指导原则。

古代朴素的系统思想也在文学作品中得到艺术的反映。钱学森曾经提到《诗经》农事诗《七月》。在我国文论界,这首诗引起注意的主要是它“展开了一幅被剥削的农民生活图景。农民们的血汗保证了贵族们的丰衣足食,他们自己却永远免不了饥寒”②。从科技角度看,这首诗对农业生产的过程性、时序性、曲折性,也就是系统性,已有清晰的认识,是中国农业系统思想最早的文字记录和文学表达。看来正是这种系统思想引起钱学森的兴趣。更突出的是唐诗宋词,系统思想的提炼和表达已经达到极高的水平,有些名句足以同现代系统科学名家名著中那些脍炙人口的语句相媲美。例如,王维诗云:“白云回望合,青霭入看无”,讲的是整体涌现性的生成与解构,以及还原与整合所造成的认知差异:“回望”所看的是整体,白云可见;“入看”所看的是眼前、脚下,即局部,不见青霭,整体具有而局部没有的正是系统的整体涌现性。李商隐的写柳诗云:“倾国宜通体,谁来独赏眉”。美人之美,美在于她的通体,即整体性美,而不在其五官中的个别器官。短短十个字,传递的信息量胜于许多现代刊物上长篇美学论文。又如苏轼的七绝:“横看成岭侧成峰,远近高低各不同。不识庐山真面目,只缘身在此山中”。跳出系统看系统的原理,系统论的开放性原理,被东坡先生准确、形象、生动地表达出来了。稍加发挥,可以得到一个系统论的重要命题:“不识系统真面目,只缘身在系统中”。

---

① 中共中央马克思恩格斯列宁斯大林著作编译局. 马克思恩格斯选集(第三卷). 北京:人民出版社,1972:468.

② 余冠英. 诗经选译. 北京:作家出版社,1957:141.

1.3　现代系统思想:从经验到哲学,从思辨到定性

1980 年,通过对从 15 世纪下半叶到 20 世纪中期系统思想在西方发展演进历史的考察,钱学森十分简要而又精准地阐述了“系统思想如何从经验到哲学到科学、从思辨到定性到定量的大致发展情况”(40页)。对于作为知识形态存在的现代系统思想,他从两个不同视角把其划分为三种形态:经验的系统思想、哲学的系统思想、科学的系统思想;把现代系统思想的形成发展归结为从经验到哲学、从哲学到科学两大步:

经验⟶哲学⟶科学

如果单就对经验形态的系统思想的理性加工来看,则现代系统思想的演变行程为:

思辨⟶定性⟶定量

这就是说,现代系统思想形成发展的历史过程大体可以划分为两个阶段,第一阶段是从经验到哲学,从思辨到定性;第二阶段是从哲学到科学,从定性到定量。本节试图对第一阶段作展开讨论。

现代系统思想无疑吸取了古代系统思想(保存于波普尔所说的世界 3,记作 W_3)的精华,但第一位的来源只能说是近现代的社会实践,从 W_3 中吸取思想资源是第二位的。如果说古人的社会实践已经是孕育系统观念的土壤,那么,近代以来随着工业文明兴起,社会实践各方面的系统联系之多样和紧密远远超过古代,资本主义社会的系统性远强于各种前资本主义社会,为提炼现代系统思想准备了空前丰富的社会实践资源。特别地,资本主义的兴起和成长把历史上一直以非系统方式存续运行的地球人类系统化,形成了世界系统。这是一种新生的、特殊的社会系统,即钱学森所说的世界社会,为现代系统思想的形成提供了更宏观的实践来源。自然科学的巨大发展又使人们对自然界的了解空前的广泛而深入,揭示出大自然作为系统的层次结构。一句话,工业文明的社会实践为培育现代系统思想提供了前所未有的沃土。故钱学森把现代系统思想的起点确定为经验形态的系统思想,既符合唯物论,又符合世界近代史。

直接由社会实践启示的系统思想只能是经验形态的观念,还不是理性形态的观念,思想深度不够。在现代科学已经达到的理论水平上,现代系统思想和系统概念不可能单纯由直接概括实践经验来建立,还需有现代哲学思想的指导。从 17 世纪到 20 世纪初是还原论科学所向披靡的历史时期,而还原论的勃兴是以解构古代整体论即古代系统思想为前提的。现代系统思想的形成实际上走的是一条辩证的道路:以抛弃古代整体论为现代整体论做准备,只有暂时抛弃整体论,走向还原论,才能最终把整体论与还原论结合起来,建立现代系统思想。

17 世纪以降，由于还原论居主导地位，如恩格斯所说，现代科学自身造成一些重大“障碍”，它“以这些障碍堵塞了自己从了解部分到了解整体、到洞察普遍联系的道路”①。不清除这些障碍，不打通从了解部分到了解整体、到洞察普遍联系的道路，就不可能产生现代系统思想。但是文艺复兴以来培育的科学家们，信奉的是机械论的世界观、机械反映论的认识论和还原论的科学方法论，他们是古代系统思想的解构者，没有兴趣、更没有能力对社会实践中已经孕育的现代系统思想加以理论概括，把它上升为科学思想。在还原论科学节节胜利的态势下，对经验形态的系统思想的理性加工，打通从了解部分到了解整体、到洞察普遍联系的道路者，只能是哲学家，而且只能是辩证哲学家。

简要地说，系统科学的内容主要是两大块。一块是关于系统的存续运行的学问，它的哲学根据是辩证法的普遍联系原理：既然世界上的事物是相互联系着的，就可以断言现实世界是由各种各样的系统组成的，系统是事物存在的普遍方式；又由于事物相互联系的质性、方式、力度又千差万别，故可以断言现实存在的系统千差万别，每个具体的系统都是从普遍联系之网中相对地划分出来的，各有其特殊的质性。系统科学的另一大块是关于系统演化发展的学问，它的哲学根据是辩证法的发展变化原理：既然一切事物都处于忽快忽慢的演化中，而系统是事物存续运行的普遍方式，故断言一切系统都处于演化发展中就是逻辑必然的结论；但这种演化发展又是形形色色、千变万化的，必须把握他们的特殊性。基于这两点，系统思想本质上属于辨证思想范畴，它是辩证法的普遍联系原理和发展变化原理的一种具体的、科学的表现形式，只能被辩证哲学家首先把握。

这里首先要提到黑格尔。在他从事哲学研究的时期，工业文明已经不可逆转地确立起来，西方资产阶正在通过殖民化把地球人类整合为一个系统，现代系统思想的社会实践基础已经基本具备，需要而且可能获得它的意识形态表现。这就是黑格尔的现代辩证哲学，他“第一个全面地有意识地叙述了辩证法的一般运动形式”②，对上述辩证法的两大原理都给出深入的论述。黑格尔对形而上学忽视整体的观点进行批判，认定“所谓辩证法，就是作为一个系统的整体的展开”③。这已经是关于系统思想的现代表述，故考察现代系统思想的起源不能不回溯到黑格尔。但黑格尔的辩证法是主观唯心主义的，把客观世界看成绝对观念的自我发展；而科学技术只能建立在唯物主义的哲学基础上，系统科学不可能以黑格尔的辩证哲学作为哲学依据。换言之，只有对黑格尔的辩证法加以唯物主义的改造，把它建立在

① 中共中央马克思恩格斯列宁斯大林著作编译局. 马克思恩格斯选集(第三卷). 北京：人民出版社，1972：468.

② 中共中央马克思恩格斯列宁斯大林著作编译局. 马克思恩格斯选集(第二卷). 北京：人民出版社，1972：218.

③ 刘炯忠. 马克思主义的方法论与系统论. 北京：中国人民大学出版社，1994：112.

唯物主义基础上，才能为现代系统思想奠定科学的哲学基础。

所幸的是，马克思和恩格斯在19世纪中后期承担了这一历史任务，把黑格尔颠倒了的东西重新颠倒过来，给两大原理以唯物主义的解释，创建了辩证唯物主义，为现代系统思想的产生奠定了正确而充分的哲学基础。黑格尔的辩证哲学是纯思辨性的，把现代系统思想追溯到黑格尔，它的起点就思辨的，黑格尔给出的是思辨的现代系统思想。马克思的辩证唯物论是科学的哲学，系统思想到马克思恩格斯那里已经摆脱了思辨性，具备了科学性，马克思主义哲学才给出现代系统思想的科学阐述。所以，钱学森用"从思辨到哲学"来概括这一进展，进而断言应该"把系统这个思想的哲学根源追溯到马克思主义哲学"①。又说："系统思想是进行分析与综合的辩证思维工具，它在辩证唯物主义那里获得了哲学的表达形式"(39页)。换言之，现代系统思想的哲学表述是辩证唯物主义，黑格尔的思辨哲学不过是为现代系统思想产生所做的前期性思想准备。

马克思、恩格斯对现代系统思想的贡献绝不限于此，他们通过对新兴资本主义文明特殊系统性的科学分析，从多个方面相当深入地揭示了系统概念的内涵，只是还没有明确地把系统作为马克思主义科学概念体系中的一员来运用。现代系统思想的一些基本观点都可以从马克思主义经典著作中觅得踪影，有许多与今天的系统理论家的表述相当接近，国内外学者对此都有分析论证。仅举几点：

(1) 马克思与恩格斯的主要著作都渗透着鲜明的系统论思想，"提供了自有人类历史以来难得的哲学系统论的范例"②。如《资本论》建立了政治经济学的系统论，《德意志意识形态》提供了社会系统论的基础，《自然辩证法》和《反杜林论》给出科学系统论的纲要，等等。

(2) 钱学森概括贝塔朗菲以来系统科学家的共识，把用系统观点看问题概括为"要从整体上考虑并解决问题"③。实际上这是马克思主义一贯的主张，如马克思提倡"从整体上去考察经济的过程"④，列宁提倡"社会主义者应当善于区分部分和整体，应当按整体提口号，而不是按部分提口号"⑤。

(3) 系统论的第一块理论基石是整体涌现性原理，贝塔朗菲把它引入系统科学，并建议用亚里士多德的命题"整体大于部分之和"来表达。马克思主义创始人对此原理的理解有多深刻，从恩格斯的这样一段话中可以看出来："许多人协作，许多力量溶合为一个总的力量，用马克思的话来说，就造成'新的力量'，这种力量和

---

① 钱学森. 创建系统学(新世纪版). 上海：上海交通大学出版社，2007：7.

② 刘炯忠. 马克思主义的方法论与系统论. 北京：中国人民大学出版社，1994：118.

③ 钱学森. 创建系统学(新世纪版)，上海：上海交通大学出版社，2007：130.

④ 马克思. 政治经济学批判大纲(第5分册). 北京：人民出版社，1978：227.

⑤ 列宁. 列宁全集(第11卷). 北京：人民出版社，1987：371.

它的一个个力量的总和有本质的差别"①。这种溶多为一所产生的、与总和有本质差别的东西,就是系统科学讲的整体涌现性。相比之下,今天的许多系统科学家仍然没有达到这一思想高度,更不用说部分深受还原论束缚的自然科学家。

(4) 哈肯、普利高津等提出的、备受学界赞赏的自组织理论,实际是科学发展长期积累的产物,仅就现代科学而论,达尔文的进化论、赖尔的地质学说、相变理论分别是生物学、地质学和物理学的自组织理论,马克思、恩格斯的五种社会形态学说则是社会历史自组织演化的理论,具有依托自然科学建立的自组织理论所没有的丰富性和深刻性。现代自组织理论是在这些理论成果的基础上产生的。

已经从自然科学走向控制科学的钱学森,回国后遵循毛泽东的教导,认真学习马克思主义哲学,对其中富含的系统思想无疑有过人的敏感性。由于出身于自然科学,钱学森对恩格斯著作读得更多,所受影响更直接。恩格斯著作中明确使用系统化、系统联系、统一体、体系等概念,都是系统概念的近义词,表明他的系统思想已有相当大的自觉性。恩格斯依据他生前对科学的整体态势和发展趋势的把握,指出"一个伟大的基本思想,即认为世界不是一成不变的事物的集合体,而是过程的集合体,其中各个似乎稳定的事物以及它们在我们头脑中的思想映象即概念,都处在生成和灭亡的不断变化中"②。钱学森特别赞赏这段话,反复引用。今天重读这段话不难发现,恩格斯不仅运用了辩证哲学的语言,而且运用了体系、整体、过程、发生、发展等系统科学今天常见的用语,甚至还有"近乎系统的"这种言词。由此可见,钱学森断言恩格斯的上述大段论述"就是现代的科学的系统思想"(365页),完全站得住脚。他在另一处又给恩格斯的话以这样的解读:"恩格斯讲的集合体不就是我们讲的系统吗?恩格斯强调的过程,不就是我们讲的系统中各个组成部分的相互作用和整体的发展变化吗?"(93页)

基于上述事实,钱学森对现代系统思想、系统概念与马克思主义的渊源关系给出如下判断:

"马克思、恩格斯的辩证唯物主义认为,物质世界是由无数相互联系、相互依赖、相互制约、相互作用的事物和过程形成的统一整体。辩证唯物主义体现的物质世界普遍联系及其整体性的思想,也就是系统思想"(39页)。

"我们要认识到系统这一概念,来源于人类的长期社会实践,首先在马克思主义的经典著作中总结上升为明确的思想,而绝不是什么在20世纪中叶突然出现的"(93页)。

"人是什么时候明确地有了'系统'的概念,依我的看法是在一百年以前,在马

① 恩格斯.反杜林论.北京:人民出版社,1971:124.

② 中共中央马克思恩格斯列宁斯大林著作编译局.马克思恩格斯选集(第四卷).北京:人民出版社,1972:239.

克思主义哲学形成的时候，这个概念就明确了，所以不是新的”(353页)。

“系统思想经过两千多年的演变，最后到一百年前，恩格斯把它明确了，成为真正辩证唯物主义的、科学的、现代系统思想。然后又经过半个多世纪，才真正实际上应用来解决具体的问题”(366页)。

“系统科学及其基础理论系统学的创立，把恩格斯在一百年前讲的普遍联系道理变成了定量的科学”①。

应该说这些评价是客观的、科学的，经得住历史事实的检验。

1.4　现代系统思想：从哲学到科学，从定性到定量

尽管马克思恩格斯对现代系统思想有诸多具体而精深的论述，称得上给出系统概念基本的科学阐释，但现代系统思想从经验到哲学、从思辨到定性的转变不可能在马克思和恩格斯生活和战斗的19世纪最终完成，系统科学没有也不可能在19世纪问世。先进的哲学思想往往超越现实生活，要把它转化为科学思想和科学概念，还需要现实生活本身有相应的发展变化，为其提供经济的、文化的、技术的准备，19世纪尚未完成这些准备。如钱学森所说：“科学技术的发展落后于马克思主义哲学的发展，科学技术人员从自己的实践中认识到系统的重要性，是20世纪30年代以后的事情”(360页)。在历史上，科学与哲学是互动的，有时平衡发展、同步前进，有时是不平衡的，或者科学走在哲学前面，或者哲学走在科学前面。在现代系统思想的产生过程中，哲学就走在科学的前面。“恩格斯指明了现代的科学的系统思想。但是人们真正按照这个去做，很长一个时间还没有做到。实际上，真正用现代系统思想去解决现代的问题，又过了差不多半个世纪。”在钱学森看来，“没有做到”的原因在于“真正照着恩格斯的话去做，也是很不容易的”。为说明这个观点，他还引用恩格斯的话：“口头上承认这个思想是一回事，把这个思想具体地实际应用于每一个研究领域，又是一回事”(365页)。我们就他的这个思路做些展开论述。

首先需要指出，无论恩格斯生前，还是现在，或者到可以预料的未来一段时间，要科学界普遍地自觉运用马克思主义哲学指导研究工作，还做不到。因为一直到20世纪中期，马克思主义基本上是以革命理论的面貌出现在世人面前的，科学界并不熟悉，甚至因政治偏见而拒斥之。绝大多数科学家属于自觉的科学唯物主义者，运用辩证唯物主义则是自发的。再加上社会主义实践遭到重大挫折，正处于低潮，十分不利于马克思主义哲学的传播。恩格斯所揭示的科学向辩证思维的复归是一个漫长而曲折的历史过程，要科学界运用辩证唯物主义从自发走向完全自觉，

---

① 涂元季. 钱学森书信(第2卷). 北京：国防工业出版社，2007：96. 本书后面凡标注(*a*-*bcd*，如7-352)的引文均出自此文献，*a*为卷数，*bcd*为页数.

还有待历史发展创造必要的社会条件;21世纪或许有可能实现,但我们今天仍然不能把话说死。

从现代系统思想的定性阐释到建立系统科学,只能是科学自身的历史发展的结果,不可能从别的地方产生出来再并入科学系统中。哲学能够起指导作用,却不可能代替科学本身的工作。对于建立系统科学,"科学技术人员是从自己的实践中认识到系统的重要性",这一点十分必要,因为认识只能来自实践。秉承恩格斯的思路,钱学森对系统科学诞生前的自然科学作了这样的概括:"对自然界这个统一体的各个细节的认识,这是近代自然科学的任务……近代自然科学发展了研究自然界的独特的方法,包括实验、解剖和观察,把自然界的细节从总的自然联系中抽出来,分门别类地加以研究"(38页)。这就是还原论科学,它对系统科学的孕育和成长有正反两个方面的作用。由于否定整体论,还原论科学堵塞了自己从了解局部到了解整体、到洞察普遍联系的道路,不利于系统科学的产生,甚至形成很大的阻力。另一方面,诚如恩格斯所说,不了解构成自然界总画面的各个细节,就看不清这个总画面。推而广之,对于作为认识对象的任何系统,如果不知道构成它的各个部分及其相互关系,对系统整体的认识就达不到现代科学的水平。还原论的充分发展使人们能够把对自然现象总联系的了解建立在对自然现象深入细致的考察之上,把对系统整体的认识建立在对系统组分和结构足够精细的认识之上,由此才可能克服古代系统思想的直观性、自发性、朴素性,把系统思想上升到现代科学的水平。没有这样的知识准备,就摆脱不了古代整体论的局限性,不会产生完善的现代系统思想,更不会建立系统科学。这又是还原论科学对系统科学的不可或缺的历史性贡献。这叫做相反相成,矛盾的一方面(整体论)要靠它的对立面(还原论)来制约、否定、反对,才能获得新的质的规定性,升华到更高层次(系统论)。一般来说,对立面相互为对方发展提供某种必不可少的动力和资源,当然是以否定的形式提供的。用哲学语言讲,否定也是规定。

说马克思恩格斯把现代系统思想从思辨上升到哲学的、定性的阐述,不等于说他们已经完成了这种定性阐释。他们对系统概念的定性阐释是以19世纪的科学成果为依据给出的,19世纪的科学成果还不足以让现代系统思想最终形成。还原论科学在19世纪还没有达到其顶峰,它的局限性尚未充分暴露,科学系统本身还不需要、也不可能建立起超越还原论的系统论。也就是说,有了系统概念的哲学阐释(定性阐释的一种)还不够,还需要有科学层次上的定性阐释,这就需要运用20世纪的科学成果。从19世纪与20世纪之交起,克服还原论局限性的探索开始在不同科技领域自发地出现,形成一种历史性的潮流。在这一潮流中逐渐孕育出来的学科,如运筹学、控制论等,都从各自的特殊角度给系统概念以科学的表述,但都没有把系统作为基本概念明确地给以阐释。

最先把系统作为基本概念给以科学界定的是一般系统论,代表人物是贝塔朗菲。理论生物学家贝特朗菲是在1920年代末登上科学舞台的,他所面对的科学发展态势已显著不同于恩格斯时代。贝塔朗菲不满意20世纪以来生物学的发展,“他说生物学完全走的是还原论的这条路;研究越来越细,一直研究到分子,叫做分子生物学。学问是多级了。但是最后说到生命现象到底是怎么回事,好像越来越渺茫。研究得越细,对整体越说不清楚。所以,贝塔朗菲就提出来,是不是要朝另一个方向看一看,他提出了系统的思想”[368页]。也就是说,正是分子生物学的发展使贝塔朗菲最终看清了“系统问题实质上是科学中分析程序的局限性问题”①。他的系统思想反映了20世纪的科学水平,恩格斯时代做不到这一点。

从哲学层面看,马克思恩格斯对系统思想的定性阐释已经具备足够的普适性。若从科学层面上看,他们的定性阐释都是结合经济、政治、社会历史的具体问题给出的,显然缺乏普适性,字面上常常看不出与系统研究的联系。所以说,尽管马克思恩格斯在给系统概念以科学的定性阐释上做出决定性的贡献,但他们还不是这一工作的最终完成者,直到19世纪末,即恩格斯逝世的年代,系统现象或系统事物还不可能成为一个独立的研究领域。在这种情况下,系统作为这一领域的核心概念或根本概念,对它的定性阐释也就不可能最终完成。在马克思、恩格斯那里,系统尚未被提炼为一个明确的科学概念,成为一种科学研究的对象,更不用说形成一个刻画系统的概念体系。而系统思想要从哲学思想转化为科学知识,必须形成明确的系统概念,并创造出一个分析和处理系统问题的特定概念框架,用以整理思想,总结经验,揭示规律性。这最后一步只能由20世纪的科学家走完。

经过大约半个世纪的探索和积累,到20世纪40年代,这样的概念框架初步形成了。它包括系统、信息、运筹、组织、控制、反馈、优化,整体性、开放性、有序性、有效性、过程性、稳定性、可靠性等。这些概念分别从不同的学科领域产生出来,并经过各自的理论提炼,从不同方面提供了分析系统问题、组织管理系统设计、制造和操作使用的概念框架,标志着对现代系统思想的定性阐释最终完成了。

仅仅走到这一步还不可能建立系统科学。钱学森说得对:“马克思主义哲学虽然批评了这个方法论(指还原论,引者),指出必须重视整体中单体事物的相互关系,但没有给出综合单体事物及其相互关系为整体的方法论”[7-352]。这里的关键是引进数学工具,把对系统的定性描述转变为定量描述,用数学方法建立综合单体事物及其相互关系为整体的方法论。这一步开始于20世纪初,初步完成于20世纪40年代。把现代社会组织管理的规律用数学的形式表达出来,产生了运筹学和系统工程;对社会、动物、机器共同的运行机制的初步了解,产生了控制论。这就是钱学森所说的:“马克思主义先进思想所总结出的系统概念孕育了近60年的时间,到本世纪中叶才终于具备了条件,开出一批花朵”[93页]。有哪些花朵?贝塔朗菲在

---

① 冯·贝塔朗菲.一般系统论:基础、发展和应用.林康义等译.北京:清华大学出版社,1987:16.

20世纪60年代开出的清单有16个。这个清单失于过分琐碎，科学性不足。20世纪70年代末，钱学森把其约化为运筹学、控制论、信息论和系统工程等，抓住了问题的实质。

作为一门新兴科学，系统科学是在科学系统自身发展中产生的。但系统思想从哲学转化为科学、从定性发展为定量，实质是强大的社会需求推动的结果。这种社会需求来自两个相互联系的方面。其一是社会生产发展的需要。现代系统思想不仅不可能产生于小农经济时代，也不可能产生于自由资本主义时代，它只能建立在进入垄断资本主义之后的经济的、社会的基础上。由于垄断式大工业、大企业的出现，经济和社会的管理不再是仅仅依靠个人经验能够胜任的事，必须把系统观点、特别是定量化系统方法引入经济的、社会的组织管理中，它直接呼唤和催生了系统科学的形成发展。其二是军事发展的需要。垄断资本主义就是帝国主义，它的出现极大地加剧了资本主义列强争夺世界霸权的矛盾，引发两次世界大战和难以计数的中小规模战争。无论是垄断企业的经营管理，还是现代化战争的组织指挥，都要求把科学技术引入组织管理。回头看去，20世纪40年代诞生的那些系统理论和方法，大多都是经济管理特别是战争的需要促成的，许多系统科学的开创者都有为军事需求服务的背景，钱学森也不例外，他是美军当时发展新武器的重要人物。

概括地说，20世纪对现代系统思想的贡献在三个方面：

(1) 从哲学思想转变为科学思想，形成一个以系统为核心的概念体系；

(2) 引进数学工具，建立起关于系统现象的定量化描述体系；

(3) 形成一个以系统的存续运行和演化发展为研究内容的科学大部门，科学技术整体上作为系统产生了全新的面貌。

把上一节与本节的论述结合起来，现代系统思想演进的全过程可用表1.1粗略地说明：

表1.1　现代系统思想演进全过程

知识形态	经验	哲学	科学
学术特征	思辨	定性	定量
发生时间	18世纪	19世纪	20世纪

1.5　现代系统思想：从西方到中国

现代系统思想在中国的产生、传播和发展与西方有显著不同，因为它们发生发展的历史环境不同，这既是系统对环境的依赖性，也是系统发生发展的历史性。主要表现在两方面。其一，西方世界是在还原论盛行三百年后，再超越还原论，走向系统论，形成一个完整的否定之否定过程。在中国，还原论思想和现代系统思想大约在同一时期传入。五四先贤们第一次明确提出请进“赛先生”的口号，还原论思想开始在中国正式传播。与此同时，“十月革命一声炮响，给我们送来了马克思列宁主义”[①]，由马克思主义经典作家总结出来的现代系统思想自然也传入中国，其势头明显强过还原论科学的传播，很快成为中国文化革新的主调。从西方世界看，这个时期的还原论科学正在接近自己的顶峰，对其局限性的质疑已经开始萌发，这就是系统科学、复杂性科学的早期孕育。但中国的国情决定了五四先贤们对此毫无意识，他们虔诚地按照是否符合还原论来判别是否具有科学性(如否定中医)，不可能成为现代系统思想的传播者。而还原论尚未扎根就搞系统论，决定了现代系统思想在中国日后的发展演变采取了有别于西方的方式和途径。从积极方面说，中国在还原论没有扎根就搞系统论，不会遇到西方那样的阻力，中国文化始终没有被还原论堵塞从了解部分到了解整体到洞察普遍联系的道路。同时，特别发达的中国古代系统思想借助马克思主义的强劲传播，以及中国革命的实践过程(环境)的锤炼，获得了新生和发展的机会，集中表现为毛泽东系统思想的形成发展。从消极方面说，没有还原论科学的长期积累，现代系统思想的传播，特别是定量化思想和方法的准备和积淀，必然有先天不足之处。

其二，从更加宏观的历史高度看，现代系统思想归根结底是地球人类系统化的观念形态反映。把现代系统思想的演变发展仅仅看成西方的事，谈此问题只提西方，是十分片面的看法。这在西方世界说得通，东方世界不讲系统思想在东方的传播和发展，特别是在中国不讲系统思想在中国的传播和发展，实属荒唐。在地球人类系统化的历史进程中，作为殖民者的西方与作为被殖民者的东方共同构成这一系统化过程，但处于截然相反的地位，发挥着不同的历史作用，因而对这一系统化趋势的感受、体悟和理论提炼也必然不同，所得到的观念形态结果也有所不同。从空间维看，完整的现代系统思想只能由西方文化与东方文化共同构成，两者结合才能得到对世界系统化的完整认识，形成完整的现代系统思想，去指导世界系统化的最终完成。现代系统思想在中国的传播和发展是世界系统化进一步展开必然的历史选择，仅有西方形成的系统思想不可能使世界系统化最后完成。从时间(历史)维看，世界系统化的前半期由西方国家主导，主要内容是实现世界的资本主义化，使少数发达国家首先过上现代化生活，并由此而激发大多数处于贫穷落后状态的国家奋起直追；后半期则应该由世界各民族共同主导，主要内容是实现世界系统的去资本主义化，使全人类过上现代化生活。在后一时期中，西方不仅不能独挑大任，而且越来越处于配角地位，它的系统思想资源已走向贫瘠化。这种历史发展趋势决定了中国在这一过程中发挥着独特的作用，同时也就历史地给现代系统思想

① 毛泽东. 毛泽东选集(一卷本). 北京：人民出版社，1966：1476.

在中国的传播和发展提供了独特的动力和资源，使它获得独特的表现方式。

马克思主义哲学的传入使中国现代系统思想形成发展避免了以思辨形态为起点，而是以辩证唯物主义哲学为起点。这就造成它与西方现代系统思想的发展具有不同的初态，不同的初态必然引出不同的路径。中国现代系统思想的发展也经历了两个阶段。我们在被半殖民地化的过程和民族解放运动实践中积累了任何其他国家没有的丰富经验，把这种经验上升为哲学思想，给系统思想以定性的阐释，是第一阶段的基本内容。这就是从马克思恩格斯的系统思想到毛泽东系统思想的发展过程，由毛泽东等老一辈革命家实现。资本主义的世界系统化大格局决定了，现代西方科学和学术思想进入经济、政治、军事、文化全面处于弱势的现代中国必然诱发全盘西化风，照抄照搬西方学术思想，包括西方系统思想，最终结果是把中华民族的现代化努力引向斜路，使中国永远处于西方附庸国的地位。这股全盘西化风在经济、政治、文化、科技等方面都有表现，在马克思主义队伍中也有表现，革命年代就是全盘“苏化”，以王明为代表。第三国际在国际社会主义运动中奉行的也是一种以西方为主导的全球一体化（系统化）的方针，它通过王明等人试图使中国革命完全绕着原苏联的轨道转，不仅在指导思想上照搬第三国际的教条，而且在政治上隶属于原苏联的利益。中国革命要成功，最终全面实现现代化，必须做到拒斥全盘西化思想，坚持中国文化的主体性，把由西方传入的现代系统思想同中国传统的系统思想结合起来，实现中国化。这一指导思想和方法论原则主要是毛泽东确立的，并在实践中获得完全成功，同时也就形成了中国化的现代系统思想。我们将在后面的章节中继续讨论。

第二阶段也是从哲学到科学、从定性到定量的发展，许多科学家为实现这一目标而做出贡献，如华罗庚在 20 世纪 60 年代推广优选法。但决定性的贡献属于钱学森，相关的讨论在第 5～10 章进行，构成本书的主体部分。

第 2 章　系统科学的形成发展

欲深入全面地了解系统科学家钱学森，必须把他放在系统科学形成发展的历史大环境中考察。因为正是这一历史大环境造就了系统科学家钱学森，给他提供了目标、动力、资源和条件，促使他选择了系统科学，同时他的工作也有力地推动了系统科学后来的发展。本章的任务就是考察这一历史大环境。

2.1　系统科学的孕育

系统科学是在还原论科学的一统天下中孕育出来的，它的起步应该追溯到 19 世纪末、20 世纪初。但它的推动力主要不是来自科学理论发展的需要，不是当时自然科学主流方向的逻辑延伸，也不是先进哲学思想的直接应用。1.4 节曾引用钱学森的话说，恩格斯关于现代系统思想的深刻论断没有开花结果，是因为“真正照着恩格斯的话去做并不容易”。实际上，恩格斯的论断在当时以及随后的几十年中完全没有引起科学界的注意，由于已经形成的思维定势和文化心理，在还原论科学发展中感到得心应手的科学家不想读、也读不懂恩格斯的论断。承认马克思和恩格斯把系统思想上升为系统概念，不等于说可以从他们的概念阐释直接出发来建立系统科学。

系统科学的早期孕育主要是由社会实践的历史需要推动的，即垄断资本主义取代自由资本主义后所形成的世界经济和政治格局。一方面垄断资本主义的形成创造出大批大企业，他们的经营管理不再可以仅仅依靠经验和艺术，需要引入科学技术，特别是像自然科学那样的定量化方法。另一方面垄断资本主义就是帝国主义，帝国主义之间争夺殖民地的需要把战争的规模和复杂程度空前提高，同样不再可以仅仅依靠经验和艺术，需要在军队建设和军事指挥中引入科学技术，特别是像自然科学那样的定量化方法。20 世纪生活在西方世界的科学技术专家与这两方面有千丝万缕的联系，其中思想敏锐者“从自己的实践中认识到系统的重要性”，因而转向这种研究。例如，经济发展的需要催生了一系列科学新探索：爱尔朗关于电话拥挤现象的研究(1905，排队论的起点)，泰勒关于工厂工时定额的研究(1911，规划论的起点)等。战争需要也催生了一系列科学新探索：兰彻斯特用数学描述作战格局的研究(1916，军事运筹学的起点)，维纳等的自动火炮研究(20 世纪三四十年代之交，控制论的实践基础之一)等。系统科学就是在这类探索中开始孕育的。

除了这些紧密联系实际应用的研究，实际上 20 世纪的学术领域在全方位地培养系统思想，如逻辑学家皮尔斯关于描述多样性、复杂性的逻辑规范问题的思考，哲学家怀特海提出过程哲学，经济学家熊彼特关于创新问题的研究，心理学中的格式塔理论，等等，共同为系统科学的产生营造了必要的文化氛围。在这样的文化环境中，经过历时约半个世纪的探索和积累，进入 20 世纪 40 年代，系统科学终于完成了“十月怀胎”的孕育过程，就要问世了。运用系统科学的概念和方法考察系统科学的孕育和产生过程，可以对有生命力的新系统如何自组织地孕育和形成的一般规律、特点、机理获得一个概略的了解。

其一，这些研究都是作为自然科学的推广应用而提出和进行的，研究者完全没有克服还原论弊病、走出自然科学、创建新科学的自觉想法，却事实上在超越还原论，走出自然科学，发展系统论。新系统在旧系统的内部“借腹怀胎”，以扩展、完善旧系统的面目自发地孕育着新系统，乃是新系统自组织地孕育、发生的一般规律。

其二，尽管每一个新研究项目的进行都是研究者自觉的、有计划的行为，即他组织行为，但从系统科学作为整体的孕育看，又都是自发的、盲目的行为，即自组织行为，全然不晓得这场学术大潮的终极目标（吸引子）是建立系统科学。宏观上处于盲目的自发状态的自组织，是以微观上自觉的他组织为自己开辟道路的，而这些自觉行为在宏观上又全然是盲目的。这也显示出宏观与微观、自组织与他组织之间的辩证关系。

其三，在微观层次上，不同领域的不同研究者针对不同的具体问题提出具体的研究课题，各自独立地进行研究，彼此之间很少有直接联系，大多数人甚至相互不知道对方的存在。然而，从宏观整体上看，共同的时代大环境和共同的研究大方向事实上又把这种微观层次的独立性、并行性联系起来，形成一种交互性，彼此之间或明或暗地相互影响、相互支持、相互竞争。如此自发产生的独立性、并行性、交互性，既是这场科学新潮流整体上处于混乱状态的根源，又是它需要并且能够经过整合走向有序化的根源。历史进入 20 世纪 40 年代，这场科学新潮流在宏观层次上自组织地进行整合的条件成熟了。

那么，这一发展阶段中的钱学森呢？这位当时的青年学生完全是这场系统运动的局外人，正在在自然科学的一个领域——应用力学中攻读博士学位，系统科学的孕育过程与他没有关系。

2.2 系统科学的形成

就世界范围来看，系统科学形成于何时？学界存在歧见，钱学森自己就有不同说法：有时笼统地说系统科学产生于 20 世纪中期，有时又说“系统科学是由 50 年代就发展起来的”[7-495]。如此断言的根据何在？他在 1984 年说：“我们要用最近十几年、二十年发展起来的系统科学。从工程控制论、信息论，然后加上系统工程发展起来的所谓大系统、巨系统的理论”，再加上一般系统论、耗散结构论，“我给起了个名字，所有这一套叫系统科学”①。这是把工程控制论视为系统科学诞生的标志，显然不妥当。在我们看来，说诞生于 20 世纪 40 年代比较合理，欠缺之处是那时尚无系统科学这个概念；断言诞生于 50 年代则缺乏根据。就系统研究而论，50 年代的相关工作只是流，而非源；40 年代的工作才是源，40 年代以前的工作应视为地下水，即使有的地方水已经渗出地面，仍然构不成系统科学的源泉。

系统工程、一般系统论、控制论、运筹学和信息论都出现在 20 世纪 40 年代，它们作为新兴学科的地位当时已获得承认，因而可以说系统科学已经诞生。这些新学科都有比较明确的研究对象和应用领域，初步形成自己的概念体系和方法，都显示出很大的发展前途，吸引着越来越多的科学技术力量参与进来。申农的信息论描述的是通信系统的结构方案、运作过程及其功能效益，属于一类特殊系统的理论，只是没有申明使用系统观点。控制论虽然没有明确地把系统作为基本概念，但正如钱学森所说：“自动控制是建立在系统概念上的”(94页)，控制论所体现的系统思想(首先是整体观)显然胜于信息论：以控制系统为研究对象，以如何设计控制装置去控制受控对象之行为、获得预期的系统功能为目的，所提供的新知识对认识机器、动物、社会的系统性有普遍意义，所体现的系统思想深刻而独特。运筹学显然更是以系统为研究对象的，规划、决策、优化都是典型的系统问题，特别强调整体性、协调性、计划性这些重要的系统观点。最突出的是系统工程，在学科命名上已经突出了系统性。所以，说这些新学科都属于系统研究是站得住脚的。从学科发展史看，一门新学科的诞生以研究对象的明确、基本概念和基本方法的提出为标志，学科命名往往滞后。

现代科学一个特别引人入胜的特点是引入数学方法，给事物以精确化描述，得到定量的结果。马克思生前对此已有精辟的论述，中国学人耳熟能详。物理学家开尔文、普朗克后来也都发表过类似的观点，在学界产生了广泛影响。20 世纪 40 年代的系统研究要被学界承认为新学科，也必须在定量化描述上有真正的建树。而实际上，维纳的《控制论》已经对控制系统的数学框架有所勾勒。运筹学的几个重要分支都试图用数学模型描述优化技术，1947 年丹捷格提出的单纯形法更使人们对运筹学数学化产生很大信心。申农的信息论著作原本称为《通信的数学理论》，首先是通信理论和数学理论，其次才是系统理论。主要以运筹学为理论根据的系统工程当然也是定量化的技术，开了自然科学之外工程技术的定量化先河。所以，系统研究发展到 20 世纪 40 年代，已有的主要分支学科所应用的方法已都“是科学的方法、是定量计算的方法，所以是数学的方法；也就是 100～200 年来近

① 钱学森. 人体科学与现代科技发展纵横观. 北京：人民出版社，1996：157.

代科学和现代科学技术的各个领域都在采取的途径,不能满足于定性,要定量。”(357页)以此为根据,钱学森断言说:系统研究“一旦取得了数学表达形式和计算工具,系统思想方法从一种哲学思维发展成为专门的科学”(39页)。这是系统科学诞生于20世纪40年代的重要标志。

系统科学能够在20世纪40年代诞生,还同第二次世界大战的战争行程和最终胜利直接相关。由于它空前绝后的规模,特别是由于它的进步性质(反对法西斯,“为永久和平而战”①),以及它同科学技术前所未有的紧密联系,第二次世界大战对系统科学的产生提供了极为重要的推动力。钱学森曾就科技方面做过这样的评述:“第二次世界大战是定量化系统方法发展的里程碑。这次战争在方法和手段上的复杂程度较以往的战争有很大增长,交战双方都需要在强调全局观念、从全局出发合理使用局部、最终求得全局效果最佳的目标下,对所拟采取的措施和反措施进行精确的定量分析,才有希望在对策中取胜。这样一种强烈的需要,以极大的力量把一大批有才干的科学工作者吸引到拟订与评价这种计划、改进作战技术与军事装备使用方法的研究工作中,其结果就是定量化系统方法及强有力的计算工具电子计算机的出现,并成功地应用于作战分析。战后,定量化系统方法开始广泛地用来分析工程、经济、政治领域的大型复杂的系统问题”(39页)。从事系统研究的一些代表人物对自己所创建的新学科在战争期间已经深思熟虑,形成基本的理论框架,只是来不及坐下来系统地加工提炼。所以,战争一结束他们立即重返学校或书房,着手进行理论总结,造成在20世纪40年代末短短几年中一批新学科接踵问世的罕见局面。

说到系统科学的创立,必须特别讲讲贝塔朗菲和他的一般系统论。贝塔朗菲于20世纪20年代末形成机体论观点,30年代初提出开放性概念,1937年形成一般系统论的概念,并写成文章,因战争的爆发未能发表。这篇后来被誉为“一般系统论的创立宣言”的文章,即《关于一般系统论》一文,终于在1945年问世,很快得到保尔丁、杰拉德、拉波波特等的呼应和跟进,一系列研究成果相继发表,又于1954年建立国际性研究组织,形成一个高潮。这是第一个以系统为核心概念的、以科学地阐释系统思想为中心内容的现代科学学科,在科学史上第一次明确举起系统研究的大旗,指明了这一批新学科与自然科学和社会科学根本不同的研究方向、指导思想和方法论。可以设想,如果没有一般系统论,仅仅出现了控制论、信息论、运筹学和系统工程,就很难断言系统科学产生于20世纪40年代。

贝塔朗菲等的一般系统论遭人诟病之处,主要在于缺乏对系统的定量化描述,没有找到适用于一般系统的数学工具。七十多年后的今天来看,这个问题依然没

---

① 毛泽东. 毛泽东选集(一卷本). 北京:人民出版社,1966:464.

有解决，因为最重要的一类系统——复杂巨系统还没有可用的数学工具，更遑论给出统一描述一切系统的数学工具。但以此为据贬低一般系统论，也有片面性。钱学森的评价也有类似毛病。20 世纪 80 年代在谈论建立系统学时，钱学森曾说过，他最满意的是哈肯的协同学，普利高津不怎么样，"贝塔朗菲就更差一点了，他还在原理性的话上，就是他的所谓一般系统论"①。仅就建立系统学看，这话有道理，一般系统论贡献不大；若就系统科学的创立看，此话不当。对于一种新学问的创立，第一位的是给出正确的定性阐释，数学描述是第二位的，定性认识正确、独到、深刻，新学科方能站得住脚。系统科学的创立也如此，给系统概念以科学的定性阐释是首先要解决的问题，否则谈不上系统科学。而这一任务主要是一般系统论完成的，此乃大功一件。正由于提出一般系统论，贝塔朗菲才能在创建系统科学的功臣榜上占据第一位。

那么，在系统科学发展史的这一阶段上，钱学森的表现如何？他已经在世界科学舞台上崭露头角，但算不上这场系统运动真正的参与者，他还是自然科学家，而不是系统科学家，不是系统科学第一批成果中任何一个的创建者。然而，这一阶段的钱学森却在不知不觉中走到学术方向转变的重要关头，这也属于科学发展中的自发自组织现象。对于将要转向系统科学的钱学森来说，20 世纪 40 年代的人类已开始进入"系统的时代"（阿柯夫语），把握时代精神就要把握系统思想。青年学者钱学森适逢其时，他赶上一个好时候。钱学森也适逢其地：就地理空间看，美国是这一批新学科的主要诞生地，身在美国的他可以就近感受已经汹涌澎湃的系统科学大潮。就学术空间看，钱学森所从事的应用力学和火箭技术研究是自然科学中最接近系统科学的领域，从此处易于感受到时代对新型科学技术的强烈需要，因而从自然科学过渡到系统科学所遇到的阻力也最小。环境条件已发展得足够充分，余下的就看他的主观努力了。

2.3　系统科学的发展

一般系统论等系统科学的分支学科在 20 世纪 40 年代扎堆式问世，相当于在现代科学技术的大坝上打开一道闸门，一股不可阻挡的学术洪流由此汹涌而出，奔腾不息，浪峰迭起。在其后的五十年中，系统科学每十年都有一批新学科、新理论问世，上一个十年出现的学科在下一个或几个十年又有蓬勃发展，呈现出科学史上罕见的繁荣局面。表 2.1 列出系统研究在 20 世纪 40 年代以后的 60 年间的主要进展。

---

① 钱学森. 创建系统学(新世纪版). 上海：上海交通大学出版社，2007：9.

表 2.1 系统研究的主要进展

年 代	新理论	创立者
20 世纪 40 年代	一般系统论	贝塔朗菲
	控制论	维纳
	信息论	申农
	运筹学	伯来克特、莫尔斯等
	博弈论	冯·诺依曼
	系统工程	贝尔电话公司
20 世纪 50 年代	工程控制论	钱学森
	现代控制理论	贝尔曼等
	系统动力学	福瑞斯特
20 世纪 60 年代	耗散结构论	普利高津
	模糊系统理论	札德
	突变理论	托姆
	大系统理论	德林尼克等
	混沌理论	洛仑兹等
20 世纪 70 年代	软系统理论	切克兰德等
	协同学	哈肯
	超循环理论	艾根
	分形几何	曼德勃罗特
20 世纪 80 年代	微分动力系统理论	斯梅尔、廖山涛
	系统学	钱学森
	复杂适应系统理论	圣塔菲学派
	灰色系统理论	邓聚龙
20 世纪 90 年代	复杂巨系统理论	钱学森
	复杂网络理论：小世界理论	瓦茨、斯特洛盖茨
	复杂网络理论：无标度理论	巴莱巴斯、阿尔贝特

20 世纪四五十年代，系统科学的发展基本上属于技术科学和工程技术层次，只有一般系统论具有基础科学的成分；由于哲学议论多了些，又没有找到适当的数学工具，它还算不上真正的基础科学。一个科学大部门还没有基础科学的理论，主要靠从事技术科学、工程技术层次的学者打天下，在整个科学界的地位就不会很高。20 世纪 60 年代以降的系统科学就不一样了，基础科学层次的系统理论开始扎堆式问世，是系统科学一个重大进展。在评论系统科学的历史发展时，钱学森特别看重 20 世纪六七十年代，尤其高度评价哈肯和艾根的工作，就在于提出了系统

科学的基础理论。

出现如此繁荣局面的根源，要到人类文明转型演化、科学转型演化的历史大背景中寻找。科学技术领域从 20 世纪 40 年代开始的这场持续的大变革，反映的是工业-机械文明将要让位于信息-生态文明、还原论科学（简单性科学）将要让位于复杂性科学的历史大趋势，是至少几百年才可能出现的发展趋势，非同小可。在系统研究大旗下相继出现的这批新学科，其任务就是为人类文明新的转型演化提供新的科学理念和方法论。

这一发展阶段上的钱学森又如何呢？他已经是名副其实的系统科学家了。一是创立了工程控制论，成为系统科学主要分支学科之一公认的权威。二是获得了领导一项世界上最伟大的系统工程实践的历史性机会。就参与人数看，中国航天系统工程是世界上规模最大的一次系统工程的实践；就科学技术实际条件看，这是世界上一次条件最差、因而最困难的系统工程实践；就文化环境看，这是一次在同系统科学发祥地截然不同的社会文化环境中搞的系统工程实践。这三点决定了，如果能够搞成功，将会结晶出具有独特品位的系统思想。另一方面，由于当时的中国受到西方严厉封锁，钱学森又把全副精力投入中国航天科技，他无法了解贝塔朗菲、普利高津、哈肯和艾根等人的理论创建，自然也不可能有所响应。这无疑也是一种无法摆脱的局限性。

2.4　系统科学的三次整合

新系统诞生的一种方式是把原来以非系统方式存在的“多”整合为“一”（系多为一统），但统一体的形成并不意味着整合的结束。原则上说，系统形成后的整个存续运行过程是继续整合的过程，一直到系统寿终正寝、不再具有整合能力为止。不过，对于简单系统而言，形成后的整合一般显得可以忽略不计。复杂系统则不同，不断地再整合是复杂系统不容轻视的生存内容；就系统自身而论，其生命就是不断整合自己。在系统存续运行过程的大多数时间里，系统的整合属于量变，但间或会出现部分质变式的整合。因为复杂系统在量变式的整合中，某些未能真正解决的问题、矛盾经过积累、发酵，到一定时候，仅靠量变式的整合不再有效，不得不通过部分质变式的整合来实现，系统的结构、属性、功能以及行为模式就会发生较为明显的改变，显示出不同的发展阶段。

系统科学作为一种新的知识系统，它的发展也是这样走过来的。从 20 世纪 40 年代至今，这个知识系统一直处于不断整合的过程中，先后已出现三次大的整合，使它的面貌发生显著改变。本节拟对这三次大整合作简要的考察。

2.4.1 第一次整合

第一次整合发生在20世纪60年代，代表人物是贝塔朗菲。

经过20世纪四五十年代的发展，20世纪60年代的系统科学呈现出一派繁荣局面。一是新学科很多，在贝塔朗菲给出的清单上就有：系统工程、运筹学、线性规划、非线性规划、经典系统论、计算机化和模拟法、区隔论、集合论、图论、网络理论、控制论、信息论、自动机理论、对策论、决策论、排队论等。运筹学、控制论、信息论在迅速发展的同时，都提出了“向哪里去”的问题。二是认识混乱，一些学科划分的科学性不足，界定不统一，名称不一致，这个新兴研究领域共同的本质特征不明确，系统研究本身作为新系统尚未呈现出应有的有序性。集合论是数学科学的基础理论，不是系统科学的分支，贝塔朗菲提到的集合论实际上指的是麦萨诺维奇的公理化系统论，并不成功。线性规划、非线性规划、排队论、决策论等实质上属于一门系统理论，后来都划归运筹学。图论也是数学理论，不能划归系统科学，图论应用于系统分析形成网络理论才属于这个新领域，而且当时提出的仅仅是简单网络理论。重要的还在于许多分支的研究者尚无明确的系统观点，没有意识到强调自己的研究属于系统科学的必要性。所以，发展到20世纪60年代，对这个新兴科学领域进行整合的客观需要提上日程了。

为什么擎起这次整合大旗的是贝特朗菲，而不是维纳、申农、丘奇曼等人？一方面，因为维纳等从事的研究属于系统科学中高度专门化的领域，控制、运筹、信息的特殊性掩盖了系统研究这种普遍性，尽管整体观在他们的研究中都很突出，但他们都没有把系统作为核心概念，认识的高度和深度不够。对于系统科学来说，控制、信息、运筹、优化、反馈等都是不可缺少的重要概念，却不是核心概念，核心概念只能是系统。另一方面，从控制或运筹或信息出发看问题的眼界不够宽广，难以抓住概念体系的核心，无法把整个领域整合起来。从科学技术体系学看，能够对一个大部门进行整合的人不可能是工作在该部门工程技术和技术科学层次上的学者，只能是从事基础科学研究、至少对基础科学有深入了解的通才，而且还要有哲学头脑。就20世纪60年代的实际情况看，能够担纲的只能是贝塔朗菲。

贝塔朗菲在系统研究领域所做的整合工作体现在他的代表作《一般系统论：基础、发展和应用》一书中，临终前的文章《一般系统论的历史和现状》又做了补充。他的主要贡献可以归纳为以下几点：

(1) 从“科学的统一”这一科学学的理论高度俯瞰新兴系统研究的整合问题。贝塔朗菲批评道：“科学的统一，迄今还被看做是使所有的学科还原为物理学，所有现象最后分解为物理事件”。但这是还原论的科学统一观，已经过时，新兴的系统研究表明“把世界统一起来的原理使我们发现在所有层次上都存在着组织”，“世界统一性的概念应以不同领域的同型规律为依据”[①]。实际是按照统一在系统性这一原则进行整合。

(2) 指明这些新兴学科“都统一于‘系统理论’”，它们“已拥有一系列研究系统的方法”[②]；又指出这一研究领域的根本概念是系统，从不同角度给出系统概念的定义，并引进系统科学这一概念。

(3) 提出建立系统科学体系结构的问题，并给出他的方案，我们称之为贝塔朗菲纲领。他把系统研究划分为内容上“不可分割”的三个领域，实际是三个层次：

第一个领域是系统科学，即关于各门科学中的“系统”的科学探索和科学理论，以及适用于所有系统的原理性学说——一般系统论；

第二个领域是系统技术，包括计算机、自动化、自动调节机构等“硬件”，以及新的理论成果、学科等“软件”；

第三个领域是系统哲学，又分为三个基本部分，即系统本体论、系统认识论和关于人和世界的关系。

这表明，贝塔朗菲已经把系统科学视为具有层次结构的体系。

(4) 把涌现概念引入系统科学，揭示了系统科学与还原论科学的本质区别。他在专著中区分了加和式与非加和式两类整体性，指明非加和式整体性是“涌现的”，有“不可还原性”，引入并重新解释亚里士多德“整体大于部分之和”的命题[③]，消除了它长期被人误解的神秘性。临终前的那篇文章更要求人们用一般系统论的观点解释涌现性，这对于系统科学未来发展是一个有重要意义的举措，三十年后才被学界理解。

(5) 阐明系统科学的哲学思想。贝塔朗菲的这两部著作不仅具有明显的辩证思维色彩，他还明确地指出“马克思和黑格尔的辩证法”是一般系统论的重要思想来源[④]。把马克思排在黑格尔的前面，表明他肯定马克思对黑格尔辩证法的倒置（去唯心主义化），也就是肯定一般系统论或系统科学的哲学思想是辩证唯物主义，不是唯心主义辩证法。这一思想取向在临终前的那篇文章中表露得更鲜明，文章结尾处列出 12 个问题中，第 11 问要求读者思考一般系统论与辩证唯物主义是什么关系[⑤]。他提出系统认识论应该是透视论，而非反映论，也是要跟机械唯物论的认识论划清界限。

---

① 冯·贝塔朗菲. 一般系统论：基础、发展和应用. 林康义等译. 北京：清华大学出版社，1987：45.

② 冯·贝塔朗菲. 一般系统论：基础、发展和应用. 林康义等译. 北京：清华大学出版社，1987：17，20.

③ 冯·贝塔朗菲. 一般系统论：基础、发展和应用. 林康义等译. 北京：清华大学出版社，1987：51.

④ 冯·贝塔朗菲. 一般系统论：基础、发展和应用. 林康义等译. 北京：清华大学出版社，1987：9.

⑤ von Bertalanffy L. The history and status of general system theory//Trends in General System Theory. New York：Wiley，1972.

贝塔朗菲对系统科学的整合也存在明显的不足：

(1) 他是以一般系统论为依据进行整合的，一般系统论不是技术科学的系统理论，但要视之为系统科学的基础理论，品位显然不够。

(2) 把系统科学视为一般系统论的一个层次，颠倒了正确的局整关系，只能导致认识混乱。实际上系统科学是整体，一般系统论是它的部分。

(3) 没有区分技术科学与工程技术，把系统工程与运筹学视为同一层次，把控制论与自动化技术视为同一层次。这正是钱学森后来要加以澄清的混乱认识。

2.4.2 第二次整合

第二次整合发生在20世纪70年代，代表人物是哈肯。

协同学的基本思想形成于20世纪60年代，是哈肯对他所创立的激光理论进一步提炼而形成的系统理论。在20世纪70年代，哈肯试图按照协同学的理论框架对系统研究领域进行新的整合。他写道："无疑迫切需要建立一门统一所有这些不同方面的学科。这门学科是否称为'协同学'，对于学科来说是无关紧要的。但是，这门学科是存在的"[①]。哈肯为此把他的理论作了这样的解释：协同学意味着许多不同学科进行合作，共同发现支配自组织的一般原理。哈肯的贡献有以下几点：

(1) 与贝塔朗菲一样，哈肯也是从"科学的统一"这一理论高度俯瞰系统科学的整合问题的。他认为："统一原理不仅存在于基本粒子这样的微粒领域，同时也存在于宏观领域。当科学大规模地转向对真正的复杂系统，如人脑或者经济过程进行研究时，这种认识也许尤其具有重要的意义"[②]。哈肯坚持了贝塔朗菲的反还原论观点。

(2) 如果说贝塔朗菲的整合工作是以一般系统论为依据进行的，则应该说哈肯的整合工作是以他的协同学为依据进行的。按照他的说法："协同学是一跨学科研究领域，它研究系统各部分之间的协作，通过协作系统形成宏观空间、时间或功能结构，它既研究确定性过程，也研究随机性过程"；"协同学研究系统的行为，应该列在'系统理论'的旗帜之下"[③]。所以，依据协同学的精神去整合，得到的也是系统科学这个大部门，故哈肯的工作是贝塔朗菲工作的继续。

(3) 哈肯的整合属于在基础科学层次上的工作。哈肯是在创立协同学之后才知晓贝塔朗菲的工作的，而他着手进行整合时已经研究过一般系统论。他的评价

① 哈肯.协同学.自然科学哲学问题丛刊，1983，(1)：10.

② 哈肯.协同学：理论与应用.杨炳奕译.北京：中国科学技术出版社，1990：281.

③ 哈肯.协同学：理论与应用.杨炳奕译.北京：中国科学技术出版社，1990：241，261.

是:“一般系统论的思想很好,但从逻辑学的观点我们知道,如果一种理论之覆盖面宽、应用领域广,则其理论的逻辑的深度将是有限的”。这是对贝塔朗菲委婉的批评,贝氏的系统思想建立在系统的同构性或同型性上,明显带有经验总结的特点,还不是真正基础科学的系统思想。而协同学“更多的是建立在系统行为发生宏观质变时,系统的序参量(即集体变量)的行为所存在的抽象同构性上”①。哈肯是理论物理学家,对数学模型方法的应用是同一批系统研究者中最成功的,他的系统思想已上升到基础科学层次。

(4) 哈肯进行整合的学科背景也不同于贝塔朗菲。贝塔朗菲生前只对普利高津的工作有所考察,认识的深度和高度都不够。协同学正式形成于 1973 年,这之前耗散结构论、突变论已经问世,混沌理论也在 70 年代获得承认。这些都是基于自然科学的基础科学成果提出来的系统理论,标志着极具学术诱惑力的自组织理论已初具规模。以此为基础进行整合理应高于贝塔朗菲。还需要指出,哈肯也把控制论和信息论列入他的整合范畴,表明他在有意识地推进贝特朗菲的工作。但他没有提到运筹学,这一点也值得注意。

(5) 哈肯在哲学上比贝塔朗菲更进一步,在谈到协同学的“哲学方面”时,哈肯明确提到协同学“存在着许多对立统一的范畴”,他列举了六对范畴,其中之一就是“量与质的关系及其转变”②。显然,哈肯明确承认协同学的哲学基础是辩证法讲的对立统一规律和量变质变规律,把量变质变归属于对立统一规律的一个亚项,更接近列宁和毛泽东的观点,令人深思。作为科学家的贝塔朗菲和哈肯如此对待辩证哲学,这在西方学术界实在是难能可贵的。

哈肯的整合工作当然也有其不足:

(1) 他的核心概念是协同而不是系统,但协同只是系统整合的机制之一,作为这一领域的概念,其重要性远不能和系统概念相提并论。

(2) 哈肯不提系统科学,而以协同学代替系统科学进行整合,科学性不足。

(3) 他没有学科体系和学科层次的概念,似乎要把一般系统论、控制论、信息论、耗散结构论、突变论、混沌论等统一为一个学科,而不是梳理这些学科的关系,给出这一研究领域的整体架构。

(4) 哈肯没有意识到涌现概念对于这一学科部门的根本性意义,只是在所谓“圣塔菲观念”广泛传播后,他的著作中才出现涌现性概念,仍然没有深入挖掘其内涵。

(5) 哈肯的整合工作实际上仍然基于理论物理学的基本精神,只适用于简单巨系统,无法把复杂系统研究真正包含进来。

---

① 哈肯. 协同学:理论与应用. 杨炳奕译. 北京:中国科学技术出版社,1990:236,261.

② 哈肯. 协同学:理论与应用. 杨炳奕译. 北京:中国科学技术出版社,1990:11.

2.4.3 第三次整合

第三次整合发生在20世纪80年代，代表人物是钱学森。

钱学森发动的这一次整合的具体内容、贡献和不足将在第3章详细讨论，这里从三次整合相比较的意义上给出以下几点说明：

(1) 与贝塔朗菲、哈肯一样，钱学森也是从“科学的统一”这一理论高度俯瞰系统科学的整合问题的。但他把科学的统一归结为建立现代科学技术体系，从这个体系俯瞰系统科学的整合，因而前进了一大步。系统科学本身作为系统的整合到此基本完成，以后的主要工作是不断完善其体系，属于量变式的整合。

(2) 从20世纪70年代末起，钱学森由系统工程的理论总结起步，逐步意识到“系统工程所带动的科学发展是一条很广泛的战线，不是一种、几种学科，而是几十种学科”[98页]。名正才能言顺，要把这么多学科整合为一门科学，首先要解决的是整个学科的命名问题。他考虑过是否像日本学者那样称之为软科学，如此称谓有一定的合理性，“因为这些学问是以信息的处理为主要对象的，是搞‘软’的，不像我们以前所熟悉的自然科学总是同物质运动的速度、力、能量等打交道，是搞‘硬’的”[98页]。但钱学森反复考虑，觉得“软科学”毕竟太“软”，而系统研究还包括许多“硬”学科的内容。“所以不宜用‘软科学’这个词，我们应该回到系统这一根本概念，采用‘系统科学’这个词”[99页]。贝塔朗菲把系统科学整合进一般系统论中，哈肯的整合不提系统科学，而钱学森搞的才是旗帜鲜明的系统科学的整合。

(3) 前两次整合完全是在西方文化大环境下、以西方社会的现代发展为实践基础进行的，这也是迄今为止所有现代科学产生发展的共同点。钱学森对系统科学的整合有所不同，除了广泛收集国外的一切相关材料，他还自觉地把问题放在中国文化环境下，联系现代中国的社会实践进行整合，因而具有鲜明的中国特色。这在科学发展史上是空前的。未来的科学发展一定要走出西方中心论的窠臼，以全部人类文化为大环境，以世界系统化、全球一体化发展为实践基础，而且反过来服务于世界系统化、全球一体化。钱学森为此开了个好头，意义重大。

(4) 钱学森在这一次大整合中的工作几乎都是定性的，没有提出任何新的定量化方法，一些人会依此而贬低其价值。但由于他的工作，系统科学有了新的大发展，其意义绝不是提出一种具体建模方法可比拟的。这又一次表明，步入复杂性研究领域后，一定不可轻视定性描述的作用。

2.5 钱学森系统科学研究简史

一个大科学家的成长，一个科学学派的形成发展，都是一种非线性动力学过程，变化有快有慢，显示出不同的阶段，各阶段都有标志性的成果和事件发生。钱学森系统科学思想的发生发展经历了一个漫长而不平坦的过程，从最初的业余思考到后来的专题研究，而且越到后来越侧重于研究系统，到晚年系统科学成为他的主要专业领域。因此，梳理这一历程是本书不可忽略的组成部分。逻辑地讲，这一部分应该独立成章，而我们只用一个小节作最简要的勾勒；篇幅虽短，却是后面各章的纲领，本节举纲，后面张目。

在系统学讨论班第一次研讨会上，钱学森讲了他“从 1978 年以前到现在走过的这条认识道路”，划分为七个阶段①。这对了解钱学森系统思想的发展演变很有意义。不过，由于钱学森讲的主题是他“对系统学认识的历程”，而且只讲到 1986 年初，本节不宜采取他的七阶段划分。

车宏安等认为：“钱学森系统科学思想的形成和发展大体可分为三大阶段：第一阶段从 20 世纪 50 年代到 70 年代末，这一阶段思想成果集中体现于《工程控制论》和《组织管理的技术——系统工程》；第二阶段创新发展的标志，是 1990 年发表的《一个科学新领域——开放的复杂巨系统及其方法论》；第三阶段的深化研究凝结在 2001 年发表的《以人为主发展大成智慧工程》”②。他们的三阶段说得到不少人的赞同。作者也曾经持三阶段说（具体划分有别），但最终放而弃之。

这里先对他们的观点提出三点质疑。其一，把钱学森系统思想的起点放在 20 世纪 50 年代显然有点晚，应该追溯到 20 世纪 40 年代。其二，把钱学森在美国的最后 5 年与回国后头 20 年作为同一阶段颇为不当，这是必须明确区分的两个阶段，两者不仅工作环境（政治的、文化的、科技的、社会的环境）大不相同，而且所从事系统研究的内容也大不相同，前者搞的是工程控制论的理论研究，后者搞的是航天系统工程实践。其三，对后两个阶段分界点（时间和标志）的看法也值得商榷，尤其不赞同关于第二阶段起止点的规定。

我们主张四阶段说。第一阶段，1955 年以前，即在美国期间。按照钱学森后来的说法，这一阶段的工作不属于中国系统科学，中国系统科学的起点在此之后③。我们赞同这个判断。第二阶段，从 1956 年到 1978 年以前，中心工作是创建有中国特色的航天系统工程，尚未建立系统科学的概念。第三阶段，从 1978 年到 1987 年，主要工作有三：一是对国内外系统工程的成果进行全面的理论总结，二是梳理和构筑系统科学的体系结构，三是为完善系统科学体系而开展创建系统学的探索。第四阶段，1988 年以后，重心转向复杂巨系统的研究，开创中国的复杂性科学。

这里拟对第一阶段做点说明。这又可以分为两个时期，即被迫害之前和受迫

① 钱学森. 创建系统学（新世纪版）. 上海：上海交通大学出版社，2007：10.

② 上海市系统工程学会. 2010～2011 上海市系统科学与系统工程学科发展报告（内部资料），2011：6.

③ 姜璐. 钱学森论系统科学（讲话篇）. 北京：科学出版社，2011：143.

害期间。1950 年以前是钱学森现代系统思想孕育的早期，尚无研究成果发表，还称不上系统科学家，但已不自觉地开始向系统科学家转变。此时的钱学森从两个方面孕育自己的系统思想。一是作为冯·卡门的学生和助手，通过应用力学的前沿研究和实际应用，开始萌发学科系统观点。二是通过参与美国导弹火箭的早期研究，从尖端技术的工程实践中领悟和提炼系统思想。1950 年开始的政治迫害切断了钱学森通过导弹火箭研究走向系统科学之路，但迫害又起到迫害者们未曾料到的结果，他们迫使钱学森把全部精力集中到科学理论探索上，建立了工程控制论这门全新的科学学科，初步完成了从自然科学家向系统科学家的转变。钱学森晚年回忆说，20 世纪 50 年代初，“我在美国搞 engineering cybernetics 只是通过在 Jet Propulsion Center 开这门课以示我已离开军事技术而已，绝没有预见到今天的系统科学！”[9-280]说当时的钱学森还没有预见到今天的系统科学，确是一句实话，那时的他甚至没有注意到一般系统论这一影响深远的新理论。实际上，当时世界上也没有一个人真正预见到今天的系统科学。但这一时期的钱学森已经成为系统科学的领域专家，而且是一门新学科的开创者，引起世界系统科学界广泛关注。本书作者 20 世纪 60 年代在我国航天部门工作，听留苏回来的同事讲过，原苏联控制论专家对钱学森赞誉有加。还有一种说法，《工程控制论》的发表也帮助了维纳，它的《控制论》从此不再被当做唯心论而批判了。

今天回头看去，钱学森受迫害期间选择搞工程控制论，可能并非仅仅是向美国当局表示自己已离开军事技术，因为搞物理力学同样能够达此目的。我估计当时的钱学森已经考虑到将来回国后，他有可能受命为自己的国家研制导弹火箭，他必须为此而有所准备。导弹火箭本身的科学技术他已经掌握，另一项至关紧要的科学技术是自动控制(导弹自动导航和发动机自动控制等)，他必须乘滞留美国之机把它拿下，他也确实做到了这一点。略带讽刺意味的是，当时美国刚刚出现的系统科学家并没有人读懂《工程控制论》，卡门也未看出此书的军事价值，美国人在中国导弹研制成功后流露的悔恨交加情绪，便是证明。

第3章　钱学森系统思想的形成和演变

非线性科学有一条原理叫做路径依赖性，断言非线性系统的现在状态、未来走向对它以往走过的路径（包括初态）有依赖性。科学家、思想家、哲学家的成长过程都是非线性的，不同的只是非线性表现的样式和程度各异。世界上本无系统科学家，系统科学的创立者都是由其他领域的学者转变而来的。如果把当时科学发展的整体态势看做控制空间（参数空间），则他们从原专业转向系统研究的切入点就是初态，走向系统科学的学术历程就是路径（轨道），共同决定了他们后来从事系统科学工作的具体部门、学术上的长处和短处、各具特色的学术风格，以及对系统科学的贡献等。本章拟用这一观点考察钱学森系统思想的形成和演变。

3.1　从自然科学发展中吸取系统思想

钱学森是作为应用力学家走向世界科学前沿的，力学属于自然科学，而非系统科学；属于技术科学，而非基础科学。他的系统思想从何而来？与自然科学有何关系？如何从自然科学走向系统科学？我们首先考察这个有趣的问题。

在欧洲文艺复兴后的数百年中，自然科学建立起发达的基础科学，工业革命以降又开发出发达的工程技术。由于没有技术科学居中把二者联系、沟通起来，自然科学一直未能形成一个层次结构完整的体系，基础科学与工程技术不能相互联系、相互促进，限制了它们的更大发展。完整的体系产生完整的整体涌现性，不完整的体系不能产生完整的整体涌现性。事情在19世纪末期即恩格斯辞世前后开始发生变化，发展到20世纪30年代，即钱学森到美国留学的时候，介于工程技术和基础科学之间的技术科学已经明确地确立起来了。从此，自然科学成为包括基础科学、技术科学和工程技术三个层次的完整知识体系，工程技术获得科学理论的直接指导，基础科学通过技术科学去影响工程技术，工程技术为技术科学的发展提出研究课题、提供经验材料，又通过技术科学去影响基础科学，显著地推动自然科学的整体发展。美国能够在20世纪执世界科技之牛耳，与其在这种趋势中走在前面的关系极大。在此方向上，加州理工学院又走在前面，建立起最发达的技术科学，代表人物是冯·卡门，他是20世纪上半叶最杰出的技术科学家。

自然科学形成完整的体系是科学发展史上一个意义重大的进展，必定要在科学学、哲学思想上有所反映。体系就是系统，体系化就是系统化，在西方文字中原本是同一个词。而系统化就是结构化、有序化、层次化，目标则是产生系统整体才具有的属性和功能。自然科学的层次结构从不完整到完整的演变，是培育科学家系统概念的沃土，学术思想敏锐的人能够从这里提炼系统、整体、结构、层次、秩序、功能、整合等概念，这是掌握系统科学所必需的。自然科学的三个层次中，相对于工作在基础科学或工程技术层次上的人来说，工作在技术科学层次上的人能够最充分地感受到层次结构完整化所带来的变化和益处，最容易领悟到由此产生的系统思想。

原本要学习飞机制造（纯粹的工程技术）的钱学森，到达加州后不久便注意到科学发展的这一趋势，明白了今后的工程要跟着理论走，只有科学理论走在前面，工程技术才能领先于世界。他立即决定转学航空理论，师从世界一流的技术科学大师冯·卡门，到空气动力学这门技术科学的前沿去拼搏。这近乎一次最优选择，不仅使钱学森通过力学研究迅速走向世界科学的前沿，而且为他后来走向系统科学埋下伏笔。在短短的几年中，钱学森不仅学到空气动力学的最新知识，而且“冯·卡门教授教给钱学森从工程实践提取理论研究对象的原则，也教给他如何把理论应用到工程实践中去的本领”[①]，懂得了“应用力学也有再向基础科学反馈的这个作用”(377页)。这实际上就是一种学科系统观点。在打通科学理论和工程实践的过程中，钱学森深刻理解了自然科学已经形成三层次结构和不同层次之间的区别和联系，懂得了从整体上把握自然科学的重要性。这是钱学森系统思想的起点，也是他后来真正理解马克思主义哲学的系统思想（见第 2 章）的科学依据，更是他后来构筑现代科学技术体系的思想源头。他把自然科学作为其他十大部门的“老大哥”或样板，据此梳理现代科学技术体系的层次结构。

今天回头看去，钱学森从自然科学中首先获得系统思想有一条清晰的路径。1947 年回国完婚期间所做报告“工程与工程科学”，返回美国后发表的论文“Engineering and engineering sciences”，记录了他这一时期的思想演变，蕴涵了一般工程科学家没有的系统思想[②]。1957 年发表的文章记录了这十年中继续思考的成果[③]，再到 20 世纪 80 年代初构筑现代科学技术体系，近四十年的持续思考是钱学森系统思想形成的一条不可忽视的路径。钱学森晚年在总结其科学技术体系学思想发展时，谈了这样的体会：“学问是一个整体的东西，实际上不能分割。我们谈一部分，也必然要影响到其他部分，恐怕这就是系统的概念吧”[④]。系统是不能分割的整体，不同部分相互影响，谈一部分必定影响其他部分，这里说出钱学森对系统概念的理解。学问是一类特殊的系统，当然也具有这些特点。

---

① 谈庆明. 钱学森与力学//北京大学现代科学与哲学研究中心. 钱学森与现代科学技术. 北京：人民出版社，2001：53.

② 钱学森. 工程和工程科学. 工程研究——跨学科视野中的工程，2010：4.

③ 钱学森. 论技术科学. 工程研究——跨学科视野中的工程，2010：4.

④ 钱学森. 创建系统学（新世纪版）. 上海：上海交通大学出版社，2007：6.

实际上，自然科学在 19 世纪的重大发展，特别是所谓三大发现，已经历史地造就出系统思想（整体联系思想和演化发展思想）深广的源泉。掌握了辩证唯物主义、善于以大历史尺度考察科学发展的恩格斯最先领悟到这一点，及时做出正确的哲学概括，给出现代系统思想的辩证唯物主义表述，第 2 章已有所说明。由于这样做明显地超出一般科学家的眼界和思维能力，不仅与恩格斯同一时期的科学家，就是 20 世纪对于创建系统科学做出贡献的那批科学家，以及原苏联的系统科学家，都没有意识到 19 世纪三大发现包含的系统思想的重要性。作为系统科学第一人的贝塔朗菲对现代系统思想的诸多先驱都有所评品，吸收了他们的思想成果，唯独没有注意到恩格斯的重大贡献，他的著作从未提及恩格斯，此乃贝塔朗菲系统思想的明显缺陷，也反映了整个西方科学家的问题。青壮年时期的钱学森也如此。不过，当他初步实现了从自然科学家向系统科学家的转变，又在回国后深入学习并真正掌握了马克思主义哲学，两方面相结合，使钱学森真正读懂了恩格斯，又借助于恩格斯的著作彻底理解了 19 世纪自然科学产生的现代系统思想，这也有助于他领悟 20 世纪自然科学的系统思想的新发展。由于悟得恩格斯思想的真谛，钱学森的系统思想比 20 世纪的所有系统科学家和系统哲学家都更丰富。

20 世纪自然科学对系统科学的另一贡献，是揭示出物质世界的层次结构，科学地阐释了微观世界与宏观世界的区别和联系，提出从微观描述过渡到宏观描述的方法，为系统科学的基础理论准备了重要概念和方法。系统科学早期建立的学科，即运筹学、控制论、一般系统论等，都是宏观理论，用不上微观分析。但系统科学的发展不可能止步于宏观研究，在基础科学层次上搞系统研究，一定要深入微观研究，把宏观与微观结合起来。自组织理论家普利高津、哈肯等主要是通过非平衡热力学和统计物理学掌握了微观和宏观这对概念，以及相关的分析方法，建立起初步的自组织理论，开辟了基础科学层次上系统研究的一大领域。在这方面，钱学森走出一条不同的路径。在 20 世纪 50 年代，“钱学森考虑到近代物理和化学的发展，对物质在原子核以外的微观结构已有相当的了解，有条件来建立一门新的技术科学，即物理力学”①。准确地说，我以为物理力学是一门自然科学的应用基础科学，或基础应用科学，目的是通过对物质的微观分析，揭示物质宏观力学性质的形成机理和规律，以便预见新物质材料的宏观性质，发展新材料和新工艺。物理力学概念的提出是钱学森接受物理学微观研究成果的表现，对物理力学的研究又推动他深化对微观、宏观概念的理解，为后来从事系统研究做准备。可以预料，系统科学也需要开拓应用基础科学，或基础应用科学，其思想渊源必定要追溯到钱学森。

进入 20 世纪后，自然科学及其技术的发展开始出现大型化、群体化的苗头，重

---

① 谈庆明. 钱学森与力学//北京大学现代科学与哲学研究中心. 钱学森与现代科学技术. 北京：人民出版社，2001：70.

大科技攻关项目需要组织良好的团队来承担。用钱学森的说法:“现代科学技术的研究工作都是社会化的”(364页)。社会化也是系统化,研究团队都是社会系统,社会化了的科技工作要求按照系统思想和方法组织管理。这也是现代系统思想的重要来源,是自然科学对系统科学的另一项帮助。冯·卡门在此一发展趋势中走在前面,他在加州理工学院每周主持一次研究工作讨论会和一次学术研讨会(seminar)。直到晚年,钱学森仍然不断回忆那一段令人难忘的时光,对冯·卡门在科技工作中实行民主集中制的做法赞赏有加。民主集中制是社会系统正确的运行原则,也是钱学森系统思想的源头。

3.2 从工程实践中提炼系统思想

一切科学思想归根结底来自实践,而实践是多方面的、复杂的。现代系统思想有多方面的来源,重点之一是现代工程技术的实践。工程实践的产品都是一定的人造系统,先根据整体设计的需要造出一系列元部件(系统的组分),再按照一定的方式(系统的结构)把它们组装起来,形成系统整体(整机),通过系统的运行(行为、状态)以求得到预期的性能和效益(功能)。所以,工程家天然地熟知组分、结构、系统、整体、行为、状态、功能、效益、整合等系统科学的概念,很容易形成重视整体性(局部服从整体、整体用好局部)和功能优化的系统思想。由于这一点,他们在从还原论走向系统论的过程中一般都走在那些迷恋还原论的基础科学研究者的前面。特别地,从19世纪末起,工程技术迅速大型化、复杂化,大型复杂工程技术本身具有明显的系统性,其产品及研制、生产、使用和维护的过程都比以往的工程活动复杂得多,不仅需要自觉地按照系统观点设计、制造和操控产品,而且需要自觉地把它们作为系统来经营管理,因而很容易启发和产生系统思想。

在谈到现代系统思想的起源时,创建系统科学的首席功臣贝塔朗菲很重视工程技术的作用。他曾经这样说:“对于在各自专业中受过训练的工程师来说,解决蒸汽机、汽车或无线电等方面的问题,是胜任有余的。但是,事情到了弹道导弹或太空飞行器就不一样了,它们必须由机械、电子、化学等不同性质的技术中产生出来的各种部件装配而成。人与机器的关系问题出现了,财政、经济、社会和政治方面数不胜数的问题也冒了出来”。因此,“技术的发展使人们不再按照单个机器,而是按照‘系统’去思考”;“于是,一种‘系统方法’就成为必需的了”①。贝塔朗菲的这段宏论提供了一把了解钱学森系统思想如何萌发和形成的钥匙。

就工程技术发展史来考察人类思维方式的转变,太空飞行器的研制是一个转捩点,由于研制对象大型化、复杂化,集不同性质的技术于一体,特别是从面对单个

① 冯·贝塔朗菲.一般系统论:基础、发展和应用.林康义等译.北京:清华大学出版社,1987:1,2.

机器到面对机器系统，从单纯的机器关系到人机关系，从单纯的自然科学技术问题转向同时要应对“财政、经济、社会和政治方面数不胜数的问题”，自觉应用系统方法就成为必需和急需的了。在这方面，美国社会表现得最突出，连本身为理论生物学家的贝塔朗菲都感受到这一点。从工程技术起家的青年钱学森正赶上这一趋势的高潮到来之时。20世纪的美国已经成为世界科学技术发展的领跑者。抱着科学救国信念负笈美国学习航空科技，使钱学森获得一个极佳的平台，能够近距离地感受、观察科学技术发展的这一潮流。加上广阔的科学眼界、宏大的抱负和过人的洞察力，使钱学森很快树立起科学技术的前沿意识，学会如何把握科学技术前沿的新动向。

人类研制弹道导弹的活动始于希特勒时期的德国，真正成功于美国和原苏联。钱学森虽然转攻航空理论，但对工程技术的兴趣并未减弱。到加州理工学院后不久，他参加了冯·卡门的另一个弟子马利纳领导的美国第一个火箭研究小组的活动，负责有关的理论分析，从此跟美国导弹火箭事业结下不解之缘。这无疑也是一种难得的机遇，使他获得了在蒸汽机、汽车、无线电甚至飞机研制中无法获得的实践机会，得以通过工程实践建立现代系统思想。随同冯·卡门赴欧考察德国的V-2导弹，参与撰写《迈向新高度》的科学报告，为美军讲授导弹概论，做《飞向太空》的讲演，等等，科学技术前沿的这些经历，使钱学森越来越深度地参与了美国导弹火箭事业的研究开发工作，而且成绩卓著。如美国著名专栏作家密尔顿·维奥斯特所说：“在第二次世界大战期间，在钱的帮助下，使大大落后于德国的非常原始的美国火箭事业过渡到相当成熟的阶段……钱是帮助美国成为世界第一流军事强国的科学家的银河中的一颗明亮的星”①。钱学森由此成为世界上研制导弹的先驱之一。贝塔朗菲应该知晓钱学森在美国从事的工作和遭受的非难，他关于导弹和太空飞行导致工程技术需要系统方法的论述，其社会背景包括这一段历史。

钱学森的系统思想还跟美国航天系统工程初创的实践有关。美国的航天事业也是从搞火箭导弹研制开始的，从初创时期就参与其间、工程直觉又特别敏锐的钱学森不可能看不到这一事业对系统思想和系统方法的依赖。从赴美留学学航空技术到改学航空理论，再到参与美国火箭研究的“死亡小组”，再到参与赴欧考察德国的V-2导弹，钱学森虽然尚未意识到、但事实上在一步步地接近系统工程。美国的火箭导弹研制最初是由加州理工学院喷气推进实验室(JPL)进行的，它成立于第二次世界大战初，起先并无明确的系统工程观念，后来才“逐渐演变成为一个大力从事开展复杂的大型工程项目系统工程实际应用的实验室”②，成为美国航天系统工程理论和技术的开创者。皮克林是JPL的第二任主任，曾于20世纪70年代

① 王文华. 钱学森实录. 成都：四川文艺出版社，2001：49.

② 小拉尔夫·弗·迈尔斯. 系统思想. 杨志信等译. 成都：四川人民出版社，1986：223.

写文章回顾这一演变过程，总结 JPL 在系统工程方面的经验，阐述其主要系统思想。而 JPL 的前任主任正是钱学森，钱学森于 1949 年担任 JPL 的前身古根海姆喷气推进中心的第一任主任，正值皮克林所说的 JPL 向“系统工程组织机构”转变的早期，钱学森所起的作用可想而知。这个时期的钱学森没有留下任何有关系统工程的文字材料，与系统工程当时还处于保密状态有一定关系。这种工程实践也是钱学森系统思想的来源。

3.3 以工程控制论为切入点进入系统科学

钱学森是从技术科学层次上首先进入系统科学的，这有其必然性。3.2 节从政治角度有所涉及，本节从学术角度给以说明。

20 世纪 40 年代，一般系统论、控制论、信息论、运筹学、系统工程等新型科学技术“扎堆”式诞生，在科学史上是不同凡响的。这场被后人称为系统论运动的科学新趋势，涉及工程技术、技术科学和基础科学三个层次，但大多数属于技术科学，应用性极强。我们知道，钱学森当时并未注意到理论性很强的一般系统论等新学科，而那些技术科学和应用技术层次的新学科都引起他的关注。原因很简单，钱学森是作为应用力学家登上世界科学舞台的，专业的训练使他对技术科学最有兴趣、最为关注，对技术科学层次的新动向、新发展最敏感，研究起来也最得心应手。所以，新兴的系统研究领域中的技术科学对钱学森产生了强烈的吸引力是不难想象的。

20 世纪 40 年代的钱学森已注意到运筹学和信息论这些技术科学的发展，其中的系统思想无疑对他有所影响。但他并没有在这些领域倾注心血。运筹学是组织管理的科学理论，钱学森在美国时期不可能获得参与现代企业和科技方面组织管理活动的机会，没有充分的实践经验，进行组织管理的理论总结就会底气不足。当时的信息论实际上是通信的数学理论，主要联系的是通信工程技术。钱学森自己没有通信工程的实践，信息的理论研究与他在美国的学习和科研工作相距较远，没有一定的知识准备，他也不大可能转向这个领域。至于系统工程，虽然与美国导弹火箭事业的关系越来越密切，在被剥夺了参与军事技术研究的资格后，钱学森也不可能进行这一领域的理论总结。在美国后期的钱学森要从事科学理论研究，可能只有两条路现实可行：控制论和物理力学。

作为冯·卡门的学生和合作者，钱学森最擅长的是空气动力学和航空航天理论。作为开拓美国导弹火箭事业的参与者，他已是当时国际上少数顶尖专家之一，在这方面具有比较丰富的知识储备和实践经验。这些知识和经验都与工程控制问题密切相关。或者说，在 20 世纪 40 年代兴起的新学科中，在不涉及军事机密的前提下从事科学理论研究，对钱学森来说，最合适的莫过于工程控制问题。无论航空，还是航天飞行器的轨道控制、发动机点火控制、燃烧室稳定性控制等，都属于当时技术科学的前沿问题。控制技术的优劣对航空航天科技的重大意义不容置疑，而他在这些方面都不是生手。所以，钱学森把他在美国最后一段时期的研究方向确定为工程控制论，无论从必要性看，还是从可能性看，都是最佳选择。《工程控制论》一书的许多内容都与航空航天的工程实践有关。国内一些力学家因钱学森没有继续搞物理力学而深感遗憾，认为导弹火箭研制耽误了钱学森。据作者的观察，钱学森本人并无这种遗憾，他更看重自己对新中国国防事业的贡献。一生都想着要为国家服务，这也是钱学森为学为人的一个特点。

写作《工程控制论》时的钱学森还没有系统科学的概念，但这本书的成功使他事实上跻身于世界著名系统科学家的行列。当时的钱学森已经很清楚，自动控制是建立在系统概念上的，控制器都是系统。阅读维纳的开创性著作《控制论》，系统地调研有关工程控制研究前沿的文献，采用框架法对资料进行梳理、综合和概括，使钱学森从控制论的角度系统地、透彻地把握了当时最前沿的系统思想。一旦学界明确存在一个新的科学领域——系统科学，控制论是其一个分支学科，钱学森对系统科学早期发展的贡献和地位也就确定了。

今天回头看去，通过撰写《工程控制论》，回国前的钱学森对 20 世纪 40 年代兴起的这场系统论运动的理解，在某些根本问题上已超过同一时期的许多系统科学家。该书原版序中写道：工程控制论提供的是"一种统观全局的方法"，"使我们可能有更广阔的眼界用更系统的方法来观察有关的问题"。如此表述的系统观点在维纳的书中看不到，却与贝塔朗菲的观点相当接近，应该说钱学森的系统观点超越了维纳。或者说，在控制论学者中，钱学森的整体观、系统观更鲜明而突出。不仅如此，原序还写道："这门新科学(指控制论，引者)的一个非常突出的特点就是完全不考虑能量、热量和效率等因素，可是在其他各门自然科学中这些因素却是十分重要的。控制论所讨论的主要问题是一个系统的各个不同部分之间的相互作用的定性性质，以及整个系统的总的运动状态"①。这话虽然是针对控制论讲的，但完全适用于整个系统科学，完全不考虑能量、热量和效率等因素是系统科学"非常突出的"新特点。正是这一点指明了系统科学与自然科学的本质区别所在。如此新颖独特的认识在十多年后出版的一般系统论代表作中，包括贝塔朗菲的著作，也读不到，更不用说现代控制理论的著作。直到 20 世纪末，有些著名系统科学家还提出系统科学要注意研究能量问题，显然是学术思想的一种退步。系统科学的未来发展一定要把握住这一要点。

《工程控制论》的出版表示钱学森已基本上走出自然科学的范畴，成为新兴系统科学的重要人物之一。

---

① 钱学森. 工程控制论(新世纪版). 戴汝为，何善堉译. 上海：上海交通大学出版社，2007：原版序.

3.4 从中国航天科技发展中提炼系统思想

钱学森从自然科学向系统科学转变的最后完成，则是回国以后实现的。从工程控制论获得的系统思想还有较大的局限性，它只是技术科学层次上的系统理论之一，有其观察问题的特殊视角的限制。工程控制论研究的是人工设施的自动控制问题，受控对象中不包括人的因素；比较而言，这样的系统总是比较简单的。社会是由人组成的系统，人们需要用系统科学解决的问题，大多数涉及人的因素，必须处理由人的因素造成的问题。或者说，在系统科学中，能够处理人的问题的系统理论和技术更重要，更有代表性，也更复杂难搞。系统工程不能不考虑人的因素，特别是航天科技发展这种规模巨大、组织复杂的系统工程所需要的系统思想，远不是工程控制论能够涵盖的。如果再把系统工程推广应用到国家规模的组织管理上，人的因素更是重点考虑的问题。

不论他对美国航天事业的贡献有多大，钱学森毕竟是外国人，而且是来自另类文化的中国人，至今仍然难于被西方文化主流真正认同。即使在麦卡锡主义尚未猖獗的时期，钱学森可以作为顶尖专家，可以享受很高的物质待遇，可以代表美军去接受德国的军事研究成果，却不可能成为美国航天事业科技方面的总指挥，不可能获得应用系统工程组织管理这一宏大事业的全面经验，也就不可能依据这种实践经验提炼系统工程思想。这一点，回国后的钱学森做到了。作为中国火箭导弹研制的最高科技负责人，钱学森获得国家的充分信任，享有足够的知情权和决策权。贝塔朗菲所说的航天器研制中人与机器的关系问题，财政、经济、社会和政治方面数不胜数的问题，以及中国文化和国情带来的种种特殊问题，他都碰到了，经验了，解决了，这方面的经验和知识十分宝贵。“技术上钱学森同志说了算”，聂荣臻元帅赐给他的这柄尚方宝剑，既使导弹火箭研制任务的得失成败几乎系于钱学森一身，又让钱学森获得在美国绝对不可能得到的机遇：技术上的重要分歧由他拍板定夺，研制中的重要挫折和失败由他承担责任，各种信息、资料、经验、教训都向他那里汇集，等候他来加工处理，进行理论提炼。他的系统思想正是在这一实践过程中极大地丰富起来，也就深深地打上这一实践过程的烙印、社会主义中国的文化烙印。在经济极不发达、科技极端落后的中国搞航天科技事业，而且以比美苏更短的时间把导弹卫星送上天，从实践上证明钱学森系统工程思想的科学性。

仅仅这样看还不够。文化系统有核心部分，一个是科技文化，另一个是人文文化，它们的外围是经济文化、政治文化、军事文化等。如果把科学技术作为对象系统，则人文文化、经济文化、政治文化、军事文化等一起构成这个系统的文化环境，强烈地影响和制约着其发展。美国的航天科技是在美国的社会文化环境中形成发展的，钱学森熟悉这一环境，直接参与了美国航天科技的创建过程，由此形成的系统工程思想自然也打上美国文化的烙印，不能简单照搬于中国的航天科技。假定把美国阿波罗登月工程的指挥管理队伍全套搬来中国，再假定他们乐于为新中国服务，也不可能把中国的航天事业搞上去。要在20世纪五六十年代中国国情和文化环境中创建和发展航天科技，必须运用与美国不同的方法，走出不同的路径，培养一支中国自己的队伍。从美国回来的钱学森要做到这一点，自己首先需要一个适应这一环境的过程，他的思想需要一个转变过程，也就是毛泽东提倡的思想改造。改革开放以来，人们对于当年的思想改造运动多有微词，唯有钱学森坚持肯定性态度。钱学森真诚地参与那场思想改造运动，并且大有收获，成功地融入完全由新中国培育的管理干部大军中，否则他就不可能顺利地挑起领导中国航天科技的重担。

钱学森在美国求学和工作的二十年，是中国社会发生翻天覆地变化的时期。历经一百多年的苦难和奋斗，历史走到20世纪30年代至50年代这一时期，中国现代文化的第一个主导形态已经形成，它的核心是毛泽东思想，即中国化的马克思主义，包括其独特的系统思想。它不仅储存在毛泽东著作和中国共产党的有关文献中，而且鲜活地记录在新中国建立者大军的集体头脑中。现代系统工程思想和方法不仅萌发于西方发达国家的经济管理和军事指挥中，而且也独立地萌发于现代中国的民族民主革命实践中，两者各有其独擅胜场之处，谁也不能取代对方。中国现代系统思想的优越性，在三大战役和抗美援朝战争中获得绝佳的表现。它是中国传统文化的系统思想和马克思主义的系统思想相结合的产物，是中国长期的革命群众运动和革命战争实践的观念形态创造物，经过毛泽东所代表的中国马克思主义队伍的概括和提炼而产生，极具中国特色。中国文化的进一步发展只能在此基础上开拓前进，不能另起炉灶，任何试图推倒重来的想法都是反历史的，注定要失败。但去美国二十年的钱学森对此十分陌生，思想上的差距很大，他必须尽快融入其中，掌握这一新文化的精神实质，方可有大作为。这是特殊的系统工程思想和方法，具有现代中国特色、毛泽东思想特色的系统工程思想和方法，不仅留在美国学不到，就是回国后留在科学院或大学工作也很难真正学到。下有大批从解放军和工业部门抽调来的极具组织能力的干部，上有聂荣臻的直接指挥，有以周恩来为首的专委会领导，还时不时能够直接与毛泽东对话，加上全国一盘棋地支援航天科技事业的大环境，这种特殊的社会实践经历也是钱学森中国化系统思想的重要来源。

3.5　从马克思主义哲学中吸取系统思想

钱学森在谈论系统工程的系统思想时说过："马克思、恩格斯、列宁和毛主席的著作中还有许多这方面的论述，我们现在搞系统工程一定要熟悉这些论述，作为强大的理论武器”(93页)。钱学森系统思想的一个关键性来源是马克思主义哲学,主要是恩格斯和毛泽东的哲学著作。我们对前一方面已有论述,现在讨论后一方面。

按照钱学森的说法,辩证唯物主义哲学的第一个体系是马克思和恩格斯构筑的,列宁在新的历史条件下试图构筑新的体系,中国马克思主义队伍又在更新、更独特的历史条件下做出新的尝试,而这一“伟大尝试”,“毛泽东同志早在50年前就开始了”(6-225)。毛泽东把马克思主义中国化,包括把马克思主义哲学(核心是辩证唯物主义)中国化,集中体现在《实践论》、《矛盾论》等哲学著作中。钱学森坦承,他自己就是从《实践论》、《矛盾论》中学到辩证唯物主义的(8-262)。这无疑也包括学到两论中的系统思想。钱学森在对系统科学有了相当深入的研究,经历中国航天科技发展的长期实践之后,再去认真阅读《实践论》和《矛盾论》,必定会被其中的系统思想深深震撼,意识到那是不用系统科学术语写出来的系统论著作,他的学习体会必定有我们一般人达不到的高度和深度。由此缘故,许多人不大理解钱学森为什么高度评价毛泽东的“两论”,特别是在晚年进入复杂巨系统研究后,钱学森更体悟到“两论”给他的研究工作提供了宇宙观和认识论的指导,十分可贵,申言他的理论创新都是在毛泽东哲学思想指导下完成的。这无疑是肺腑之言。

毛泽东对系统思想的阐释远不限于哲学层面,而是在许多方面达到科学的定性阐释的水平,有些论述与贝塔朗菲等相比有过之而无不及。全面阐释毛泽东的系统思想是一项重要理论课题,此处仅举几例:

(1) 环境观点。贝塔朗菲的一大贡献是提出开放性观点,但他对系统思想极为重视的环境观鲜有具体的阐述,环境观点包括开放性观点,但不限于开放性观点。毛泽东没有提出开放性这个概念,但环境观点(环境意识)十分明确,表明在他的思想中不存在封闭系统这一概念,他相信凡系统都是开放的。他要求革命者不论什么时候、在什么地方都要“对周围环境进作系统的周密的调查和研究”,力避“为复杂的环境所迷惑,因而被环境所支配”①。人可能被环境所迷惑和支配,因而不能正确认识和处理对象系统的问题,这一思想在所有系统科学著作中都读不到。查阅迄今为止国内外系统科学和系统哲学的著作就会发现,在环境观点上都没有达到毛泽东的水平。

(2) 整体性(全局性)观点。毛泽东的整体观、大局观、历史观十分突出,引来钱学森的如此评价:“毛泽东思想的核心部分就是从整体上来认识问题,把握住它的要害”②。这种全局观在中国革命战争中发挥得淋漓尽致。

① 毛泽东. 毛泽东选集(一卷本). 北京:人民出版社,1966:217,801.

② 钱学森. 创建系统学(新世纪版). 上海:上海交通大学出版社,2007:133.

(3) 全要素观点。系统是由要素构成的,认识系统必须做要素分析,但许多人常常抓住部分要素便妄下结论。毛泽东则强调要把握“全部本质要素,不是残缺不全的片段”。

(4) 全过程观点。过程观点是系统观点的有机组成部分,恩格斯强调把握系统的过程性,但直到毛泽东才明确地提出全过程概念,强调把握“事物发展的全过程中的矛盾运动”。

(5) 非线性观点。毛泽东没有数学的线性和非线性概念,但他清楚地认识到“事物是往返曲折的,不是径情直遂的”①。用学术语言讲,就是肯定现实世界本质上非线性的,而不是线性(径情直遂)的,必须把非线性当做非线性对待,切忌把非线性过程当成径情直遂的线性过程。

毛泽东对现代系统思想在中国传播和发展的另一项重大贡献,是创造了有中国特色的现代组织文化。所谓组织文化,简单地说,指一个社会的组织理念、组织模式、组织力、组织方法或技术、组织水准等的总和。近代中国无法抗拒西方列强的侵略,根本原因之一是组织文化无法与西方抗衡。以小农经济为基础的中国社会的组织文化与资本主义的组织文化不在同一个历史水平上,加之晚清政府极度腐败,人民一盘散沙,社会组织程度近乎为零。而西方列强通过工业化、企业垄断化和开拓殖民地战争,建立起现代社会的组织文化。两种具有巨大历史落差的组织文化相碰撞,导致中国一度被推到亡国灭种的边缘。而阶级本质使蒋介石和国民党不敢去把广大民众组织起来。以毛泽东为核心的中国马克思主义者主要通过组织群众运动和革命战争在中国建立起一套全新的组织文化,核心是其独特的组织模式。历史证明,在20世纪的具体环境下,这种组织文化足以同西方列强的组织文化相抗衡,并战而胜之。他们所倡导的群众路线、民主集中制、尊重人民群众的首创精神、统一战线等,都是中国新的组织文化的重要内涵和模式,体现了独特的中国现代系统思想。回国后的钱学森从这里学习到毛泽东的系统思想,包括他的组织文化观念。

毛泽东的组织文化主要是一种政治文化,在群众运动和革命战争中所向披靡,用于经济、文化、科技活动明显地不够用,有些甚至过时了。中国的现代化也需要通过产业革命和科技发展来培育组织文化,但又不可能重复走西方走过的路。幸运的是,钱学森从科学技术方面作了弥补。如果说系统工程是组织管理的工程技术,那么可以说,系统理论在相当程度上是组织管理的科学。现代社会是高度组织化的社会,组织管理的水平越来越高的社会。作为一种科学文化,系统科学将从不同层次上为新的组织文化提供科学技术的支持。这是钱学森对中国社会的一大贡献,也是本书的主题。

---

① 毛泽东. 毛泽东选集(一卷本). 北京:人民出版社,1966:302,440,498.

3.6 从现实生活中提炼系统思想

古语说,处处留心皆学问。当世界进入系统化时代,特别是全球一体化时代之后,我们可以说处处留心皆系统思想。系统思想的内容和表现形式无穷无尽,一些东西在这一领域表现突出,一些东西在那一领域表现突出。不论何时、何地、何事,只要是有心人,都会获得对系统观点的新认识;只要有必要的理论思维能力,就会提炼出新的系统思想和方法。钱学森就做到了这一点。在《钱学森哲学思想研究》一书中,我们曾分别考察他如何从自然科学、社会科学、数学科学、思维科学、人体科学、行为科学、军事科学、地理科学、建筑科学和文艺理论十大部门中提炼系统思想和方法,考察他如何用现代科学技术体系来推动系统科学的发展。除此之外,沙产业、草产业、海产业、林产业、饮食业、旅游业等,钱学森都能从中发现一些特殊的系统现象,提炼出有独特内涵的系统观点。此处仅举一例。晚年钱学森曾经在中国科协和政协工作过,那里的工作也都是某种系统工程,他坚持用系统观点观察和指导自己的工作。正是通过在科协和政协的工作,钱学森体会到社会系统的"单位之间有两种关系:领导关系和指导关系。前者上、下级之间有'红头文件',下级必须按上级的指示办事,绝对服从;后者上、下级之间没有'红头文件',上、下级只互相学习协商,上面说的仅供下面参考"。他把由此得到的认识推广应用于其他领域,认为这两种关系"也会存在于其他开放的复杂巨系统,如人体内各部分,大脑内各部分"(9-013)。学问修炼到钱学森那样的境界,真可谓出神入化。这种精神和方法十分值得学习。

第 4 章　钱学森论系统科学

构筑现代科学技术体系，包括构筑系统科学等 11 个大部门的体系，属于科学学和科学论研究的范畴。由此缘故，晚年钱学森对科学学颇感兴趣，不仅以科学学观点考察 11 个大部门，而且也作科学学研究，与科学学家赵红州等常有互动，提出不少创见。本章讨论他应用科学学观点研究系统科学的收获。

4.1　确定学科名称——系统科学

第 3 章把系统科学的诞生期定在 20 世纪 40 年代，但那时还没有系统科学这一概念。基于此，我们才认为那种不同意系统科学诞生于 20 世纪 40 年代的说法也有一定合理之处。何人何时最早提出这个概念，我们没有确切的文献依据下结论，不过它至晚出现于 20 世纪 60 年代是肯定的。例如，著名运筹学家阿科夫在 20 世纪60 年代就认可这个概念，系统科学一词曾出现在他的著作《一般系统论和系统研究——系统科学比较概念》(1963 年)一文的标题中。大名鼎鼎的贝塔朗菲在20 世纪60 年代也接受了这一概念，《一般系统论：基础、发展和应用》一书中反复提到系统科学。尽管他有时把系统科学一词打上引号，有时又把系统科学降格为一般系统论的一部分，表明他对系统科学的认识还没有达到应有的高度，但贝塔朗菲承认存在系统科学是不容置疑的。应该说，此时的西方科学界对系统科学普遍认识不足，普利高津、哈肯、托姆等都不讲或极少讲系统科学，没有把自己创建的新理论归属于系统科学。

钱学森接受系统科学的概念也有一个过程。他在写《工程控制论》时还没有这个概念，尽管书中大量出现系统这个词，区分了线性系统与非线性系统、常系数系统与变系数系统等，却没有提到控制论属于系统科学(这或许可以佐证 20 世纪 50 年代还没有提出系统科学一词，至少控制论领域如此)。在回国后应用和发展航天系统工程的二十年中，他也不讲系统科学，没有把系统工程归属于系统科学。钱学森后来回忆说："从 50 年代中开始这么多年了，我的体会那时什么叫系统科学，我们也不知道，看了外国什么'运筹学'，什么'控制论'，什么'信息论'，所以我们就赶快学一点，想用那些东西来解决我们一些问题"[①]。这里说的是他回国后领导我国航天科技事业过程中的学术动向，为解决实际问题而学习系统科学的技术科学。

---

① 钱学森. 创建系统学(新世纪版). 上海：上海交通大学出版社，2007：162.

其中说到的控制论指风靡一时的现代控制理论，25 年后在他指导下宋健等搞的《工程控制论（修订版）》给出新的总结。从国外引入的运筹学、控制论、信息论都不讲它们是系统科学的分支学科。全部精力集中于导弹火箭研制的钱学森，虽然关心系统工程的理论基础，却无暇思考系统工程的学科归属等理论问题。他为《工程控制论（修订版）》写的序中仍然只提控制论科学，不讲系统科学。

即使他在 20 世纪 70 年代后期开始淡出系统工程、运筹学、控制论的实际应用，着手对系统研究领域作全面理论总结的时候，钱学森仍然没有系统科学概念，1978 年发表的那篇里程碑式的文章就是证明，全文大谈系统思想、系统概念、系统工程、科学体系等，却没有提及系统科学。钱学森自己后来对此有个说法（1984）："系统科学开始并不叫这个名字。在 1978 年即五年前我们提的不是系统科学，而是系统工程，即直接改造客观世界的工程技术范围内的系统工程"①。这就是说，那时他讲的虽然是系统工程，想的已是系统科学，只是还不自觉，还没有这个名称。

但以这篇文章为起点，钱学森很快发现，系统工程带动的是一个很广泛的科研领域，即从不同侧面、在不同层次上研究系统现象的科学新领域，系统工程无法涵盖之，必须从系统工程中走出来，从更大的范围和更高的视角来看问题。此时的钱学森已经在运用科学技术体系学的观点思考系统工程所带动的这个研究领域的命名问题，开始注意系统科学这个概念。一个特定研究领域的正确命名是由该领域的根本概念规定的。单就控制问题看，根本概念是控制和反馈，称为控制科学是适当的。若就整个系统研究领域看，根本概念只能是系统，控制、运筹等都是亚概念，不能称为控制科学。而进入 1979 年，由于明确了根本概念是系统，钱学森立即做出"我们应该回到系统这一根本概念，采用'系统科学'这一词"的判决[99页]。选择"回到"一词表明此时的钱学森已经认识到，从研究工程控制论到搞航天系统工程，他无数次地使用系统一词，却没有把系统当成根本概念，游离于根本之外已经太久，是回归根本的时候了。

对于系统科学家钱学森来说，这是一次认识上的飞跃，抓住了 20 世纪 40 年代兴起的这个科学新领域的根本。其成果凝结为"大力发展系统工程，尽早建立系统科学的体系"一文，他在 1979 年 10 月举行的北京系统工程学术讨论会上就此题目做了讲演，又在 11 月 10 日的《光明日报》上公之于众。这是一篇战斗檄文，极具鼓动性，标题的两句话指明当时系统科学的两大科研任务，是钱学森向刚刚组织起来的中国系统科学研究队伍发出的战斗动员令。在他的感召和带领下，随着时间进入 20 世纪 80 年代，一场持续二十年的系统科学研究热潮，俗称"系统热"或"三论热"，在中华大地上出现了。

---

① 钱学森. 人体科学与现代科技发展纵横观. 北京：人民出版社，1996：57.

1984年4月2日，钱学森在人体科学研讨班上的发言中谈到“最近十几年、二十年发展起来的系统科学”，他说，“从工程控制论、信息论，然后加上系统工程发展起来的所谓大系统、巨系统的理论；还要加上一些在国外的研究生物学所发展起来的，在国外叫一般系统论；再加上像比利时诺贝尔奖金获得者普利高津的这一套所谓远离平衡态系统的理论，我给起了个名字，所有这一套叫系统科学”①。这是从学科的组成分支上对系统科学的界定，其中还有他所钟爱的协同学。

4.2　对系统科学作科学学论证

席卷中国内地二十年的那股“系统热”所涉及的论题相当广泛，其中一个令人印象深刻的部分，就是对系统科学作科学学的研究。

一门新学科作为一种知识系统，它的产生发展也是自组织与他组织矛盾统一的辩证过程。当它已经被学界承认为一门学科(中国传统的说法称为显学)后再回头看，就会发现：那些被公认为学科开创者的人们，最初发表的研究成果都是在已有学科的旗帜下写成的，完全没有建立新学科的自觉意识，而是一种纯粹的自发行为。就是说，新学科总是以自发的自组织行为在现有学科内孕育和产生的，但每一项开创性的具体工作却是开创者们的自觉行为，即他组织行为，自觉地为扩展和完善原有学科而工作，实际却是在自发地创建新学科。哲学地讲，这叫做自组织以他组织为自己开辟道路：在已有学科范围内以解决某个具体问题而开展的有计划的研究，却无意识地突破原学科，孕育着新的学科。在足够大的时间尺度上看，任何自觉行为中都包含着行为者没有意识到的东西，即新事物的胚芽。哲学地讲，他组织中或多或少蕴涵着自组织的因素。

当这种自发性研究工作积累到足够程度时，研究者中一些思想敏锐的学者就会意识到，这类研究已经超出现有学科的范围，足以构成一个新的学科，便给它起个名字，叫做××科学，或××学，或××论。从此以后的相关研究就变成一种新的自觉行为，自觉到自己的研究属于××科学，需要有意识地摆脱原有学科规范的束缚，克服已形成的思维定势，努力按照××科学的基本质性来规范自己的研究。研究工作从此具有新的他组织成分：其一，每一项自觉行为是以研究者的自觉意识(自我)为组织者的他组织过程；其二，个体的行为要遵循××科学学术共同体的通有规则，反映了整体(俗称科学家共同体)对个体(科学家个人)的他组织作用。即便如此，每个研究者如何选题，如何确定研究方法和路径，思想取向、观点表达、分歧意见的出现，加上各自做学问的风格、习惯等，从学科整体看，仍然是自发的自组

① 钱学森. 人体科学与现代科技发展纵横观. 北京：人民出版社，1996：157.

织现象。从新学科的宏观整体看,不同研究者各自独立行动(独立性)、平行进行(并行性),相互引用、争论、辩驳(交互性),各自既有所坚持,又有所修正,都属于该学科发展中的自组织现象。研究者越多,歧见越大,自组织越发达。

一个新学科被承认的初期,在术语、概念、命题表述和方法上必定存在种种混乱和歧见。研究者个体或小群体的自发自组织行为不断为新学科开辟新方向,发现新课题,提出新概念、新命题,同时也形成种种歧见、误解、混乱。其结果是新学科作为系统呈现无序态,至少是有序性太差,不利于它的发展,给本领域的研究工作带来诸多不利。这种情况迟早要被人们认识到,该学科的引领者就会提出使研究工作规范化的要求,对新学科开展学科学和科学学的研究,以求在学科性质、研究对象、概念界定、方法制定等问题上统一认识,即对整个领域宏观他组织的呼唤。一门新学科的价值一旦被发现,就会纳入某些社会他组织群体(多半是学术组织)的视野,他们将做出部署,以图有计划地发展新学科;同时对资源已用尽的老学科实行力量的转移。这些都是学科作为系统在宏观层次上的他组织,这种他组织也需要新的规范。从此开始,自组织与他组织的相互关系、统一方式与以往有所不同了。不过,这种自觉意识的确立也有一个过程,仍然是自发性与自觉性矛盾统一的过程。

系统科学从无到有也经历了这样的辩证发展过程,始终贯穿着自组织与他组织之间反复的矛盾、统一、转化。各行各业难以计数的学者自觉地投入系统研究,从系统科学作为一门科学的整体看,这些研究工作都属于自发行为,鲜明地表现出自发性、独立性、并行性、交互性,系统在宏观层面上呈现混乱无序状态,迟早要提出从科学学观点来整体地考察这个新兴研究领域、使之有序化的要求,呼唤宏观的他组织。前述系统科学的三次整合,即 20 世纪 60 年代贝塔朗菲的整合,20 世纪 70 年代哈肯的整合,20 世纪 80 年代钱学森的整合,就是这样发生的,是系统科学宏观层次的他组织。就一门科学的整体看,科学家个人的努力是自发的自组织行为,其中极个别佼佼者逐渐成为该学科的领跑人,他就成为这个研究领域的一种整体性力量,从而转化为他组织者。他们在学术上具有"振臂一呼,应者云集"的社会效应,因而成为该领域的他组织者。在系统科学领域,贝塔朗菲、哈肯、钱学森就是这样的人,他们从自发性研究的潮流中涌现为能够影响这一领域整体走向的他组织者。钱学森是 20 世纪八九十年代中国"系统热"的他组织者,那个时期的过来人都很清楚。

跟欧美国家相比,中国的系统研究晚了大约三十年,大量成果是引进的,少走许多弯路。就中国来说,以 1978 年为标志,在钱学森发动、带领和影响下,国内学术界在 20 世纪八九十年代的二十年中,用科学学观点对系统科学本身进行了持续的宏观研究,成果丰硕,其中钱学森承担了他组织者的责任。中心思想和基本概念都是钱学森提出的,其他学者做了大量补充和发挥,也有不少歧见和争论,较好地体现了百家争鸣的原则。积极参与此项研究的朴昌根提出“系统科学论”一词①，用以概括这些研究活动及其理论成果，我们表示赞同。作者曾有专文论述钱学森的系统科学论②，本章再做些补充。

4.3 什么是系统科学

贝塔朗菲可能是最先给出系统科学定义的人。他在给他的“广义的一般系统论”下定义时，作为一个亚项目，也给出系统科学的定义：“‘系统科学’，即各门科学（如物理学、生物学、心理学和社会科学）中的‘系统’的科学探索和科学理论，以及适用于所有系统（或确定的支级系统）的原理性学说——一般系统论”③。结合他的有关论述，可以从他的定义中解读出以下几点：

（1）系统科学的研究对象是系统，系统存在于不同的科学领域，在其他方面完全不同的许多系统呈现出（有时是惊人的）相似性和同型性，所以存在能够应用于以一切系统的普遍规律。

（2）系统科学是一种科学理论，任务是发现不同研究领域的相似性和同型性，揭示适用于所有系统的普遍规律和原理。

（3）既然系统存在于现有各门科学中，系统科学是研究和揭示适用于所有系统的普遍规律的学问，系统科学就是一种横贯科学，它的研究对象横向贯穿于一切科学部门，它的概念、原理、方法适用于一切科学部门。

（4）此定义明确地把一般系统论作为系统科学的一个组成部分，实际是对贝塔朗菲关于系统研究构筑的体系（系统科学是一般系统论的一个层次）的否定。应该说，这个否定才是正确的。

贝塔朗菲直接论述系统科学的文字并不多。哈肯以协同学框架来统一系统研究，没有正面谈论过系统科学。钱学森与他们不同：一方面，随着从系统工程范围走出来，他发现系统研究是个“很广泛的战线”，并非自然科学或数学的延伸，而是现代科学前沿的一个新领域。他认定系统科学是自然科学与社会科学的交汇：“现在的一个重大发展就是自然科学与社会科学的交流，即统一。结果出现了系统科学和行为科学”(3-247)。另一方面，他关于系统科学论的研究是在他的现代科学技术体系学思想走向成熟时开始的，因而能够从现代科学技术体系的整体层次上俯瞰系统科学。这使他对系统科学论的研究，包

---

① 朴昌根. 系统科学论. 西安：陕西科学技术出版社，1988.

② 苗东升. 系统科学精要（第 3 版）. 北京：中国人民大学出版社，2010.

③ 冯·贝塔朗菲. 一般系统论：基础、发展和应用. 林康义等译. 北京：清华大学出版社，1987：修订版序言.

括系统科学的界定，不论是理解的全面性，还是思考问题的高度，都比贝塔朗菲和哈肯略胜一筹。

学术界向来是按照研究对象的不同来划分科学部门的，不妨称为学科划分的对象说，其哲学基础是《矛盾论》所讲的矛盾特殊性原理。贝塔朗菲实际上是按照研究对象给系统科学下定义的。1977 年，日本学者市川惇信发表了一篇典型的系统科学论的文章，论述了四个问题："系统科学的对象是什么"，"为什么系统科学能够成立"，"系统科学怎样发展起来"，"系统科学的构成是什么"。市川惇信接受贝塔朗菲的同型性概念，按照对象说给出定义："系统科学是以系统为对象的科学"①。受信息论专家韦弗尔的影响，他以未组织化-组织化为横轴，以简单-复杂为纵轴，建立 2 维坐标系，把科学研究的对象划分为四类(分别以四个象限表示)，系统科学在第一象限，如图 4.1 所示。他由此把系统科学定义为以组织化的复杂性为研究对象的科学。这一定义的优点是明确地把系统科学与复杂性研究联系起来，缺点是把全部科研对象划分为四类的做法太过简单化，混沌、随机性等都被排除于系统科学的对象范围之外，显著缩小了系统科学的研究领域。

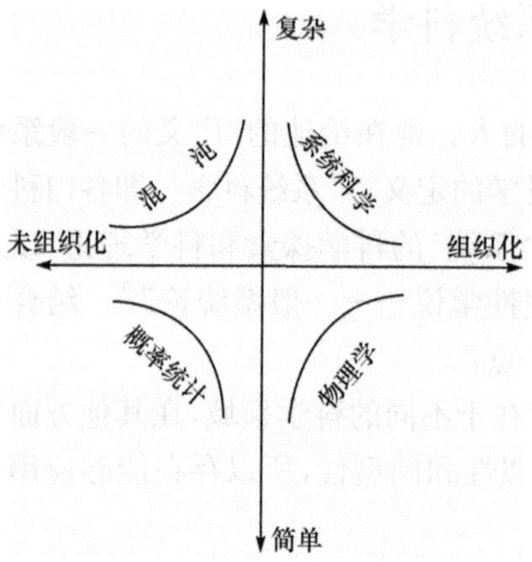

图 4.1　组织化的复杂系统

钱学森不赞同按照研究对象来界定系统科学。他从体系学观点出发，认为所有的科学大部门都是以客观世界为研究对象的，因而按照对象划分不同科学部门的科学性不足。在他看来，尽管所有的科学都以客观世界为对象，但它们观察世界的角度或着眼点不同，因而形成不同的科学部门。钱学森主张按照各门科学观察客观世界的角度或着眼点来划分，可以称为学科划分的视角说。例如，自然科学从物质运动的角度(着眼点)研究客观世界，社会科学从人类社会发展运动的角度(着眼点)研究客观世界，数学从数量关系和空间形式的角度(着眼点)研究客观世界，等等。那么，什么是系统科学呢？钱学森在不同场合给出不同的定义，针对不同问题指明系统科学的不同特征(对系统科学的不同描述)，而共同点是坚持他的"视角说"。钱学森先后给出如下一些说法：

(1)"我把从系统的观点去研究整个客观世界(包括人自己在内)的科学叫做'系统科学'"(3-223)。

(2)"系统科学的特征是系统的观点，或说系统科学从系统的着眼点或角度去

① 市川惇信. 系统科学. 世界科学，1981:10.

看整个客观世界。所以，系统科学处理的问题有自然界的，如生物学中的有序化现象；也有社会的，如经济系统、法治系统等”(162页)。

(3)“系统科学也是研究整个客观世界的，但是从……系统的角度或叫系统观的角度，与还原观不一样，是从整体的角度去研究整个客观世界”①。

(4)“从系统的结构入手，根据结构研究系统的功能，也就是结构与功能的关系。用这个观点来看整个世界，作为一门学科叫系统科学”(392页)。

钱学森的这些定义有一个显著特点，就是以系统观点看系统科学。所谓“系统观点”，就是承认世界上万事万物都是以系统方式存在着、运行着、演化着，要自觉地把事物作为系统去认识和处理。用他的话说，系统科学“统一在系统的观点”(162页)。这实际上是一个科学信念，或一个科学假设，即系统科学的基本假设。系统是多样性的统一，系统作为科学概念的基本内涵也是多方面的。其中之一是：凡系统都有结构和功能，系统就是结构与功能的矛盾统一体。以系统观点看事物，要点之一是从事物的结构、功能及其相互关系去认识和处理问题。

钱学森不赞同以研究对象来划分学科大部门，倡导按观察整个客观世界的特定视角或着眼点来划分，这一思想首先来自系统科学，又在社会科学和数学科学中得到完全的支持，然后才试图推广应用于其他各大部门。他的系统定义中用了“整个客观世界”一词，这有两个含义。一是客观世界的每个领域、每个方面、每个层次都存在系统事物、系统现象、系统运动，都需要也能够从系统的着眼点或角度去研究。既然系统事物、系统现象、系统运动存在于客观世界的所有领域、方面和层次，说系统科学研究的是整个客观世界就完全符合逻辑。二是整个客观世界也构成一个系统，系统科学也要研究这个超级巨系统。

应该说，对象说与视角说各有千秋，也各有不足。实事求是地说，在钱学森划分的 11 个大部门中，数学科学和系统科学最适宜按照视角说来界定，他没有作为一个独立大部门的信息科学也如此，因为这三个大部门都是横贯科学，它们的研究对象存在于客观世界的各个领域、各个层次。而其他九大部门按照视角说考察，或多或少有些不自然，如社会科学、军事科学等。他定义自然科学是从物质运动角度研究整个客观世界的科学技术大部门，但马克思主义哲学把社会制度也看做一种物质性存在，岂非也属于自然科学的研究对象？另一方面，三个横贯科学也可以按照对象来界定：数学科学的对象是数量关系和空间形式(或形式结构)，系统科学的对象是系统，信息科学的对象是信息。其他九大部门更适宜按对象说来界定，但以视角说考察它们，也有各自的特殊内涵。一句话，对象说与视角说并非二中只可择一，结合使用会更好。

---

① 钱学森. 人体科学与现代科技发展纵横观. 北京：人民出版社，1996：71.

上述种种说法尚未完全揭示所谓系统视角的本质内涵，也就是没有完全揭示系统科学的本质特征。其实，钱学森早在建立工程控制论的 20 世纪 50 年代就已经认识到，控制论“是关于怎样把机械元件与电气元件组合成稳定的并且具有特定性能的系统的科学。这门新科学的一个非常突出的特点就是完全不考虑能量、热量和效率等因素，可是在其他各门自然科学中这些因素却是十分重要的。控制论所讨论的主要问题是一个系统的各个不同部分之间的相互作用的定性性质，以及整个系统的总的运动状态”①。58 年前写下的这段话非比寻常，它表现出钱学森对系统科学的重要分支控制论的本质特征，因而也是对整个系统科学特别精到的理解，抓住了系统科学与自然科学的本质区别。这样的观点在十多年后出版的一般系统论代表作（包括贝塔朗菲的著作）中也读不到，更不用说现代控制理论的著作。放大来看，这段话揭示了 20 世纪中叶兴起的新型科学（复杂性科学）和经典科学（简单性科学）的根本区别，至今还未被学界彻底理解，钱学森本人后来也没有沿着这个角度继续深入思考下去。按照我的理解，不抓住这个基本点，就无法真正建立钱学森大力倡导的系统学。

钱学森系统科学论的核心是系统科学的体系结构，以及他据此提出的系统科学进一步发展的主攻方向，我们将专设一节来讨论。

4.4 系统科学的体系结构——钱学森框架

钱学森的系统科学论研究与他对整个科学技术体系的思考几乎是同步进行的，因而两者有明显的相互影响。1957 年的文章对自然科学的体系已初步理清，由于科研重点转向航天系统工程，钱学森无暇继续关注科技体系问题。从他领衔撰写的《系统工程——组织管理的技术》一文看，那时的钱学森已经在有意识地应用体系学观点来梳理系统科学。文章的背景是许国志在给他的信中谈到国外系统研究存在的混乱局面，钱学森以谈论这封信为切入点指出：“什么系统分析、系统工程，又是运筹学，还有什么管理科学，在国外弄得乱七八糟，分不清它们的关系是什么……比如说，二次大战中先有 operations analysis，后来又变成 operations research。把这些东西用到工业管理方面，就变成 management science”。这里有一个典型事例很说明问题。美国科学院曾经就这一领域的问题编辑了一个小册子，列举六个成功案例，学界反映很好。但在正式出版时因书名而发生争执，有人叫运筹学（OR），有人叫做系统分析（SA）。由于争执不下，谁也讲不清楚，只好采取折中方案“OR/SA”。由此足

① 钱学森. 工程控制论（第一版）. 北京：科学出版社，1956：前言.

见当时认识有多混乱，显然不利于系统科学的进一步发展。针对这种情况，钱学森评论说：外国人也是不讲什么系统，说到哪儿是哪儿。看得出，他们二人对这种混乱局面很不满，决心纠而正之，终于有了1978年的大作。这篇文章是自觉应用系统观点考察系统科学的认识成果。用许国志等后来的说法，由于这篇文章应用了体系学观点，“于是便将‘人各一词，莫衷一是’的情况澄清为‘分门别类，共居一体’。这就给系统工程一个确切的描绘，并进而就整个系统科学体系，论述了系统工程在其中所处的地位”[IV页]。当然，这篇文章的重点是厘清系统研究中工程技术和技术科学的界限，尚未触及系统科学的完整体系结构，而且钱学森此时的认识还有某些混乱和动摇，到1981年初才基本搞定。为便于比较，我们先评介国外学者关于系统科学体系的两项研究。

继贝塔朗菲之后，20世纪70年代国外系统科学界继续研究他的学科体系问题。瑞典系统科学家萨缪尔森在1976年撰文指出：“我们处在系统时代，存在错综复杂的社会制度，最必要的知识是由系统论、信息论、控制论三个领域组成的、相互加强的新兴科学领域”。他用一个具有清晰可辨的心房和心室的心脏图表示这个领域，认为科学研究出现了“三论”交叉渗透和走向统一的发展趋势，又依据所谓贝塔朗菲“构成系统的著名定律”（即命题“整体大于部分之和”）论证三论交叉所产生的多倍效应（即整体涌现性），确认新兴领域中最重要的是三个心图的重叠部分，记作SCI。按照他的意见，这个由系统构成定律支配的新兴研究领域以SCI为核心，其余部分为边缘，形成一种具有2维圈层结构的知识体系①，见图4.2。萨缪尔森颇为看重系统论、信息论、控制论的综合，相信这有助于解决当代的各种复杂问题。他特别重视这个体系的教育功能，期望能够培养出当前时代最需要的通才，即系统科学家。

市川惇信在1977年的文章中给出另一种体系结构。其体系的层次性比萨缪尔森鲜明得多，因为市川惇信相信“作为科学，系统科学必须具备理论体系”②。他把系统科学划分为六个层次，用一个角塔表示，我们称其为市川惇信角塔，见图4.3。市川惇信体系的缺点是层次划分太琐碎，系统概念、一般系统理论和方法论应属于同一层次，即基础科学。不同的具体系统理论涉及两个层次，即基础科学和技术科学，不宜放在同一层次。最下面两个层次已不是理论，故整个角塔反映的已不全是系统理论，而包括了系统科学的工程技术。

① 萨缪尔森．作为一种跨界学科的一般系统论、控制论和信息论．自然科学哲学问题丛刊，1979：2.

② 市川惇信．系统科学．世界科学，1981：10.

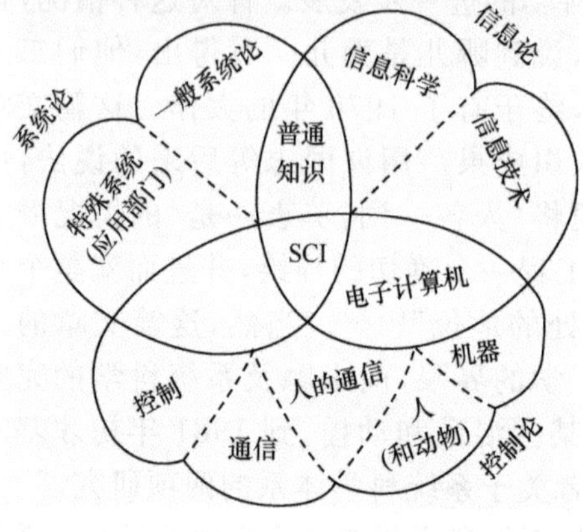

图 4.2 萨缪尔森心图

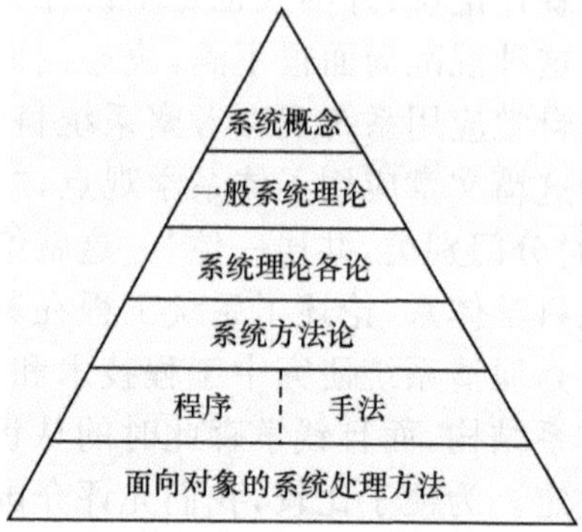

图 4.3 市川惇信角塔

钱学森从 20 世纪 70 年代末开始构筑系统科学体系，他的努力是在前人工作的基础上进行的。他们之间的共同点是自觉地用系统科学的观点解释系统科学产生发展中的现象，而钱学森表现得更自觉，也更成功。他们之间的一个重要区别在于，贝塔朗菲、萨缪尔森、市川惇信等是单就系统科学讨论系统科学，钱学森则从整个现代科学技术体系来看系统科学的体系，从整体出发考察局部，因而能够在对系统科学的整体把握上胜人一筹。

钱学森的学科体系可以概括为"三个层次，一个桥梁"的框架：最接近社会实践的是工程技术，对工程技术进行概括提炼而得到的、为工程技术直接提供理论指导的是技术科学，对技术科学进行概括提炼而得到的、为技术科学直接提供理论指导的是基础科学，再上一个层次、对基础科学进一步概括提炼而得到的是沟通科学技术与哲学的桥梁，即该部门的哲学分论。钱学森最先从自然科学中体悟出这一学科体系框架，又在已有的数学科学和社会科学以及新兴的系统科学、思维科学、人体科学中得到验证后，才正式确定下来，作为所有科学技术大部门都适用的体系结构，即我们所说的钱学森框架。

毋庸讳言，钱学森对系统科学体系的探索也经历了一个不断清除混乱认识、不断完善的发展过程，一直到他离世，系统科学体系的构筑还没有最终完成，尚需后继者继续努力。我们这里拟就钱学森系统科学体系思想的演变分阶段加以评介。图 4.4 是钱学森 1981 年给出的系统科学结构图。

1986 年初，在系统学讨论班开班那一天，钱学森对系统科学的体系结构作了这样的叙述："系统科学的工程技术就是系统工程、自动控制等；技术科学层次的是运筹学、控制论、信息论；将要建立的基础科学是系统学；系统科学到马克思主义哲学的桥梁就是系统论。系统科学就是这样一个体系”①。基本还是图4.4所示的框架。按照作者的理解，通信技术不是系统科学的技术，申农信息论不是系统科学的科学理论，它们应该属于现代科学技术的另一个独立大部门——信息科学。再考虑到钱学森后来关于事理学的意见，加上第3章的讨论，我们对图4.4做一些修正，得到图4.5所示的系统科学体系结构图。

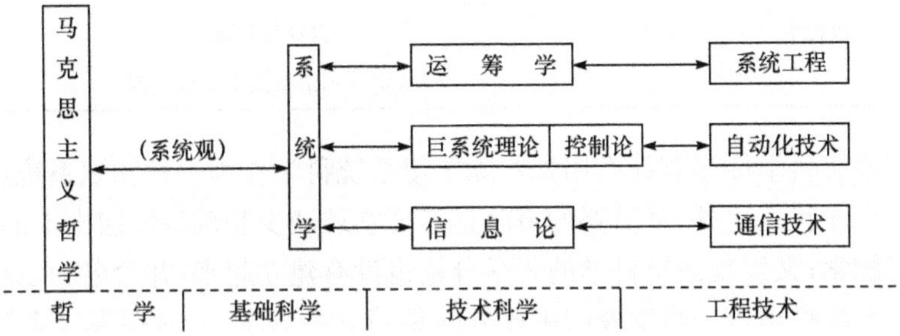

图4.4　系统科学体系(1)

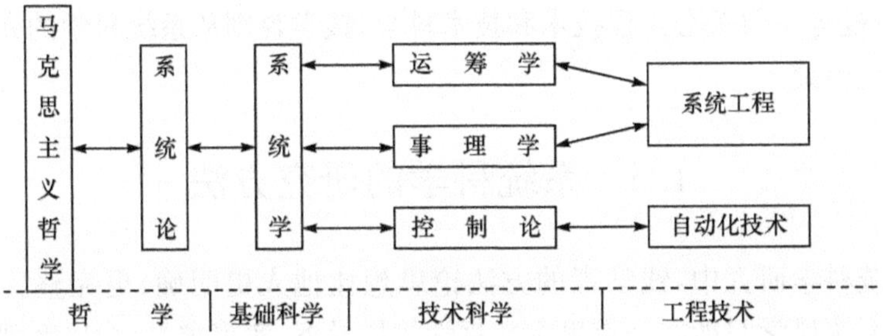

图4.5　系统科学体系(2)

在转向复杂巨系统研究后，钱学森把系统学区分为简单巨系统学和复杂巨系统学两个分支，继续修改他的体系结构。他给出现代科学技术体系的矩阵结构，其中的系统科学体系可以表示为表4.1。

表4.1　系统科学体系(3)

哲学总论	辩证唯物主义
哲学分论	系统论
基础科学	简单巨系统学 复杂巨系统学

① 钱学森.创建系统学(新世纪版).上海:上海交通大学出版社,2007:5.

续表

技术科学	运筹学 控制论 博弈论 事理学
工程技术	系统工程 自动化技术 从定性到定量综合集成工程

构筑系统科学体系有什么用处？除了使系统科学作为一种知识系统从无序状态发展到有序状态之外，最重要的贡献是发现它还缺少基础科学层次上的理论，并命名为系统学；又发现系统科学的哲学分论也没有建立起来，并命名为系统论。由此明确了系统科学进一步发展的主攻方向是建立系统学；同时要发展系统科学的哲学研究，建立系统论。这一认识主导了 1980 年以后三十年内中国系统科学的研究进程。比较而言，贝特朗菲、普利高津、哈肯等只关注基础理论层次的系统研究，霍尔、丘奇曼等主要关心工程技术和技术科学，钱学森则从系统科学的完整体系出发进行系统研究。

4.5 系统科学的研究方法

在系统科学研究中，钱学森的方法论思想比他人更明确、更完整。从哲学上说，"研究系统科学只能在马克思主义哲学的指导下，实事求是，找出客观世界实际存在的规律，而不是臆想出几条规律去套事实。国内外都有人走这条正确的路"[3-360]。他不仅这样要求自己，而且努力影响别人。他坚信马克思主义哲学的核心是辩证唯物主义，并将其要义归结为两点：一要唯物，二要辩证，两者缺一不可。而科技工作中违背马克思主义哲学的结果，就会犯两类错误。一类是唯心论的错误，常常表现为主观主义、本本主义、从概念到概念。例如，西方经济学家常常用线性数学模型描述经济系统的运行演化，有人由此还获得诺贝尔经济学奖。但经济本质上是非线性系统，不允许线性化，经济发展中的饱和、滞后、瓶颈等非线性现象，特别是经济危机，用线性模型是无法预测的。这就是主观主义，用过分简化的概念和模型去套复杂的实际问题，钱学森对此有明确的批评。另一类错误是机械唯物主义，通俗地说就是死心眼，不懂得根据时间、地点、形势变化而灵活应用理论。他多次批评福瑞斯特的某些学生不顾老师的提醒，把系统动力学的方法机械地应用于社会问题，就是机械唯物主义。

Pressman 在 1992 发表过一篇讲系统科学方法论的文章，其中讲到贝塔朗菲、玻姆、卡普拉、弗洛伊德、荣格、普利高津等的工作。钱学森认为，这“可以说是洋人直到那年的成就总结了”。从钱学森后面的评价可以看出他的系统科学方法论的两大要点：“从 Pressman 先生的文章看，系统科学思想在人类认识客观世界、改造客观世界中的重要性已逐渐明朗起来。当然我们早在 1979 年就这么说了，多年来未被大家接受”。他重点指出 Pressman 的两点“不足处：(一)没有马克思主义哲学作指导，当然也没有学习过毛泽东同志的《实践论》，所以讲不清认识的历史长河；(二)作者可能是‘哲学家’，只说不干，所以没发现人-机结合的大成智慧工程、从定性到定量综合集成法”[8-205]。

钱学森认为，他所提倡的现代科学技术体系学具有重要的方法论意义，每一大部门的研究工作都要用体系学观点来审视，系统科学自然不能例外。不同大部门是紧密相连、相互促进的，发挥其他部门对本部门的促进作用，就是一种方法论思想。系统科学不仅要从其他十大部门中寻找研究课题，收集素材，而且要从这些部门提炼系统观点和方法。每一大部门的研究对象都是以系统方式存在的，但又各有特色，一些系统观点和方法在这一大部门表现鲜明，另一些系统观点和方法则在别的大部门表现鲜明，某一部门对系统科学的促进作用不可能被其他部门代替。钱学森在研究系统科学的同时，也对思维科学、人体科学、建筑科学等进行研究，就是自觉地应用这种方法论思想。他是成功的，分别从十大部门中提炼出不同的系统观点和方法。例如，系统论是整体论和还原论的辩证统一，这个命题就是从人体科学研究中首先概括出来的。他要求系统科学工作者都能够这样做。

系统科学是为克服还原论科学的弊病而提出的，但作为科学方法论的还原论经过数百年的发展和积淀，其影响根深蒂固。有人公开表示还原论方法是唯一可能的科学方法，有人认为还原观“很有学问”。钱学森针锋相对地说：“但这种学问不能解决复杂系统的整体的学问。后面这个话就是系统观，我们做学问要把还原观和系统观结合起来，这才是全面的”①。清除还原论的弊病，倡导系统论，并非仅有贝塔朗菲的工作就可以万事大吉，而是一个长期过程。所以在指导系统科学中，钱学森不断结合具体情况揭露还原论的局限性，具体地说明系统方法的必要性和如何应用。

从追随冯·卡门从事应用力学研究起，钱学森就重视应用数学方法，追求定量化。实践表明，钱学森相当擅长于应用数学工具，曾经赢得冯·卡门的赞誉，称他为数学天才。在系统科学研究中，钱学森始终强调应用数学方法，要人们不可满足于定性分析。他对贝塔朗菲和普利高津的工作有所批评，却高度评价哈肯的工作，这跟他们应用数学方法的水平有很大关系。但钱学森也不迷信数学方法，反对在科学研究中一味追求数学工具的高深漂亮，而不顾及实际。他说：“在科学研究中，

① 钱学森. 人体科学与现代科技发展纵横观. 北京：人民出版社，1996：61.

数学是工具。如果对事物的本质不理解，数学帮不了忙”①。钱学森还认为：“系统辨识的基础科学是系统科学而不是数学”，强调选择数学方法一定要有明确的目的②。这一点在系统科学，特别是复杂系统研究中颇有现实意义。

对于研究复杂系统，王寿云是钱学森最得力的学术助手和合作者，他的一段话有助于我们理解钱学森的方法论思想。王将军说：“钱学森认为，处理复杂行为系统的定量方法学，是科学理论、经验和专家判断力的结合。这种定量方法学，是半经验半理论的。钱学森的这一见解曾经给我重要的启发。提出经验性假设(猜想或判断)，是建立复杂行为系统数学模型的出发点。这些经验性假设(猜想或判断)不能用严谨科学方式证明，但需用经验性数据对其确实性进行检测。从经验性假设(猜想或判断)出发，通过定量方法学途径获得的结论，仍然具有半经验、半理论的属性。当人们寻求用定量方法学处理复杂行为系统时，容易注重于数学模型的逻辑处理，而忽视数学模型微妙的经验含义或解释。要知道，这样的数学模型，看来‘理论性’很强，其实不免牵强附会，从而脱离真实。与其如此，反不如从建模的一开始就老老实实承认理论不足，而求援于经验判断，让定性的方法与定量的方法结合起来，最后定量。这样的系统建模方法是建模者判断力的增强与扩充，是很重要的。就我比较熟悉的作战模拟研究来说，F. W. Lanchester 和 T. N. Dupuy 等的贡献，都建立在经验性理论基础(empirical-theoretical foundation)之上，都是经验与科学相结合的产物。因此，我认为钱学森同志的系统科学思想是很有现实意义的”③。这段话写于 1987 年底，联系第 9 章的讨论，有助于理解钱学森系统思想正在发生的重大变化。

在进入复杂系统研究之后，钱学森很重视唯象方法。“所谓唯象方法论，即一切从实践出发，先概括出若干经验规律，再进而构筑一个经验规律的体系。所以唯象中医学即从中医临床经验构筑一个医学理论，也就是知其然而不知其所以然的中医理论体系”(8-262)。他从总结几百年来科学技术发展经验中提出：“人的经验开始是很局部的东西，后来积累到一定程度，人就会产生一个愿望，把这些经验、规律汇总起来，总结成更概括的东西。往往在这个阶段出现的一些所谓科学理论，描述这些经验得到的一些关系，这在西方有一个名词，称这种科学理论为唯象的理论，也就是从现象出发，光描述现象，把各种复杂现象的数据用数学的关系表达出来。”又说：“一切科学的发展大概都是经过这么一些步骤，即从实践经验上升到唯象的理论，即有一些经验的规律，然后再上升一步，就到了讲更细的、更深入的，与其他事物、其他科学联系起来的理论。都是这样，经验到唯象理论到科学理论”④。这

①② 钱学森. 人体科学与现代科技发展纵横观，北京：人民出版社，1996：104.

③ 钱学森，等. 论系统工程(新世纪版). 上海：上海交通大学出版社，2007：增订版说明.

④ 钱学森. 人体科学与现代科技发展纵横观. 北京：人民出版社，1996：320，326.

些话都是针对人体科学讲的，能否加以推广，至今未见学界的讨论。对于大量现实存在的开放复杂巨系统，在科学理论一时还无法建立的情况下，先着手建立唯象理论，如此做法值得参考。

钱学森在科学研究中坚持的另一个方法论原则，就是强调东方与西方科学思想相结合。这当然也适用于系统科学，中国的系统科学界必须重视这一方法论思想。由于历史的原因，在实现西方与东方科学思想的结合中，东方科学思想显然是弱项，常常被学界忽视，实际上基本沿着西方的路子走。就钱学森本人看，对西方与东方科学思想的掌握也明显的不对称。他的贡献在于明确提出这一指导思想，并且努力去实践，以推动中国学界改变现在的局面。晚年钱学森有意识地从中国古代医学、工程（水利、建筑等）、哲学以至于文学艺术中吸取思想营养，收集素材，用以发展系统科学。钱学森知道自己的人文文化底子不足，需要向人文社会科学中有成就的学者学习。在与他同时代的学者中，钱学森关注季羡林、张岱年、赵朴初等的工作。拜读季羡林为《神州文化集成丛书》写的总序后，钱学森给友人写信引了季先生的一段话："从上面几个简单的例子（中医药、语言文字、绘画——本书引者）中可以看出中国文化的特点。约而言之，这个特点可以归纳为普遍联系和整体观念"。钱学森阅读后有感而发，写道："这不是开放的复杂巨系统的概念吗？这不是系统科学的概念吗？这不是辩证唯物主义的概念吗？所以张岱年教授把中华古代文化中之精华提炼出来以丰富深化马克思主义哲学是完全有根据的"[(6-435)]。同一天在另一封信中说："我很赞同他提出的中国文化的特点：综合与普遍联系。放到今天的世界，就是我近年来一直在宣扬的在马克思主义哲学指导下的系统科学。马克思主义哲学指导下的系统科学是当今一门非常重要的科学技术，它与社会主义现代化建设密切相关"[(6-434)]。二十年后的今天看，钱学森的这一指导思想仍然未受到应有的重视。

4.6　系统科学的意义

系统科学有什么重大意义？钱学森对此问题也多有论述，可分为理论意义和实际意义两方面。就理论方面来说，他赞同库恩的科学革命论，常常用它评价科学发展中的一些重要进展。他早先把控制论与相对论、量子力学进行比较，做出这样的评价："我们可以毫不含糊地说从科学理论的角度看，20 世纪上半叶的三大伟绩是相对论、量子论和控制论，也许可以称它们为三项科学革命，是人类认识客观世界的三大飞跃"①。在转向系统科学研究后，钱学森曾经致信中国系统工程学会理事长许国志，提出一个问题："系统科学算得上 20 世纪中叶兴起的一场科学革命

① 钱学森. 现代化、技术革命与控制论//工程控制论（修订版）. 北京：科学出版社，1980：xiv.

吗?”并且提议由许国志来“组织力量回答上述问题”(7-042)。他自己的态度是肯定的。如在形成系统学概念后说:“我觉得系统学的建立,实际上是一次科学革命,它的重要性绝不亚于相对论或者量子力学”①。在 20 世纪,能够与相对论和量子力学相提并论,意味着理论上最高的评价,“绝不亚于”更是他的独特评价。从对技术发展的影响看,他认为系统科学和电子技术、计算机技术一起推动第五次产业革命的兴起。至于系统科学对中国社会发展的作用,他的判断集中体现在这样一个命题上:“系统科学真是社会主义治国之本”(5-226)。钱学森关于系统科学的实际意义的评价,其真理性得到越来越多的证明,还将继续得到更有力的证明。至于有关系统科学的理论意义的评价,由于系统学没有真正建立起来,还需经受科学发展实践的进一步检验。

在评价系统科学重大意义时,贝塔朗菲认为科学革命论被应用得有点过滥,“再用这个词来表示科学进展已令人厌烦”②。我认为他的话有一定道理,系统科学导致的科学变化并非爆发式的革命,而是整个人类科学事业作为系统的形态正在经历转型演化,即从还原论主导的简单性科学这种既有形态向系统论主导的复杂性科学这种新的形态演变。现代科学中称得上科学革命的发展有很多,仅 20 世纪就有好几次;而科学作为系统整体的转型演化至少几百年才发生一次,其历史意义要比某个科学领域发生的科学革命深刻、重大得多。在研究科学演化问题时,科学转型论比科学革命论要深刻得多。

---

① 钱学森.创建系统学(新世纪版).上海:上海交通大学出版社,2007:11.

② 冯·贝塔朗菲.一般系统论:基础、发展和应用.林康义等译.北京:清华大学出版社,1987:15.

第5章　钱学森与系统科学的中国学派

现代科学的发展正在从科学家的个人奋斗、单兵作战向主要依靠团队作业的方向转变，研究团队的组建和建设，特别是科学学派的形成，越来越具有重要意义。欲了解钱学森在系统科学方面的贡献，不应该仅仅就他的个人行为和成就来考察，更应该把他作为系统科学中国学派的创立者来认识。朱照宣认为，20世纪八九十年代，中国的系统科学在世界上处领先地位（私人谈话）。我赞同他的观点，并认为其重要标志是在那个时期以钱学森的科学思想为旗帜初步形成一个系统科学的学派，即系统科学的中国学派，也就是钱学森学派。本章拟对这个学派的形成、特点、标志、贡献和存在问题做点回顾和分析，希望能够对中国系统科学的发展有所助益。

5.1　创立科学学派的强烈意识

钱学森想创立新的科学学派的思想产生于何时，我们没有确切的材料作出判断。尚在美国时期的钱学森，虽然老师和同事公认他是科学天才，而且心高气傲，但是还谈不上创立学派。他的同事苏默菲曾有这样的评价："他远不及冯·卡门、爱因斯坦、泰勒，或任何大科学家那样高瞻远瞩。他对事物的眼光跟他们不同。他可以帮他们做演算，做他们的左右手，但他不会是主脑。我想他的长处在于复制，复制真正大师创造出来的东西"①。尽管语言有些刻薄，还同当时的实际情况相去不太远，在美国时期的钱学森尚未成为科研的主脑。备受推崇的《工程控制论》也还不是创立学派之作，因为控制论基本思想属于维纳，工程应用已有伺服系统理论；却也不能说是维纳著作的复制，苏默菲难免心存偏见。

但是，钱学森创立学派的自觉意识早已有之，这也是事实，最晚可以追溯到1956年。可以猜想，在异国遭受人格屈辱之后的钱学森，决心回国后在科学事业上干出一番大事业，包括创立学派，让美国人真正领教一下中国人的能力。晚年钱学森曾经列出对他一生有重要影响的17位老师，最后的三位是毛泽东、周恩来和聂荣臻。毛泽东在1956年与音乐工作者的谈话中指出："在自然科学方面，我们也要做独创性的努力，并且要用近代外国的科学知识和科学方法来整理中国的科学遗产，直到形成中国自己的学派"[8-467]。毛泽东的这一号召无疑点燃了钱学森心

① 张纯如. 中国飞弹之父——钱学森之谜. 台北：天下文化出版股份有限公司，1996：7.

中的创造性欲火，创立中国的科学学派。钱学森从此牢记恩师的这一教导，作为诚实的学生，一定要实现先生的宏愿，乃是天经地义的事。直到晚年他还声言：几十年来“我们都在做毛主席要我们做的事：形成中国自己的学派！”(8-468)他一再扪心自问：“毛主席要我们创新，我们做到了吗？”(9-006)要深入理解回国后的钱学森，需牢记他的这些话。对于回归祖国后的钱学森来说，创建中国自己的科学学派是一种萦绕心中半个世纪的自觉意识，不仅是学生对老师的庄严承诺，更是一种民族责任感。

要在科学技术上创立中国学派，必须高扬民族文化的自信心，在科学技术上具有敢为天下先的勇气。而毛泽东在这方面做出的榜样，极大地鼓舞着钱学森。面对20世纪90年代国内劲吹的西化风，钱学森异常焦急。阅读几篇纪念毛泽东诞辰101周年的文章，使他“心情久久不能平静”。在列举20世纪60年代中国科学家按毛主席教导搞的几次创新后，钱学森问道：“但今天呢？我国科学技术人员有重要创新吗？诸位比我知道得更多。我认为我们太迷信洋人了，胆子太小了！”(9-007)他的话指明了创立中国学派最大的思想障碍。就他的主要学术领域系统科学看，钱学森既是在国内大力译介、传播国外各种系统理论的第一推动者，也是在学习基础上对这些理论进行扬弃的第一推动者，更是结合中国文化和百年来的社会实践进行创新的主要推动者。系统工程成功地应用于中国航天科技，系统科学体系结构的梳理建构，开放复杂巨系统概念的提出、综合集成法的制定，都是在钱学森主导下中国人的创造性成果。

那么，钱学森创立中国科学学派的志向是否实现了？我们看到，这一欲望并未在他投入精力最多的航天科技领域实现。如钱学森所说：“关于‘两弹一星’的科学与技术，我在美国时就都掌握了，也做出来了。回到祖国以后，只不过是把它拿过来运用，虽然也有一些创新，但基本的、原始的创新不多”①。够得上学派性的创新是在钱学森退居二线后的三十年做出来的，这表现在多个领域，至少以下几方面都有创立学派的可能性：

(1) 马克思主义哲学。20世纪中期兴起的西方马克思主义做了一些有益的工作，如提出科学技术是生产力的观点，在世界范围产生了影响，算得上一个学派。但西方社会已经不是当今世界主要矛盾的集中地，发展马克思主义的土壤趋于贫瘠化，致使他们的基本思想越来越偏离马克思主义的真谛。钱学森对西方马克思主义的工作多有批评，而且都是原则性的批评。当今世界的主要问题是不发达国家现代化和人类社会发展的可持续性，解决这个问题，将事实上创造出取代资本主义的新制度，马克思主义理论的新生长点在这里。钱学森正是联系这一实际来思考马克思主义哲学发展问题的，他所建构的由一个殿堂、11架桥梁组成的马克思

① 钱学敏. 钱学森科学思想研究(第二版). 西安：西安交通大学出版社，2010：255.

主义哲学新体系极具开拓性，如果真正建立起来，将给马克思主义哲学带来崭新的面貌。

（2）科学学。20 世纪兴起的科学学，是由贝尔纳为代表的西方国家的马克思主义者开创的。但他们的主要观点是以还原论科学为蓝本进行概括的，把它的特点都当做科学普遍的、永恒的特征，不能反映复杂性科学兴起所造就的新情况，复杂性科学需要并且孕育新的科学学。晚年钱学森对科学学相当倾心，特别是他构筑的现代科学技术体系颇具特色，围绕这一体系的完善和发展，有可能产生一个科学学的新学派。

（3）思维科学。以马克思主义哲学为指导，主要研究宏观层次思维运动的规律性，钱学森把如此形成的一门学问叫做思维科学。国外盛行的认知科学基本上还是还原论科学，钱学森重视吸收他们的成果，但反对以认知科学取代思维科学，公开声明"我们不能让步，这是原则问题！"(10-199) 如果坚持钱学森的思想路线，思维科学可以形成一个有中国特色的科学学派，这对建设信息-生态文明功莫大焉。

（4）人体科学。人体系统是一种客观存在，与同样作为系统的动物躯体有显著的区别，故需要也能够作为一类独特对象加以科学研究，建立一门独立的科学。这是一门与人类关系最直接、最密切的科学，反对它、把它说成是伪科学实属荒唐。这也是一个难度很大的研究领域，钱学森说它是现代科学的"珠穆朗玛峰"。如果按照钱学森的思想发展下去，这里一定会出现一个具有鲜明中国特色的科学学派。

（5）系统科学。在这一领域，实际上已经初步形成可以称为中国学派的科学新学派。在国内学术界，最先提出系统科学中国学派这一说法的是莫名（王琳的笔名）①。1994 年底，阅读《前事不忘》一文后，钱学森在致作者许国志的信中回顾了在毛泽东"形成中国自己的学派"这一思想指导下，"我国系统科学走过的道路"，自信地说，"我们中国人在系统科学不是这样干的吗？"(8-468) 这表明，钱学森自信他们的工作已经使系统科学中出现了中国学派。下面来说明做出这一判断的根据。

5.2　系统科学中国学派的主要特色、标志

（1）学派必有自己的核心人物、学术旗手。系统科学的中国学派是以钱学森为核心和旗手建立起来的，钱学森的传奇人生、学术经历、知识结构、哲学思想以及学术个性等都会反映在这个学派的方方面面，这种影响大约在未来二十年中人们还会感觉到。因此，系统科学的中国学派就是钱学森学派。到现在为止，中国系统科学的历史还是以钱学森的系统思想发展史为主线写成的，何时出现另一座高峰现在无法预料。

① 莫名. 中国学派的系统科学. 光明日报第三版[1993-3-5].

(2) 系统科学的中国学派以钱学森的系统科学体系框架为自家的独特工作纲领，第 4 章已作专题讨论，此处略加补充。跟国外的各个学派不同，系统科学的中国学派不是就系统科学谈系统科学，而是用现代科学技术体系学的观点认识系统科学，组织研究工作，可谓独树一帜。这种体系学观点的表现有二。其一，钱学森明确反对系统科学家的眼睛只盯着自家的“二亩三分地”，强调把系统科学放在现代科学技术体系中思考，从这个体系的全局考察系统科学，推进它的发展。系统科学家要研究系统科学与所有其他大部门的关系，从其他大部门中吸取发展系统科学的营养，注意系统科学在其他各大部门中的应用，在这个体系的整体发展中看系统科学研究。实际上，在钱学森直接干预下，中国的系统科学研究跟其他十大部门，特别是思维科学和人体科学的研究一直在交叉进行，相互促进，他的许多新观点是从这些科学大部门中首先悟到的。其二，钱学森强调要充分认识和发挥学系统科学三个层次、一架桥梁这种体系结构的作用，在系统科学的所有层次上、所有学科分支中全面开展研究。他反对层次之间互不来往、各自为政的做法，强调不同层次要密切交往，相互促进，充分发挥层次结构应有的作用，反复宣传要打通工程技术、技术科学、基础科学、哲学之间的层次壁垒。每个系统科学家都有自己的专业领域，都属于一定的层次，但要自觉地应用上一层次的知识来思考本层次的问题，又要善于从本层次中提出需要在上一层次研究的问题，为上一层次提供素材；要自觉地把本层次的知识应用于下一层次，又要善于从下一层次寻找需要在本层次上研究的问题，收集素材。这就是层次结构特有的功能。钱学森特别欣赏敢于并且能够四个层次“通吃”的学人，他本人就四个层次“通吃”，这在国际系统科学界近乎绝无仅有。

(3) 中国学派在系统科学中开创了多个新的研究领域：创建系统学(第 8 章)、开展开放复杂巨系统研究(第 9 章)、发展系统论(第 10 章)，以及事理学研究(第 6 章)等，把系统科学推进到一个新阶段。这是系统科学中国学派的主要标志，也是本书的主题所在。

(4) 系统科学的中国学派公开声明、并在实践中真正做到了以马克思主义哲学为指导思想，特别是坚持以毛泽东哲学思想为指导，在世界科学界这更是独树一帜的，这一点需要特别地强调。

我们先对世界系统科学界做点概略而整体的考察。由马克思恩格斯总结提炼出来的现代系统思想，在 20 世纪开始获得其科学技术的表现。恩格斯所说的向辩证思维复归在 20 世纪从多方面呈现出来，系统思想的张扬和传播是其重要表现，或者说通过现代系统思想的兴起和发展而实现向辩证思维的复归。但世界是复杂的，社会存在决定社会意识。在资本主义制度下，科学家的系统思想很容易走样，染上机械唯物论和主观主义(唯心论)的色彩。即使同一时期的原苏联学者也不例外，他们没有真正掌握辩证唯物主义，更没有用于指导科学研究(包括系统科学)，钱学森对此多有批评。在主流哲学思想影响下，世界范围内从事系统科学开创性工作的那批学者大多数都不是辩证唯物主义的自觉信奉者和应用者，这不能不影响到其系统思想的深度和高度。有的人甚至公开反对马克思主义哲学，有的人公开反对辩证法，有的人更反对历史唯物主义。

但向辩证思维复归毕竟是不可阻挡的历史文化潮流，另一种不同声音在世界科学界也不绝于耳。贝塔朗菲是把关于系统的哲学研究明确作为系统科学有机组成部分的第一人，跟西方系统哲学的主流不同，他不仅没有批判、拒斥辩证唯物主义，而且把马克思作为一般系统论的重要思想先驱。在临终前的文章中，他重申马克思的辩证法“对今天被称为一般系统论的理论观念的发展做出了自己的贡献”①，他本人对此无疑持肯定的态度。贝塔朗菲也是世界系统科学界对辩证唯物主义持明确肯定态度的第一人，其影响是深远的。另一位值得肯定的人物是协同学创立者哈肯。尽管他们是少数，却代表着系统科学的一条正确思想路线，指示着系统科学的未来。钱学森继承、坚持并大大发扬了这一思想路线。在其学术生涯的最后三十年中，他通过文章、讲话、书信始终宣传这一指导思想。

在 1978 年那篇著名文章中，钱学森等不仅提供了应用辩证唯物主义和历史唯物主义论述科学技术发展的成功范例，而且明确指出文章所涉足的那些新科学“都是以辩证唯物主义作指导的”(7页)。在随后陆续发表的有关系统科学的文章中，如《组织管理社会主义建设的技术——社会工程》、《系统思想与系统工程》、《大力发展系统工程，尽早建立系统科学体系》、《再谈系统科学的体系》等，他都强调这一指导思想。

在 1978 年以后的十多年中，钱学森一直在宣传应用马克思主义哲学指导系统科学研究，并且身体力行。他在此过程中既获得许多成功的经验和体会，也发现问题之困难，不止一次申述自己还做得不够，还要继续努力。转向重点研究复杂巨系统之后，钱学森应用马克思主义哲学指导系统科学研究的自觉性又有提高。1991 年，八旬老翁钱学森发表演讲和文章，公开声明他在做宣传：“我在这儿要宣传，我们搞系统科学的要用马克思主义哲学”。钱学森还现身说法，说自己回国后“我真是下工夫学了，学了后感触很深……越学越感到马克思列宁主义、毛泽东思想确实是指导我们科学技术工作所必需的，我这信念越来越强”②。这些思想不断积累和发酵，终于凝结出以“用马克思主义哲学来指导系统科学的工作”为标题的那篇文章，此乃钱学森唯一的一篇哲学作品。

进入 21 世纪后，年届九秩的钱学森已经没有精力做具体的科学研究工作，却

① von Bertalanffy L. The history and status of general system theory//Trends in General System Theory. New York: Wiley, 1972.

② 钱学森. 创建系统学(新世纪版). 上海：上海交通大学出版社，2007：162.

仍在关注系统科学的发展。2001 年那篇题为《以人为主发展大成智慧工程》的文字,被评价为钱学森系统科学思想形成发展第三阶段的收官之作,他讲的不过一千字,最后一句话还是叮嘱:“我们有马克思主义作指导”①,足见其用心之殷切!

无论是前行者,还是同代人,抑或后来人,都没有像钱学森那样自觉而又卓有成效地应用马克思主义哲学指导系统科学研究,他的这种态度既不是政治上作秀,也不是思想僵化的表现,而是发自肺腑、长期独立思考的严肃选择。

5.3 创立系统科学中国学派的主客观条件

科学学派的创立必须有客观的、历史的根据,即历史发展具备了产生它的必要性和可能性。钱学森的一系列创造学派的新思想都有其客观的、历史的根据。

首先,整个科学作为系统从 20 世纪中叶以来开始了新的转型演化,盛行四百多年、由还原论主导的所谓简单性科学,正在向系统论主导的复杂性科学这种新形态转变。简单性科学的显著特点之一是追求解的唯一性、结论的确定性、语言表述的标准化、形式化等,决定了学派林立不是它的常态。复杂性科学则要求在所有这些指标上都有所弱化,承认解的非唯一性、结论的不完全确定性、表述的非标准化、非形式化将成为常态。“真理只有一个”的格言将有所修正,同一问题一般都有多种答案,不同答案大同小异,都具有真理性,又都不具备完全的真理性,各有所长,又各有所短。就系统科学而言,一般系统论、硬系统方法论、软系统方法论、自组织理论、复杂适应系统理论、复杂网络理论等,都是社会历史发展(包括科学技术发展)客观需要的产物。每一家都有别家没有的优势,也有逊于别家的缺陷。这种学派林立的局面并非是系统科学不成熟的表现,而应看成复杂性科学的一种常态。钱学森的系统科学思想、开放复杂巨系统理论是同一大趋势的产物,既弥补了现有系统理论的不足,也有它自身的不足。

就主观条件看,创立新学派者必须有足够的理论勇气,有特殊的心理素质。自从西学东渐以来,中国之所以没有产生具有世界影响的学派,国人崇洋媚外思想太重乃是心理方面的根本原因。创立学派者首先要彻底甩掉此类思想包袱,这在 20 世纪的中国极为困难,因为中国传统文明与西方工业文明差距太大,令中国知识精英普遍丧失了与西方学人同台竞技的勇气,一些走红的知识精英实际上是知识买办,以贩卖西方学术思想为能事,他们不敢创新,也不愿意其他中国人创新,甚至以打压中国人创新为能事。但钱学森从青年时代起就具有在学术上与外国人一争高低的勇气,他在美国的同事对他的傲骨深有体会。回国后又真正学到马克思主义哲学这一智慧之学,更使他具备了创立学派的勇气。在 1978 年的那篇文章中,钱

① 钱学森. 创建系统学(新世纪版). 上海:上海交通大学出版社,2007:216.

学森等把矛头公开指向系统科学发祥地的西方学界，批评他们认识混乱，中国人要纠而正之。这就是理论勇气，今天的中国科学界仍然没有几个人敢这样做。在那篇文章之后不久，钱学森更直截了当地申明："我也不赞成一味地'吸取'外国的东西，跟着外国人跑"(85页)，反对"不加分析地把外国流行的一套全部或大部接过来"，说这是"一种时髦的概念游戏"，甚至指责某些人"输入新的破烂"(1-479)。言词可能过分激烈了点，其用意则无可指责，今天的中国学者仍然需要向钱学森学习敢于创新的勇气。

钱学森提出一个响亮的口号："中华儿女雄千古！"(7-096)钱学森在这里所表达的不仅是他个人的自信心，更是中华民族的民族自信心。有人指责说这是狭隘的民族主义，实在错得离谱。耄耋之年的钱学森为我们树立了独立自主创新的榜样，着实令人钦佩。

现代科学是为西方按照资本主义方式建设工业文明、实现现代化服务的，用来解决发展中国家的问题，不论民族解放，还是经济、文化、社会的发展，都远远不够用。复杂性科学只能以人类的所有文化为土壤来培育，不同文化环境是产生不同科学学派的重要客观原因。20世纪中期以来，中国社会是世界各种重要矛盾的汇集地，也是各种思潮竞相传播和博弈之地。中国社会在20世纪经历了特殊的奋斗过程，包括革命和建设两方面(两个阶段)，开始形成自己颇具特色的现代文化，积累了丰富的实践经验。这一切使中国具备了产生有别于西方的新学派的必要性和可能性。钱学森晚年的学术探索就是在这样的条件下产生的，同时又显著地丰富了中国现代文化。

从学术思想层面看，毛泽东思想是马克思主义的一大流派；就对世界历史产生的重大影响而言，它是与列宁主义并驾齐驱的，甚至影响将更久远。在西学东渐以来一个半世纪中，这是在中国本土上产生的第一个有世界影响的学派，意义非凡。没有这个马克思主义的中国学派，也很难有系统科学的中国学派，以及钱学森一系列的可能创立学派的新理念。钱学森晚年高度评价毛泽东思想，自觉地运用它来指导自己的科学研究，把自己的新思想、新观点看成毛泽东思想的继承和发展，表明他对毛泽东思想深远的历史意义有过人的理解。不了解这一点，就不能理解晚年钱学森，不了解他的思想创新。

在复杂性科学当旺的未来年代，科学文化与人文文化的鸿沟将不复存在，人类文化的历史积淀将对科学创新产生重要影响。后现代主义把新兴科学称为"返魅的科学"①，就反映了这一点。钱学森的现代科学技术体系把文艺理论作为一个大部门，以及关于"科学的艺术"和"艺术的科学"的提法②，也反映了这一点。对于克

① 大卫·格里芬. 后现代科学——科学魅力的再现. 马季方译. 北京：中央编译出版社，1995.

② 钱学森. 科学的艺术与艺术的科学. 钱学敏编. 北京：人民文学出版社，1994.

服工业-机械文明的弊病，中华文明将有特殊的贡献。西方有识之士，如历史学家汤因比、物理学家普利高津等，都指出这一点。钱学森的看法是："西方与东方科学思想的结合是奥妙无穷的。我们要的是西方与东方科学思想的结合"[①]。这既是一种方法论思想，也是一种文化气度、大度，中国的新文化绝不能建立在狭隘民族主义基础上，更不能是西方文化的舶来品。钱学森的一系列创立学派的新理念正是遵循这样的思路产生的。

5.4　系统科学中国学派的"司令部"

俗话说，一个好汉三个帮。钱学森能够创立系统科学的中国学派，还在于他有一些好帮手。其中，最重要的是许国志和王寿云。如果把系统科学的中国学派看做一支部队，可以说它曾经有一个"司令部"，"司令"是钱学森，"副司令"是许国志，"参谋长"是王寿云，彼此相互信任，配合默契。20世纪的最后二十多年间，在这个小小"司令部"的号召、组织、指挥下，中国系统科学界进行了声势浩大而又硕果累累的探索，在国内不仅推动了学术界的繁荣局面，而且影响遍及舆论界、实业界和政治领域。这是中国系统科学的黄金时代。

许国志是数学家，在美国学的是当时国内还没有人知晓的运筹学。1955年在归国的轮船上与钱学森相识，开始了他们长达半个世纪的友谊和合作。在钱学森受命组建中国科学院力学所的过程中，他协助钱学森组建起力学所的运筹学研究室，是我国运筹学研究和应用的开拓者之一。此后许国志一直在钱学森的领导或影响下工作，也让他对钱学森出众的科学理论能力有了更深刻的体认。他把钱学森在科学研究方面的特点、风格、原则归纳为五个方面：

(1)"钱老的学术思想和钱老的研究工作往往要比时代领先二十年，甚至三十年"。

(2)"钱老往往站在一个更高的层次上看问题，去解决问题"。

(3) 重视应用，"钱老的应用，应该说是广义的"。

(4)"钱老的许多新的思想，新的问题，常常钱老经过很多年的思考才提出来的"。

(5)"钱老是在真诚的、孜孜不倦地学习和应用马克思主义"[②]。

回顾中国系统科学那个时期的历史不难看出，正是基于上述认识，许国志有意把心身尚在系统科学之外的钱学森拉向或推向系统科学研究的最前沿，充当这一届的领军人物，他自己则甘心做副手，辅佐钱学森把中国系统科学带到世界前沿。

---

① 钱学森.人体科学与现代科学技术纵横观.北京：人民出版社，1996：153.

② 许国志.对钱老的学术思想的几点体会.系统工程理论与实践，1992：9.

钱学森不止一次讲过，他在系统科学上的几次大的动作都起因于许国志的启示和推动。许国志知道，由于领导航天科技的重任在身，钱学森没有精力跟踪国际系统科学的动向。这无疑会限制他的学术眼界。钱学森自己就说："我原来老是从系统管理技术这个方面在想"，思路打不开[381页]。而许国志人在科学院系统所，一直关注国际系统科学的发展，掌握相关材料。许国志深信，只要让钱学森了解情况和存在的问题，他就会提出过人的见解，有力地推动中国系统科学的发展。后来的事实证明，许国志的估计是正确的。

回国后的前二十年中，钱学森在实践中致力于开拓和发展中国特色的航天系统工程，无暇做系统科学的理论研究。用他后来的话说："在 1978 年以前，对于什么系统、系统科学、系统工程，什么运筹学这些东西，我也是糊里糊涂的，并不清楚，仅仅是感到有那么一些事要干"。而国外的系统科学正在蓬勃发展，但存在种种认识混乱，亟须澄清。1978 年年中，许国志致信钱学森指出这个问题，并提出自己的一些想法和建议，希望钱学森来定夺。由此才有了钱学森、许国志、王寿云合作发表的《组织管理的技术——系统工程》一文，解决了这些问题。作为第一作者的钱学森明确表示："这篇东西的基础"是许国志的①。可以说，这篇文章是中国系统科学司令部发布的"一号文件"，是宣言书，是中国学派开始形成的标志。

从现有资料看，20 世纪 40 年代的钱学森已注意到维纳和申农的工作，却不了解贝塔朗菲的工作。这与他工作在技术科学领域有关。与美国或欧洲不同，中国系统科学真正起步于航天系统工程的创建，系统理论起步于对国内外系统工程经验的理论总结。20 世纪 70 年代末的钱学森有关系统的思考几乎全在系统工程上，连控制论也很少关注。这不能不说是一种局限性。许国志看到这一点，于 1980 年秋把罗申 1979 年纪念贝塔朗菲的文章寄给钱学森，又强有力地推了钱学森一把。"我又一次得到许国志同志的帮助"，钱学森如是说。什么样的帮助？"我闷在那儿没办法的时候，看了这篇文章，并根据它的引注又看了一些文章，才知道冯·贝塔朗菲的工作，有普利高津的工作，哈肯的工作，这些都使我眼界大开"②。得益于这有力的一推，钱学森"从系统工程的范围中走出来，在更大的视野中去考察"[129页]，得出系统学概念，着手构筑系统科学的体系，开始建立系统学的努力，最终走向复杂巨系统研究。钱学森后来致信许国志说："系统学、系统科学发源于您，我是接受了您的启示！"[8-467]

在中国系统科学界，钱学森之外最具号召力的就数许国志。例如，由中国系统工程学会发起和支持的、车宏安具体负责组织编写的《系统科学》一书，起点是许先生在学会年会上的一次发言。他建议学会组织全国力量，编写一本硕士研究生的

① 钱学森. 创建系统学(新世纪版). 上海：上海交通大学出版社，2007：6.

② 钱学森. 创建系统学(新世纪版). 上海：上海交通大学出版社，2007：7，8.

系统科学教材。并且说:你们不要看不起教材,在世界数学史上,有的教材影响大于专著。尽管编写者都是系统科学界的小人物,被舆论界判定为"中国系统科学界的重量级人物"中没有一个乐于作为该书的作者,而宁愿进入该书的专家评审小组。但在许国志为理事长的中国系统工程学会鼎力支持下,这部书还是顺利面世了。

王寿云能够成为中国系统科学大军的"参谋长",在于他有三个方面的优势:一是王将军为人厚道,心胸宽广,秉公办事,从不利用自己与钱学森的特殊关系谋私。例如,别人编辑整理钱学森某方面的学术成果需要提供钱学森的一些信件或原始材料,本可以乘机要人家把自己作为主编,但这种事他从来不干。二是他的组织能力强,作为"六大将"召集人的工作充分显示了这一点,他有能力把这个豪华阵营拢在一起。三是他有很高的学术水平。据作者的观察,王寿云是中国学术界对钱学森学术思想了解最深透的人。我们在 4.5 节中曾经引用过他的那一段宏论,这段文字写在 1988 年,对照钱学森 20 世纪 90 年代有关复杂巨系统的论述,我认为无论在科学上还是哲学上,王寿云都说得深刻而精彩,深得钱学森系统思想的精髓,以至于一些人误以为是钱学森的话加以引用。思想水平如此之高,却从不显山露水,不以钱学森的传人自傲,令人敬服。

还有一个问题,中国的系统科学起步于何时?不同人可能给出不同的回答。若说起步于 1978 年,那太晚了,至少忽略了中国航天系统工程;若说起步于航天系统工程,也有些晚,力学所筹建运筹学研究室等活动被忽略了。钱学森自己有个说法:"我们搞系统工程、运筹学历史,1955 年秋天在船上就开始了。这个道理很清楚,社会主义国家不是乱来的,所以要运筹。所以,系统学的开端应该是在那个船上……其实它的来源就是这么一个很渺小的来源"①。钱学森说得明白,中国系统科学起步于 1955 年秋天他与许国志回国途中的学术交流。如此说法根据何在?合道理吗?

恩格斯讲过,必然性是以偶然性为自己开辟道路的。钱学森与许国志相识于太平洋的轮船上是纯粹的偶然事件,彼此的交谈,相互的影响,也具有偶然性。但是,他们俩一道从美国返回已经初步建立起社会主义制度的祖国,都将服务于新中国的科学技术发展,都对系统工程和运筹学感兴趣,都已经看出社会主义更需要也更有利于搞运筹学和系统工程,都决心顺应历史大趋势来规划自己的行动,并坚持付诸实践,这就蕴藏了某种必然性。因此,他们在船上对回国后自己如何开展工作的设想,这种看似微不足道的事件,最终成为中国系统科学的真正起点,是可以理解的。我们说过,系统生成论的基本原理是"有生于微"②,新系统从无到有生成过

① 姜璐. 钱学森论系统科学(讲话篇). 北京:科学出版社,2011:143.

② 苗东升. 再论有生于微. 河池学院学报,2009:6.

程的起点是那个"微"。中国系统科学从无到有的历史为此提供了又一个佐证。未来中国系统科学大军的"司令"和"副司令"偶然相识，漫不经心的设想，看来微不足道，数十年后却出现了谁也没有预料到的结果，这就是历史的偶然性和必然性关系的辩证法。

5.5　系统科学中国学派的中国文化特色

系统科学认为，环境对系统有塑造作用。"一方水土养一方人"，一定的环境产生一定的系统，给系统打上无法抹掉的环境印迹。中国学派的系统科学是在现代中国的文化环境中发生发展的，必然具有中国文化的色彩。

科学是一类文化，通常称为科学文化。五百年来西方科学的独大使人们误认为它是唯一可能的科学形态，它所体现的科学文化是普世的，科学没有民族性、地域性的特点。与科学文化对举的是人文文化，人文文化则要强调民族性和地方性，全人类共有的东西是第二位的。在简单性科学当旺的时期，就科学知识层面看，说科学文化具有普世价值基本正确；若就深层次的科学思想看，西方科学绝不是普世文化。普利高津说得好："近代科学诞生在 17 世纪欧洲的文化和宗教的环境中"；或者说，"在历史上科学是被嵌入 17 世纪的文化之中的"[①]。它必定打上这种文化环境的深刻印迹，特别是它背后的意识形态，即机械论的宇宙观，机械反映论的认识论，还原论的方法论，分析思维、线性思维主导的思维方式，个人利益最大化的价值观等。还原论科学之所以没有在中国产生出来，根本原因就是中国文化没有给它准备必要的"基因"和养料。今天的人们越来越看得清楚，这些东西绝不是科学必具的东西，复杂性科学的兴起和发展历史地要求抛弃这种意识形态。

新兴的复杂性科学虽然孕育和产生于西方，却只能在新的文化环境中发展，并最终走向成熟，这就是开始形成着的世界文化。所谓世界文化，只能由东西两大文化共同构成。但这既不是造就工业文明的那种西方文化，也不是造就农业文明的那种东方文化；而是经过现代化改造的东方文化和经过后现代化改造的西方文化，只有这样，两种文化才能够平等对话，取长补短，从而形成真正的世界文化。两种经过改造的文化的交集，就是所谓全人类的普世文化。但普遍性寓于特殊性之中，全人类的普世文化必须通过各种不同的民族文化、地域文化、职业文化等表现出来，各种民族文化、地域文化、职业文化和而不同地整合在一起，就是所谓世界文化。以全人类实现现代化为历史目标的新兴科学，只能在这种世界文化环境中走向成熟。

系统科学本质上属于复杂性科学，尽管跟自然科学相比有一定的人文色彩，它

---

① 普利高津，斯唐热. 从混沌到有序. 曾庆宏，沈小峰译. 上海：上海译文出版社，1987：中文版序.

毕竟是科学文化，一些基本理念、方法、评价标准是世界共有的、普适的。然而，系统科学又毕竟是自然科学与社会科学交汇的产物，社会系统受到系统科学越来越大的关注，系统科学的理论和方法越来越多地应用于人文社会科学，科学文化与人文文化的界限日趋模糊化，必然使系统科学越来越多地具有不同于现有自然科学的特点。

钱学森有很高的民族文化自觉性，他从 1978 年以来进行的系统科学研究，始终自觉地从现代中国文化中吸取营养，而且越到后来自觉性越高。从钱学森的著述中可以看到，在谈论中国学派的一些研究成果和所用方法时，他常常要说：这只有在我们国家才能够做到。的确，就钱学森在系统科学方面留下的遗产来看，体系结构、研究方法、语言表达、概念阐释、应用于实际的方式和路径，都有自己的特色。总之，具有鲜明的中国文化特色，是系统科学钱学森学派的又一大标志。

但是，在依托中国文化发展系统科学的道路上，钱学森只是开了个好头，给后人指明了方向。全面深入地挖掘中国文化中的系统思想，不断用中国文化滋养和发展系统科学，仍然任重道远，有待更多的青年才俊来完成。

第 6 章 钱学森与系统科学的工程技术

在梳理系统科学体系结构时，钱学森把它的工程技术层次归纳为两个学科，即系统工程和控制工程。关于系统工程，钱学森有一个著名论断："系统思想是进行分析与综合的辩证思维工具……在系统工程那里获得了丰富的实践内容"[39页]。就是说，系统工程是系统思想在工程实践中的应用和体现，它是直接服务于工程实践的，但又体现了辩证思维，要求对工程问题进行辩证的分析与综合，要体现系统观点。反过来说，系统工程也对系统思想的发展做出贡献：赋予系统思想以丰富的实践内容。这是钱学森组织管理中国航天系统工程几十年的切身体会，是他学习和应用辩证唯物主义的切身体会，也是他对系统工程概念的一种诠释。国内外系统工程的研究者和实践者不计其数，没有一个人达到他这样的思想高度。

6.1 创建有中国特色的航天系统工程

由于参加导弹火箭的研制，还在美国的钱学森已经开始了解和思考系统工程问题。据许国志回忆："早在钱老回国之前，钱老就跟当时美国的系统工程界的人有所接触，钱老给我看过一位系统工程的人通信往来里谈到 assembling line 问题，就是装配线问题"[①]。20 世纪 60 年代，加州理工大学喷气推进实验室(JPL)第二任主任皮克林曾著文回顾"JPL 成为一个系统工程组织机构的演变过程"，工作在那里的航空动力学家、电子工程师等"起着犹如系统工程工作组的作用"[②]。而皮克林的前任正是钱学森，这应该是钱学森系统工程思想的起点。不过，一则美国航天系统工程在那时还处于初创期，成果十分有限；二则系统工程那时还是保密的，被软禁后的钱学森更不可能再有所接触。他真正研究并精通系统工程，主持系统工程的大规模应用，只能在回到祖国之后。

系统工程是随着现代大企业兴起而产生的一种组织管理技术，更是一种组织文化。它创生于西方发达国家，但一经问世就成为人类可以共享的文化财富，不发达国家搞现代化建设离不开系统工程。航天科技属于大科技、高科技，是自然科学与社会科学广泛而深入交汇的结果，航天产品本身是自然科学的结晶，产品研制的

---

① 许国志. 对钱老的学术思想的几点体会. 系统工程理论与实践，1992:9.

② 皮克林. 喷气推进实验室的系统工程//小拉尔夫・弗・迈尔斯. 系统思想. 成都：四川人民出版社，1986:224.

组织管理离不开社会科学。无论它所研制的产品,还是从事研制工作的组织机构,都是少见的大系统。因此,它只能产生于作为新的科学学科的系统工程、系统科学诞生之后,只有自觉地按照系统科学思想和系统工程方法来研究,才可能获得成功。3.2节所引贝塔朗菲的话已经包含了这个意思,美国阿波罗登月工程的顺利完成提供了当时最好的实践证明。"系统工程方法是世界航天的共识,也是中国航天通过研制实践得到的宝贵财富"①。郭宝柱此话说得很在理,是中国航天人的共识。

中国航天科技一开始就是按照系统工程方法进行的,这首先要归功于钱学森,回国前的他对此已有思想准备。如果说导弹火箭本身的科技知识他"在美国都掌握了,也做出来了"②,那么,组织管理航天科技事业所需要的科学知识,他还远远不够。正如钱学森后来回忆的那样,从受命组建中国航天科技研究起,他就带着问题学习,什么系统工程、运筹学、系统科学等,只要需要,就赶紧学一点,用一点,边学边用,边用边学。但中国国情太特殊,仅仅学习西方的航天系统工程,即使有条件全部学到,也是很不够的,要真正解决问题必须创建有中国特色的航天系统工程。"从战争学习战争——这是我们的主要方法","干就是学习"③,毛泽东的这些名言被成功地应用于中国航天科技工作中。不仅钱学森这样的高层领导在边干边学,总结组织管理的经验,大批转行从事科技管理工作的科技人员也在这样做,当时中国空间技术研究院(航天五院)内部刊物《研究与学习》上就经常有他们讨论组织管理的文章。

现代社会越来越成为学习型社会,航天科技部门尤其如此。中国航天系统工程是中国航天科技队伍整体上作为学习者的一项创造。作者于1960年3月11日分配到航天科研部门,由于工作在最基层,做最具体的科技工作,任何层次的组织管理实践都不可能参与,没有这方面的直接经验。加之年代久远,对中国航天系统工程形成发展的实际过程已近乎淡忘。但毕竟身在那个大环境中工作多年,依稀还有点印象。20世纪60年代的头几年不断传达上级领导有关航天科技系统组织管理的条例、规定,反复讨论如何贯彻执行,参与总结本室、本所的经验。今天回想起来,这些都是中国航天系统工程创立过程中基层部门的活动,而这些活动的发动者、抓总者都是以钱学森为最高技术负责人的领导部门。显然,作为一门组织管理技术,中国航天系统工程是按照"实践,认识,再实践,再认识"的认识论原理产生和逐步完善的,是钱学森等领导学习和运用毛泽东哲学思想的结果,这一点就颇具中国特色。

① 中国系统工程学会,上海交通大学.钱学森系统科学思想研究.上海:上海交通大学出版社,2007:263.

② 钱学敏.钱学森科学思想研究(第二版).西安:西安交通大学出版社,2010:263.

③ 毛泽东.毛泽东选集(一卷本).北京:人民出版社,1966:174.

刘兆仕长期担任钱学森的技术秘书，十分熟悉钱学森在中国航天科技创建和发展过程中的思考和行动，他撰写的《航天与系统工程》一书有助于我们了解中国航天系统工程是如何形成的，有哪些特点。初创时期的中国航天科技部门有一支庞大的科研管理队伍，大多数领导干部是从解放军队伍中调来的。他们长期从事军事参谋工作，有组织管理军事工作丰富而实用的经验，并被他们成功地应用于新组建的航天部门的科研管理中。如当时的中国运载火箭技术研究院(航天一院)科技部长姜延斌把战争期间搞作战协调的“骡马大会”(河南土话)方法运用到科研工作协调中，钱学森认为“你这个办法好”。“从此，在五院范围内，大家都把这种技术协调会叫做‘骡马大会’，而且有问题需要协调时，就得召开”①。这仅仅是记录下来的一例。

毛泽东军事理论包含的系统思想极其全面、精深而又实用，经过长期革命战争和根据地建设的考验，到解放战争时已臻于成熟，三大战役的胜利是最好的证明。这可以说是不用数学模型、没有电子计算机可用的系统工程，其中的系统思想和定性方法颇具科学性。钱学森不止一次盛赞毛泽东指挥的三大战役，认为那是毛泽东军事系统思想最充分的体现，而且已被广大干部所掌握。在纪念中国航天科技创建43周年(1999)、回顾中国大规模科学技术研究从无到有的发展历程时，钱学森这样说：“那时是周总理挂帅，下面由聂总具体抓，这个经验从前中国是没有的。我想，他们是把组织人民军队，指挥革命战争的那套经验拿来用了，当然很灵。从而创造了一套组织领导‘两弹’工作的方法。这在新时代仍有很大意义”②。他的话既揭示了中国航天科技能够成功的重要原因，也说明中国航天系统工程形成的特殊条件和独特文化特征，它浸透着毛泽东系统思想的精华，渗透着周恩来、聂荣臻等老一辈革命家长期修炼出来的高尚而科学的思想品质和杰出才能，还有整个航天科技管理队伍的经验和智慧，是现代中国组织文化的珍品。

支撑中国航天系统工程的是著名的航天精神，它是长征精神、延安精神的继续，是这些现代中国特有的精神力量在航天科技领域的特化。钱学森多次提到周恩来、聂荣臻向“两弹一星”参加人员提出的三条要求：一是高度的革命觉悟，二是高度的组织纪律性，三是高度的科学性。“这是周恩来同志、聂荣臻同志把打大规模解放战争的一条成功经验移植到‘尖端技术’工作中来了。而这一套也实际是千百万革命者在中国的革命战争中流血牺牲的经验总结”[8-123]。突出表现之一是全国一盘棋的大协作，在航天科技部门内就更是如此。我当时在发动机自动调节研究室工作，又奉命参加过扩压器空气流场特征线计算、飞行弹道计算等工作，都视为自己应该干的分内之事。这种事例数不胜数。总之，哪里需要就到哪里去，被那

① 刘兆仕.航天与系统工程.北京：中国宇航出版社，2006：15.

② 刘兆仕.航天与系统工程.北京：中国宇航出版社，2006：46.

时的航天人视为理所当然的行为原则。

说到中国航天系统工程的产生和成功应用，还有一个看似无关、却不可忽视的环节，就是强大的政治思想工作。任务开始执行前的动员会、务虚会，细致的思想工作，"打预防针"，等等，为科研工作的顺利进行提供了思想政治保障。那个时期的干群关系特别值得肯定，我至今还印象深刻。记得我们在炎热的盛夏晚上做试验，来自战斗部队的研究室指导员李登科（少校）常常陪着我们熬夜，尽管他对具体试验完全不懂，但坚持亲临现场，有时还自费买些西红柿给大家吃。如此融洽的干群关系本身就是战斗力的重要来源，为航天系统工程的实施增加了精神力量，无疑也是中国特色。

6.2　提炼系统工程的一般理论

论述系统工程的学科性质、研究对象、所用方法、实施条件等的知识体系，称为系统工程理论。钱学森逐步退出航天科技领导岗位、重新转向科学研究后，第一项学术性工作是对国内外系统工程的实践经验和认识进行理论总结，建立系统工程的理论体系。通过自觉坚持马克思主义、毛泽东思想的指导作用，系统地总结中国航天系统工程的经验，对外国提出的系统工程理论加以吸取和改造，钱学森建立了有中国特色的系统工程理论。我们把它的基本内容归纳为以下十点，最后两点留在后面两节分别讨论：

(1) 什么是系统工程？钱学森从不同角度反复谈过他的认识。刘兆仕根据自己的体会作了这样的归纳："凡是构成系统的工程实践都可以叫做系统工程，这是系统工程的第一个含义。系统工程是组织管理的技术，这是系统工程的第二个含义"①。报刊新闻用语或人们日常用语经常讲"这是一项系统工程"，指的是第一含义，即应用系统工程知识从事的工程实践活动，著名的三峡工程、"211 工程"等都被称为系统工程。钱学森有时也讲这种含义的系统工程，如说："所有为了改造客观世界的从系统的角度来设计、建立、运转复杂系统的工程实践，都叫做系统工程"(360页)。这句话的新意在于扩展了系统工程概念的外延：用系统观点设计、建立、运转系统的科学技术也是系统工程，不限于企业、军队等的组织管理。但本书讨论的是钱学森系统科学思想，关注的对象是知识形态的科学技术，而非实践活动。所以我们主要讨论第二种含义的系统工程，评析钱学森的有关论述。

钱学森很重视对科学概念的界定，对系统工程这个词就从不同角度加以推敲。他说："系统工程这是一个很概括的词，它是指我们运用系统这个概念来改造客观世界"(354页)。此话的要点有二，一是要使用系统概念，二是服务于实践（目的是改

---

① 刘兆仕．航天与系统工程．北京：中国宇航出版社，2006：64.

造客观世界)。作为系统科学的一个概念，系统工程是由系统和工程两个分概念整合而成的复合概念，工程是主词，系统是限制词。系统工程讲的首先是工程，是改造客观世界的实践。“我们称之为工程，就是要强调达到效果，要具体，要有可行的措施”(289页)。第二种含义的系统工程当然是学问，是关于可行措施的科学技术。但不可停留于研究学问，“系统工程是要解决具体实际问题的，是讲实干的，是要改造客观世界的，而不是只研究学问的”(357页)。系统工程是服务于实践的科学技术，不是理论知识。他还告诫人们说，讲实干“涉及这门学问的基本精神”(357页)。由此缘故，钱学森不赞同“系统工程学”的说法。

在工程之前加上限制词“系统”，意在指明系统工程有别于其他工程的特殊性，特殊在“运用系统这个概念”来搞工程实践，要把工程实践看成系统，用系统观点、系统方法认识和解决有关的问题。用钱学森的话说：“系统工程技术是从系统的认识出发，设计和实施一个整体，以求达到我们所希望得到的效果”(289页)。所谓从系统的认识出发设计和实施一个整体，就是要强调全局观念、整体观念，要强调从全局出发，合理使用局部力量，最终求得全局最佳效果，“这正是系统工程的精华所在”(20页)。

顺便指出，两种含义的系统工程有时可能引起混淆，应该注意。其实，就连钱学森本人偶尔也会有所混淆。一个例子是，在梳理文艺科学的体系结构时，他把工程技术层次的学科称为文艺创作①。文艺创作是实践活动，即一种物质性的存在；文艺科学是知识体系，即文艺创作所需要的方法、技术、知识，属于观念形态的存在。作为文艺科学的工程技术层次属于观念形态的存在，应该称为文艺工程，包括文艺系统工程。

(2) 系统工程的学科性质。导致钱学森探索系统工程理论的直接诱因，是国际系统科学界“混淆了工程技术与其理论基础即技术科学的区别，用词不够妥当，认识也不够深刻”(40页)，已经到了不得不澄清的时候了。钱学森从他的现代科学技术体系学出发加以梳理，消除了这种认识混乱。他的办法是：“国外称运筹学、管理科学、系统分析、系统研究以及费用效果分析的工程实践内容，均可以用系统的概念统一归入系统工程；国外所称运筹学、管理科学、系统分析、系统研究以及费用效果分析的数学理论和算法，可以统一地看成是运筹学”(40页)。系统工程属于系统科学体系中的工程技术，运筹学属于系统科学体系中的技术科学。

在关于系统工程的学科性质问题上，钱学森还有一个创新性观点，就是指出“系统工程也就是办事的科学，是使组织管理工作科学化、定量化，而不是过去的大约数、估计数的那套工作方法”(199页)。他曾经依据航天工业部的经验给出具体的解释：“系统工程，是根据控制论原理，运用电子计算机技术，把系统复杂的工程的

① 钱学森. 科学的艺术和艺术的科学. 钱学敏编. 北京：人民文学出版社，1994：扉页.

组织管理工作建立在定量的基础上，使得各个分系统、分系统中的每个仪器、组件、元件的工作，协调一致、同步运转，大大提高效率”(198页)。更准确地说，系统工程是办事的技术，即办成、办好事情的组织程序和方法；不论这种事情是经济的、科技的、文化的、军事的、政治的、外交的等，都需要应用系统工程。

(3) 系统工程的哲学指导。钱学森对此的态度很明确：“我们搞系统工程也当然要用马克思主义的哲学来指导，这样才能够看得更深刻，看得更远”(352页)。又说：“马克思、恩格斯、列宁和毛泽东同志的著作中有许多这方面的论述，我们现在搞系统工程一定要熟悉这些论述，将其作为强大的理论武器”(289页)。他领导中国航天科技的二十多年就是这样做的。

(4) 系统工程的方法。钱学森说：“系统工程就是用现代的方法解决很多以前不叫工程技术而是管理人员或调度人员，或经济计划人员用的一些从经验上累积起来的一套办法来做一些规划、计划、调度、管理这些事”①。顾名思义，系统工程的方法既是系统科学的方法，又是工程科学的方法。总而言之，系统工程是按照系统科学搞工程实践的方法、技术，这已无须多说。钱学森强调的还有，作为一种现代技术，系统工程是一种定量的技术，它采用的“是科学的方法、是定量计算的方法，所以是数学的方法；也就是100～200年来近代科学和现代科学技术的各个领域都在采取的途径，不能满足于定性，要定量”(357页)。更详细的说：“为了在实际系统研制成功以前拟定与验证系统的总体方案，估计系统各组成部分之间的相互适应性，考察系统在实际的或模拟的外部因素作用下的响应，按照系统工程的方法，总是把与系统有关的数量关系归纳成为反映系统机制和性能的数学方程组，即数学模型，然后在约束条件下求解这个数学方程组，找出答案。这个过程就叫系统的数学模拟，它是用电子数字计算机来实现的”(8页)。

(5) 系统工程的共同理论基础(有时又称为系统工程的工具理论)。钱学森认为，各种各样的具体的系统工程有三个共同点，其一是它们都有共同的理论基础。请注意，理论基础不等于基础理论。按照钱学森的科技体系思想，对于工程技术，直接的理论基础是技术科学，而不是基础科学层次的理论。各类系统工程共同的理论基础首先是运筹学，“运筹学作为系统工程的普遍理论”，“总的理论”(355页)，但不是基础科学。

钱学森认为，仅仅有运筹学是不够的，其原因是运筹学“又不怎么总的起来，因为它只有一部分，不是全部的理论”(355页)。原则上说，系统工程的研究和应用“在有些复杂的问题中，还要用到控制论”(360页)。控制论的基本思想无疑也可以应用于系统工程，故学界有人主张控制论也是系统工程的普遍理论。钱学森对此有所保留，他认为：“在系统工程的实践当中，它总离不开人的因素。可以概念地说，我

① 钱学森. 人体科学与现代科技发展纵横观. 北京：人民出版社，1996：57.

把人也包括在系统里面了，但是具体你怎么办？人太复杂了，现在还没有一个通用的理论可以预计人的行为。”所以他对此一直“有点谨慎，因为从系统工程一直到现在的发展来看，控制论直接作为系统工程的一个理论基础，好像不大合适”。以企业经营管理为例，“这里面的运动规律，恐怕还不能写成数学方程式，放到控制论里面去”。他的结论是：“控制论跟系统工程有一定的关系，它的一些概念可以而且必须在系统工程当中使用，但是控制论不能直接作为系统工程的一个理论基础，系统工程的理论基础还是运筹学”[(355页)]。

(6) 实施系统工程的技术条件。不同类型系统工程的第二个共性问题，就是都需要一定的现代技术条件来支撑。钱学森认为：“系统工程直到20世纪的50年代以后才出现。因为事物的形成，必须有它一定的历史条件”。他指出两个条件：“第一，要有一套数学的方法来描述处理那个系统”，这是科学理论条件；“第二，有了理论，还要能够实现，要有计算的工具”，这就是技术条件[(353页)]。早期系统工程应用于较小规模的工程项目，一般的计算工具还可以胜任。现在的系统工程主要用于大型工程项目，它的定量化追求就离不开电子计算机了。“系统工程是要解决实际组织管理问题的，有了理论和数学方法还不够，还要具体计算，得出结果，作为实施的设计方案、蓝图”。当计算工作量太大时，如果用人手算，结果还没算出来事情已经过去了，“那还有什么用？”[(358页)]历史的幸运在于，在系统工程兴起的同时出现了电子计算机这种现代技术，以及相伴而生的计算机科学，也属于技术科学层次。所以钱学森说：“现代科学技术对系统工程的又一贡献是电子计算机。没有电子计算机的巨大计算能力，系统工程的实践将几乎是不可能的；系统工程的许多进一步发展还有待于性能更高的计算机的出现”[(289页)]。

这里要附带指出的是，所谓系统工程产生于20世纪50年代的说法不确切。因为无论系统工程这个词，还是它的基本思想，都产生于20世纪40年代，这是学界公认的说法。当然，系统工程的第一本著作于1957年才问世，但这不是系统工程产生的标志。

(7) 系统工程的社会条件。现代科学意义上的系统工程要以社会的组织化发展到足够水平为前提，古代社会只可能有系统工程的朴素思想和自发应用，自由资本主义时期也不可能有系统工程，发展到垄断资本主义系统工程才具备了充分的社会历史条件。所以说，系统工程是也只能是20世纪的创造。管理科学家刘源张认为，社会制度不一样可以影响到人，搞系统工程必须注意社会制度的不同。钱学森赞赏他的观点，进一步发挥说：“我们也要记住，我们这个国家的社会制度跟很多西方国家的社会制度是不一样的，而系统工程这样一个事业，这样一门科学，它又跟社会的现象有密切的联系。因此，社会制度的不同，是必须考虑到的一个问题”[(352页)]。可以从此话中引申出两点：其一，以共同富裕为目标的社会主义才能够把系统工程方法全面彻底地贯彻下去，以个人利益最大化为目标的社会不能充分发挥系统工程的作用;其二,只有社会主义才可能搞国家规模的系统工程。从更大的历史尺度看,系统工程产生和生长于资本主义社会,要在充分发展了的社会主义社会才能获得全面而充分有效的运用。

(8) 系统工程的意义。系统工程有什么重大意义?钱学森很重视这个问题,总的评价是:"系统工程的建立是由于现代大规模工农业生产和复杂科学技术体系的需要"(8页);"从认识论的观点看,系统工程是当代人类在认识和改造客观世界中的一个飞跃"(198页)。认识客观世界的飞跃属于科学理论方面的意义,改造客观世界的飞跃属于工程实践方面的意义,他又从这两方面做出进一步的分析。就科学理论的发展看,"系统工程在自然科学、工程技术与社会科学之间构筑了一座伟大的桥梁","系统工程为自然科学、工程技术工作者同社会科学工作者的合作,开辟了广阔的前景"(41页)。这是他研究现代科学技术体系得到的认识。钱学森如此说也有自己的直接经验为依据,他晚年的学术探索是从系统工程开始的,这一过程最终使他意识到"系统工程所带动的科学发展是一条很广泛的战线",从而走出系统工程范围,走向创建系统学、系统论,进而走向研究思维科学、人体科学、行为科学、社会科学等更广阔的范围。

钱学森一直在思考和回答系统工程在中国社会主义现代化建设中占有"什么样的一个位置"的问题。在他看来,系统工程巨大的实际意义,归根结底在于它的广泛适用性:"任何一种社会活动都形成一种系统,复杂系统几乎无所不在。每一类系统的组织建立、经营运转,就成为一项系统工程"(41页)。对此,钱学森从两个层面上作了具体的说明:

(1) 从人类社会的发展看,"系统工程也属于当代的一个技术革命"(198页),而技术革命必然导致产业革命,引起社会的大变化。"系统工程涉及整个社会。所以我们面临由于系统工程而引起的社会变革绝不亚于大约一百二十多年前的那一次"(98页);"系统工程是一项伟大的创新,整个社会面貌将会有一个大改变"(98页)。

(2) 从中国社会的实际需要看,"系统工程是和提高我们国家的组织管理的水平这样一件事联系着的"(351页),"组织管理水平的提高是我国实现四个现代化中的一件头等大事"(357页)。

钱学森首先在航天科技中形成这一认识,受到周恩来的鼓励和启发后,他开始把系统工程与整个中国的社会主义建设联系起来。钱学森认为要做到这一点,一是必须打破小生产的经营思想,懂得用大生产的经济规律组织生产;二是必须使用一套组织管理的科学方法,建立各类科学技术体系。晚年的钱学森为了在国内普遍推广应用系统工程,可以说做到了呕心沥血。

6.3 系统工程的组织形式——总体设计部

钱学森系统工程理论的一个重要组成部分,是论述实施系统工程的组织形式——总体设计部。总体设计部的概念源自原苏联航天科技界，钱学森把它引进来，吸收中国传统文化重视集体的思想，特别是现代中国的革命集体主义精神，形成了有中国特色的总体设计部思想和方法。

1978 年的文章第一次对总体设计部的实践经验进行理论总结。作者按照历史唯物主义原理，以工程技术发展为对象，首先分析了组织管理工作的历史发展情况，说明总体设计部出现的必然性和实际的形成轨迹。无论何种工程技术产品，研制和生产活动都由两种职能组成：一是构想其总体结构，即给出设计方案；二是从每一个局部来实现这种构想，即造出产品来。在个体劳动时代，这两种职能由同一个人承担，构想者也是实现者。发展到手工业工场时代，出现多人协同劳动，一项较大规模的工程技术需要有专职的指挥即“监工”，从总体运动的观点协调个人行为。再发展到产业革命，特别是垄断资本主义带来的大工业生产，监工变为总工程师；复杂机器的设计还需要总设计师来抓总，以协调设计。再进一步，到火箭导弹研制这种复杂工程，技术协调的工作量空前巨大，一个总设计师不再能够胜任，“这就要求以一种组织、一个集体来代替先前的单个指挥者，对这种大规模社会劳动进行协调指挥”[3页]。由此产生了总体设计部这个新事物。抓总的思想，抓总的组织形式，在我国航天部门得到最充分的贯彻。院有总体所，所有总体室，室有总体组，形成一个抓总的组织体系。作者当时的工作单位是某个发动机研制所自动调节系统研究室的总体组，搞发动机自动调节系统的方案论证和总体设计。

对于钱学森来说，总体设计部的性质、意义、组建原则、工作方式等，不仅是技术问题，而且是具有理论意义的问题。他从不同层面上对总体设计部做过论述，成为其系统工程理论的重要内容。首先是技术层面的论述：“总体设计部干什么事？就是设计一个型号，所有各个阶段的计划、方案都是在它那儿研究的。以至于到实验、定型、生产，都由它管，它是一个参谋部”①。就中国导弹火箭研制看，总体设计部的具体工作就是把比较笼统的初始研制要求逐步地分解为成千上万研制任务参加者的具体工作，再把这些工作最终综合成为一个技术上合理、经济上合算、研制周期短、能协调运转的实际系统，并使这个系统成为它所从属的更大系统的有效组成部分，如图 6.1 所示。

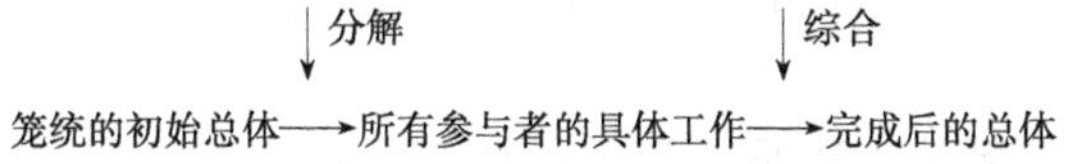

图 6.1　总体设计部示意图

---

①　钱学森. 人体科学与现代科技发展纵横观. 北京：人民出版社，1996：57.

更详细地说，钱学森认为："总体设计部设计的是系统的'总体'，是系统的'总体方案'，是实现整个系统的'技术途径'。总体设计部一般不承担具体部件的设计，却是整个系统研制工作中必不可少的技术抓总单位。总体设计部把系统作为它所从属的更大系统的组成部分进行研制，对它的所有技术要求都首先从实现这个更大系统技术协调的观点来考虑；总体设计部把系统作为若干分系统有机结合成的整体来设计，对每个分系统的技术要求都首先从实现整个系统技术协调的观点来考虑；总体设计部对研制过程中分系统与分系统之间的矛盾、分系统与系统之间的矛盾，都首先从总体协调的需要来选择解决方案，然后留给分系统研制单位或总体设计部自身去实施"(3页)。按照这种原则运行的总体设计部，体现了一种科学方法，适于系统的规划、研究、设计、制造、试验和使用的科学方法，即系统工程的方法。

总体设计部方法的实施绝不仅仅是技术问题，它还需要道德的保障。就在钱学森大力宣传总体设计部概念的同时，他曾经在人体科学讨论班上专题讲过科研道德问题，作为现代科学技术体系学的主要内容之一，总体设计部被他作为"系统科学的概念"①。这一点颇有启发意义。总体设计部的工作宗旨与个人利益最大化的行为准则格格不入，总体设计部的成员必须具有集体主义精神，以总体的利益最大化为行动原则。尤其是主持总体设计部的人(总设计师)，必须大公无私，追求整体利益，坚持民主集中制。否则，总体设计部就会变成追求个人利益最大化的人把持的独立王国，对上拒不服从更大系统的整体需要，对下一切个人说了算，破坏民主集中制。这也是钱学森把系统工程跟社会主义联系起来的原因之一，因为系统工程方法的彻底贯彻实行需要社会主义精神的支撑。

钱学森还从社会制度的层面上考察总体设计部问题。中国的总体设计部是从航天科技事业搞起的，"我们就是因为有了这么一个科学的总体部，所以最后我们搞两弹的经济效益和社会效益是最高的"。钱学森深知，航天科技的成功不能仅仅从航天科技本身来看，其力量首先源自中国的社会主义制度。晚年钱学森总结这段历史的经验，得出的结论是："建立总体设计部是我们社会主义的优越性"，"这是战胜资本主义的一个法宝"②。

6.4 部门系统工程

钱学森问道："系统工程是一门工程技术呢？还是一类包括许多门工程技术的一大工程技术门类？"他的回答是："有不同的系统工程，系统工程是一个总称，用英

① 钱学森. 人体科学与现代科技发展纵横观. 北京：人民出版社，1996：56.

② 姜璐. 钱学森论系统科学(讲话篇). 北京：科学出版社，2011：64，119.

文，它后面要加 s，多数"，"系统工程是一个总的词"(354页)。按照钱学森 1979 年给出的分类，共有 14 类部门系统工程。它们的共同理论基础是运筹学，有时也可以用一点控制论。但每一门类系统工程都有本专业领域特殊的理论基础，如表 6.1 所示。

表 6.1　部门系统工程及其专业理论基础

系统工程的专业	专业的特有学科基础
工程系统工程	工程设计
科研系统工程	科学学
企业系统工程	生产力经济学
信息系统工程	信息学、情报学
军事系统工程	军事科学
经济系统工程	政治经济学
环境系统工程	环境科学
教育系统工程	教育学
社会(系统)工程	社会学、未来学
计量系统工程	计量学
标准系统工程	标准学
农业系统工程	农事学
行政系统工程	行政学(?)
法治系统工程	法学

对于 14 门具体系统工程，钱学森或多或少都有所论述。论系统工程的第一篇文章(1978 年发表)主要是以工程系统工程和企业系统工程为背景写成的，然后扩展到其他系统工程中。其中一些还跟领域专家合作发表论文加以系统论述。这些论著结合特定的专业领域、从特定的角度对系统思想、系统工程有独到的论述。此处择其要点略加评价：

(1) 社会系统工程，简称社会工程。论文的题目是《组织管理社会主义建设的技术——社会工程》，合作者为乌家培。此文的宗旨是推广《系统工程——组织管理的技术》一文的观点，"探讨国家范围组织管理技术问题"(13页)，指出社会系统工程的对象是整个社会、整个国家。文章第一次提出巨系统概念，引进大系统理论的多级结构、多阶段结构概念，分析了社会主义国家与资本主义国家在应用系统工程上的差别，强调在我们国家组织管理社会主义建设的技术就是社会系统工程。

(2) 军事系统工程。在论述社会工程的文章发表后，接着发表《军事系统工程》一文，合作者为王寿云、柴本良。由于作者都是国内顶尖的军事科学技术专家，文章对战争现象的系统性、战争指挥和军事训练中的系统观点、系统方法有很精当的论述，通过军事问题深刻而准确地揭示了“系统工程的精华所在”，那就是“从全局出发，合理地使用局部力量，最终求得全局最佳效果”(20页)。他们用系统工程的观点考察战争中参谋工作的职能，又联系毛泽东军事思想，从参谋业务、武器使用、后勤业务、组建指挥体系、战略研究等五个方面对军事系统工程做出全面的总结。应该说，这是钱学森有关部门系统工程的论著中最成功的一篇。

(3) 农业系统工程。论文题目是《农业系统工程》，合作者为张沁文(第一作者)。文章提出农事学概念，根据农业特点对系统的过程性、时序性(一种特殊的流程特性)、目的性、系统的空间结构和时间结构等做出分析，揭示出巨系统的一些新特点，这些都是在其他文章中很少看到的。他们还提出搞农业的两个长远目标：“我们要改变自然界的系统，创造出一个人所要的生态系统。这正是系统工程所特能解决的问题”(65页)。文章对事理概念有新的阐释，指出“研究‘物’的，就是硬科学；研究‘事’的，就可以称作‘软科学’。事物总是联系在一起的，研究‘事’和‘物’的科学也是相联的”(68页)。

(4) 法治系统工程。论文题目是《社会主义法制和法治与现代科学技术》，合作者为吴世宦。文章区分了法治与法制、法治系统与法制系统、法治系统工程与法制系统工程，提出“要利用现代科学技术来促进社会主义法治”，具体做法是“使用电子计算机和系统工程的方法”(207页)。作者指出：“我国社会主义社会关系及其行为的多样性和复杂性决定了我国社会主义法治是一个结构复杂、规模巨大、因素众多、功能综合的大系统”，“要树立大系统法治的思想”(210页)，“需要采取多系统‘综合治理’的方针”(209页)。

钱学森自己还有专文讨论科研系统工程、计量系统工程、人才系统工程、环境系统工程等，都对阐述系统思想和系统工程有所贡献。不过也需注意，此时的钱学森还没有建立起复杂性和复杂巨系统的概念，这不能不影响到他对这些部门系统工程的认识深度。所以，今天的学者不可简单地、机械地引用钱学森那个时期的具体看法，特别是有关社会系统工程的论述，应该用复杂巨系统概念重新审视他在1978～1987年的著述。

6.5 控制工程

国外系统科学界对控制论和控制工程的认识也存在类似的混乱，常常混淆这两个层次，讲控制理论的著作也讲控制工程，讲控制工程的著作也讲控制理论。如英国开放大学 Monk 等编的 *Control Engineering* 一书就包含大量理论内容，通常自动调节原理教科书所讲的东西包罗无遗①。钱学森梳理系统科学体系时无疑注

① Monk J. 控制工程基础. 牛振东，廖祖伟，王光曾等译. 北京：中央广播电视大学出版社，1982.

意到这类现象，明确地把控制论划归技术科学层次，把控制工程划归工程技术层次。

与系统工程不同，钱学森没有正面论述过控制工程，但他实际上指出两种工程的区别所在。系统工程是组织管理的技术，对象系统包含人的因素，因而广泛应用于社会生活的方方面面。控制工程的对象系统是不包含人的机器系统，追求的是系统运行的自动化。控制工程属于自动化技术，系统中不包括人的因素。相对来说，控制工程要简单一些，系统工程要复杂一些。

什么是控制工程？钱学森的著述中很少有这方面的内容，从《工程控制论》中可以找到他对此的一些理解。在工程技术层次上，回国后的钱学森越来越关心系统工程，基本不谈论控制工程。不过在《工程控制论简介》一文中，他还是给出一个很原则的说法："什么是自动控制和自动调节的工程技术呢？这个工程技术包含生产过程自动化，机械、电机的自动调节，飞机的控制和稳定系统，以及导弹的制导系统，高射炮的炮火控制等等"①。简单地说，控制工程就是关于研制自动控制系统和自动调节系统的工程技术，即自动系统的工程技术。有各种各样的自动系统，所用元件、结构方案、系统性能等千差万别。指导控制工程的技术科学只能"专门研究各个不同自动系统里面的相同点"，它就是第 7 章所讲的工程控制论。

---

① 钱学森.工程控制论(新世纪版).上海:上海交通大学出版社,2007:293.

第7章　钱学森与系统科学的技术科学

钱学森是作为自然科学的技术科学家攀登上世界科学舞台的，后来又是首先从自然科学的技术科学层次进入系统科学领域。在系统科学领域，他也是先进入技术科学层次，并取得杰出成就，再向其他层次扩展。技术科学的路径对他一生的学术研究有极大的影响。钱学森说过："系统思想是进行分析与综合的辩证思维工具，它……在运筹学和其他系统科学那里获得了定量的表述形式"(78页)。更准确地说，他的意思是说系统思想首先在技术科学层次的系统科学那里获得定量的表述形式。本章的任务是把这个结论加以展开论述。

7.1　钱学森论技术科学

钱学森不仅是技术科学大家，而且还对技术科学进行科学学研究，因而对技术科学的理解比其他人要深刻。这一特点必然反映在他对系统科学的研究中，他的科研风格、习惯、学术上的长处和短处都与此有关。了解他对技术科学的基本看法，对于把握钱学森系统科学思想是必要的。

钱学森最先是从自然科学中发现三层次结构的：直接改造客观世界的是工程技术；各种工程技术都要用的、与工程技术密切相关的科学理论，如力学、电子学等，是技术科学；技术科学再加以概括得到的科学理论，即比技术科学概括程度更高的科学理论，如物理学、化学等，是基础科学。这个思想在发表于1957年的文章中已有明确的表述，并且把工程控制论和运筹学(当时称为运用学)界定为技术科学①。由于当时还没有科学技术体系概念和系统科学概念，文章没有用层次这个词，而称为自然科学的三个部门。"后来，我把这样的一个模式发展了，说它不只限于自然科学"，引入层次概念，把"这个中间层次"称为技术科学②。与此同时，在自然科学、社会科学和数学科学三个大部门之外，钱学森又发现系统科学、思维科学、人体科学等新的大部门，再提出从基础科学通向马克思主义哲学的桥梁——各大部门的哲学分论。他构筑的现代科学技术体系至此已具备完整的建构，并正式给出技术科学的定义："直接为工程技术服务的这些带共性的理论，在现代科学技术体系里头，我们管它叫'技术科学'"(360页)。其要点如下：

---

① 钱学森.论技术科学.工程研究——跨学科视野中的工程,2010:4(转载).

② 钱学森.创建系统学(新世纪版).上海:上海交通大学出版社,2007:4.

(1) 技术科学是现代科学技术体系中的一个层次，介于工程技术和基础科学之间。

(2) 技术科学是理论知识，不是工程技术知识，知识的概括程度高于工程技术，它是直接为工程技术提供理论指导的。

(3) 技术科学所研究的是工程技术中带共性的问题，要建立的是工程技术带共性的理论，一门技术科学适用于多门工程技术。

如果全面理解钱学森的现代科学技术体系学思想，还需补充一点：

(4) 技术科学要以基础科学为理论依据进行研究，同时为基础科学的进一步发展提出问题，提供素材。

总之，居于工程技术与基础科学理论的中间层次，使技术科学能够上通下达，左右逢源，呈现出显著不同于其他两个层次的特点。基于这一点，钱学森曾在某处讲过技术科学更具有辩证性。1978 年以后，钱学森的系统科学研究始终是按照他的现代科学技术体系学思想进行的，包括依据此四条来考察系统科学的各门技术科学。本章将对他在这方面的论述加以梳理和评析。

7.2　钱学森与控制论

在系统科学的众多领域中，钱学森做过具体研究、并取得重大成就的是控制论。维纳的《控制论》既有可以直接应用于工程技术的内容，也有属于基础科学层次的理论思考，还包括一些深刻的哲学观点。维纳的著作提供了全新的科学理论生长点，钱学森置身于航空航天工程技术发展最前沿的经历，使他熟悉航空航天领域调节控制系统研究的进展和问题，积累了丰富的经验材料。这两方面在钱学森头脑中发生碰撞，必然要产生新的科学思想。深谙技术科学的钱学森把维纳著作中“能够直接用在工程上设计被控制系统或被操纵系统的那些部分”提取出来①，依据科技界已积累的经验材料，加以理论提炼和概括，写出著名的《工程控制论》，其中大量经验事实取自航空航天科技的研制工程实践。钱学森由此被公认为工程控制论亦即系统科学一个重要分支的创建者。工程控制论把原有的伺服系统理论提高到一个全新的水平，直接为现代控制理论奠定了基础。这足以看出钱学森的系统思想在 20 世纪 50 年代已经达到怎样的高度。

关于工程控制论的学科性质，1954 年写的原版序中已经明确地界定为技术科学。在 1957 年写的《工程控制论简介》一文重申了这一观点，但在开头又写下这样一段话：“工程控制论是一门为工程技术服务的理论科学。它的研究对象是自动控制和自动调节系统里的具有一般性的原则，所以它是一门基础科学，而不是一门工

① 钱学森. 工程控制论(新世纪版). 上海：上海交通大学出版社，2007：英文版序.

程技术”①。这就可能引起混乱。例如，有人在20世纪90年代据此而断言工程控制论是基础科学，是系统学的起点。这显然是误解。20世纪50年代的钱学森还没有现代科学技术体系的概念，他当时讲的基础科学并非他的现代科学技术体系中的基础科学，即不是作为技术科学理论依据的基础科学，而是为工程技术提供理论根据的学科。钱学森强调的是工程控制论属于工程技术的理论基础，而不是说工程控制论属于在学科层次上高于技术科学的基础科学。

《工程控制论简介》这篇短文内容颇为丰富，除了有关工程控制论如何发展的许多技术性见解，还有若干颇有价值的科学新思想。其一，指出反馈是工程控制论最主要的概念，并给出新的解释，其理论性逊于维纳，而工程实用性优于维纳。其二，重申技术科学的定义，界定成“为工程服务的理论科学”，显然不是他后来所说的基础科学。其三，以工程控制论为例，指出科学理论的发展应该以实践经验为基础，只有从控制系统在工程技术中被广泛应用的实践中取得丰富经验，才有可能发展工程控制论。这是一种科学学观点，显然是他回国后学习马克思主义哲学的结果。其四，阐释了控制论与工程控制论的区别和联系：“控制论是更广泛的一门学问，它不但是工程技术里自动控制和自动调节系统的理论，它也包含一切自然界的控制系统，像生物的控制系统。所以反过来说，工程控制论就是控制论里面对工程技术有用的那一部分，它是控制论的一个分支”。其五，尤其重要的是发展了原序中关于控制论不同于自然科学的观点：“这里是专门研究什么控制什么、什么影响什么的，这里特别注重的是一个元件、一个部分同另一个元件、另一个部分之间的关系。所以工程控制论里面的最主要的概念是物件之间的关系，我们可以把工程控制论叫作‘关系学’。这也表明了工程控制论的内容必定同其他工程技术的理论有很大的区别，在其他工程技术里面，我们最注重‘力’、‘能’、‘功率’、‘速度’、‘加速度’、‘温度’，等等，而这些东西在工程控制论里都不占主要的地位”②。工程控制论及各种控制论，研究的是事物的关系，它们都是一种“关系学”，钱学森的这个认识是相当超前的。到20世纪晚期，人们逐渐明确了系统科学对科学思想的重大变革，在于标志着科学从实物中心论转向关系中心论。而钱学森提前近半个世纪已经有了这种思想。

不妨对维纳的《控制论》和钱学森的《工程控制论》作一比较。维纳写书时还没有系统科学这一概念，他并未意识到自己研究的是系统科学的一个领域。在谈到《工程控制论(修订版)》时(1983)，钱学森说：“我在写前言的时候，我对系统科学的这些看法还没有建立起来”③。事实上，当时仍然没有系统科学的说法，自然也没

① 钱学森. 工程控制论(新世纪版). 上海：上海交通大学出版社，2007：293.

② 钱学森. 工程控制论(新世纪版). 上海：上海交通大学出版社，2007：296，294.

③ 钱学森. 人体科学与现代科技发展纵横观. 北京：人民出版社，1996：107.

有意识到他的研究属于系统科学。但两者相比，维著的系统思想不大明显，他的核心概念是控制和反馈，系统概念无关紧要。钱学森研究的是系统控制，系统思想体现得相当明显，系统是该书的必要概念之一，核心概念是系统控制，全书逻辑框架就建立在对系统分类的认识之上。维纳研究的是一般的控制问题，很大程度上属于基础科学层次；钱学森研究的是自动控制系统，冠上"工程"二字十分确切。钱学森后来说："控制论，它是把这个系统变成完全自动化的一个系统来考虑的"(355页)。这里说的控制论，其实仅仅是工程控制论。钱学森自己后来也说："控制论仅仅是系统科学里的技术科学那一层次的一方面的工作"①。它对应的工程技术是控制工程，而不是系统工程。而维纳的《控制论》不完全服务于机器自动化，它的研究对象包括社会、动物躯体等系统的控制问题。

《工程控制论》对系统科学(主要是对系统控制理论)的影响大体有两个方面：一是开了部门控制论研究的先河，在它之后又出现了生物控制论、经济控制论、社会控制论等分支；二是由于成功地引入数学方法，成为 20 世纪六七十年代风靡一时的现代控制理论(modern control theory)的起点。在一段时间内，控制科学前沿的学者常常标榜自己研究的是 control theory，而不是 cybernetics，却不讲与工程控制论的区别，从侧面反映了钱学森《工程控制论》的影响。当然，这种看法有片面性，对维纳的深层思想领会肤浅。20 世纪 80 年代之后人们开始认识这种片面性，重新回到维纳的著作中寻找思想启迪。后来随着信息网络兴起而提出的概念 cyberspace，从新的角度显示出维纳思想的深刻性。

国外学界如何评价钱学森的《工程控制论》？仅举一例。斯坦福大学的伦博格教授这样讲："钱先生的那本书，在当时的自控界要领先至少十年"②。此书后来被翻译为多种文字出版，足以表明伦博格的评价是中肯的。

钱学森在控制论方面另一个不可忽视的贡献，是回国后为祖国培养了一批控制论人才，他们是最近半个多世纪以来中国控制科学及其实际应用的中坚力量。其中的杰出代表是宋健，在钱学森直接指导下从事现代控制理论的前沿研究。当时《研究与学习》上常有他的大块理论文章发表。钱学森深知理论的重要性，洞悉"工程是跟着理论走的"这一科技发展趋势③，在国际现代控制理论蓬勃发展的形势下，我国也不能落后。所以，他支持和指导宋健从事控制科学的理论研究。宋健也不负钱学森所望，终于成为国际控制科学界的知名学者。《工程控制论(修订版)》就是在他主持下完成的，受到钱学森的充分肯定。

---

① 钱学森. 人体科学与现代科技发展纵横观. 北京：人民出版社，1996：107.

② 许国志. 我对钱老的学术思想的几点体会. 系统工程理论与实践，1992：9.

③ 王文华. 钱学森实录. 成都：四川文艺出版社，2001：31.

7.3 钱学森与运筹学

从我们接触到的资料看，钱学森本人没有从事过运筹学的具体研究。但运筹学属于他所青睐的技术科学是很明显的，最先建立起来的军事运筹学原本就同他在美国从事的尖端武器研制密切相关，西方学界这方面的动向对他并不陌生。所以，说钱学森在运筹学诞生的20世纪40年代已经留意到这门新学科，如此估计当无错误。据钱学森在美国时的博士生郑哲敏回忆，1954年他准备回国时钱老师曾经嘱咐他："你回国后，要极力宣传两件事情。一是运筹学，希望你和清华大学的钱伟长教授说一说。这个学科美国也刚刚开始研究。一个社会主义国家，在如何进行科学管理，加强计划性方面，运筹学起着重要作用。另一件是要讲力学对发展国民经济的重要作用"①。可贵的是身在美国的钱学森已经提高到从两种社会制度的比较中思考新中国科学技术的发展，自觉地按照社会主义原则思考和处理问题，确实眼界不凡。有了这样的思想基础，回国后的钱学森便迅速融入新中国的主流。

在回归故里的途中，钱学森结识了同船回国的数学家许国志，他们在航行于太平洋的"克利夫兰总统号"油轮上畅谈，刚刚挣脱美国"准囚犯"待遇的钱学森，当时的心情不难猜度。他们一起设想各自回国后的工作，交流对运筹学的认识，肯定了"搞这个东西对促进战事（指第二次世界大战）很起作用"，进而分析预测运筹学在中国的前途，形成"对社会主义国家这个东西很重要……社会主义国家不是乱来的，所以要运筹"的共识②，并商定在力学所建立运筹学研究室，由许国志主持。此设想很快成为现实（1956），以此为起点，运筹学后来在中国获得快速发展。这是钱学森对中国运筹学的建立和发展所作的第一项实质性的工作。钱学森在15年后回忆说："运筹学在我国的发展始于1955年，那时，这样一个认识已经形成：我国有计划按比例的经济建设十分需要运筹学"[42页]。钱学森无疑是我国运筹学事业的开创者之一。

钱学森对运筹学发展的第二项贡献是理论方面的，即厘清运筹学与系统工程的关系，明确运筹学的学科性质、内容和归属。运筹学的任务是给系统工程建立数学模型提供理论和方法。它分门别类地研究运筹决策问题，如规划问题、排队问题、库存问题、更新问题等。这些亚学科所研究的都是特殊的系统问题，应用的都是系统观点和系统方法，却并不言明这一点，不能不说是一个缺陷。所以，发展到20世纪70年代末，钱学森认识到"应该回到系统这一根本概念"，运筹学是系统科

---

① 祁淑英，魏根发. 钱学森. 石家庄：花山文艺出版社，1998：224.

② 姜璐. 钱学森论系统科学（讲话篇）. 北京：科学出版社，2011：143.

学的一部分，规划论、排队论、库存论等都是特殊的系统理论，它们的共同点是强调整体观念——系统科学最重要的观点。

钱学森对运筹学发展的第三个贡献，是判明运筹学仅仅是技术科学，理论概括的层次还不够高，它需要从更高的基础科学中获取思想指导，同时为基础科学提供进行综合概括的素材。这在一定程度上也是对当时国际上有关"OR 向何处去"争论的一种回应：OR(运筹学)的一个发展方向是向基础科学层次提升。

发展航天科技中的组织管理是一项复杂繁重的工作，需要运筹学的知识。钱学森在刚刚成立的国防部第五研究院宣传运筹学和系统工程，用来解决导弹火箭研制中的组织管理问题。如他后来所回忆的，当时对运筹学、系统工程等理解不多，仅仅是感到有那么些事情要干，就赶紧学一点，用来解决实际问题。这一过程使他获得可贵的实践经验，尽管没有提出运筹学的新概念、新原理、新分支，却从科学技术体系学的高度对运筹学的学科性质、发展方向等有了超越国际运筹学界的新认识，为钱学森在 1978 年对运筹学进行科学学考察的工作奠定了基础，同时也对中国运筹学研究、科研队伍建设起到促进作用。这种考察取得的认识成果，不仅在于厘清运筹学与系统工程的层次差别和联系，重要的是指明运筹学研究的不是物理，而是事理，运筹学不是关于物理的科学理论，而是关于事理的科学理论。"相当于处理物质运动的物理，运筹学也可以叫做'事理'"[7页]。

钱学森有关运筹学的探索，其意义不仅在于运筹学本身。从后来的发展看，尽管钱学森在控制论领域的骄人成就是运筹学方面不可比拟的，但运筹学对他的系统科学思想的影响整体上要大于控制论的影响，钱学森自己说他的系统学概念的起源与运筹学直接相关，没有讲过系统学起源于控制论。仔细评阅他晚年有关系统科学的论述，可以清楚地反映出运筹学的影响越来越大于控制论的影响。

7.4 钱学森与事理学

中国传统文化中有物理和事理两个概念，一向颇受重视，有"细究物理"和"通达事理"等说法，极富智慧，却没有转变为科学思想，没有探究如何实现它们的科学方法。现代科学早已把物理变为科学概念，建立起极具理论和实用价值的物理学。而事理仍然处于科学技术的视野之外，即使系统工程和运筹学已经成为热门学科之后，情况仍然没有改变。系统工程专家和运筹学家都没有明确意识到自己面对的是不同于物理的事理问题，自己所从事的研究是不同于自然科学的事理学研究，所发展的是关于事理的科学技术。这在一定程度上反映出科技界对这两个新兴学科的本质理解得还不够深、准。

1978 年，钱学森、许国志、王寿云合写的那篇宏文中第一次把"事理"引入学术论文,事理从此成为中国系统科学的一个概念。在给《事理学纲要(第一卷)》一书作者甘华明的回信中,钱学森指出:"'事理学'一词是许国志中国系统工程学会理事长于1978年10月北京系统工程学术讨论会上提出来的,当时是作为系统科学基础理论学科的一个可用的名称"[7-061]。这就是说,第一个悟出事理一词之科学含义的人是运筹学家许国志,但他们那时把事理学当做系统科学的基础科学属于认识混乱,后来才放弃这种理解。

什么是科学意义上的事理?在1978年的那篇文章中,钱学森等以工厂管理为例,对人类社会无处不在的事理系统做了技术科学层次的分析[4页],要点是:

(1) 工厂是由人、物资、设备、财、任务和信息六要素构成的系统。

(2) 六要素在系统中不断流通,可以归结为人的流通、物的流通和信息的流通,通过人流、物流、信息流来实现组分之间、分系统之间的相互作用、相互依赖,确保系统成为有机的整体。

(3) 信息反馈是事理系统的一个重要属性,任何一个决策或多或少牵涉信息反馈,信息反馈失灵就会导致管理混乱。

(4) 人、物资、设备、财、任务和信息六要素都要满足一定的制约,系统是在一定制约条件下运作的,现实的事理系统都存在制约,人是在受约束的环境中办事的,在既定约束条件下追求结果的优化,是处理事理问题的行为准则。

(5) 从工程实践和经济管理的历史发展看,事理系统中的信息最初是存放在实践者(如泥瓦匠)头脑中无形的东西(没有有形载体的信息),随着工程和经营管理的对象越来越大、越来越复杂,信息逐步走向有形化,出现蓝图、操作程序、时间表等,生产自动化,特别是社会信息化,促使信息成为影响系统行为特性的重要因素,信息管理逐渐成为经营管理的中心课题[4页]。

人世间有不同的事理现象和事理运动,战争就是其中的一个,军事科学是一类事理科学。按照辩证唯物主义观点,一切事理运动都是有规律的,而且是人可以认识的。由英国开始的军事运筹学就是把战争作为一种事理运动进行研究的,军事运筹学是一门事理科学,只是人们长期没有悟出这个道理。许国志不仅提出这个概念,而且首先给事理以系统的专题论述,指出:"物有物理,事有事理",又指出,"把一件事尽量做好,一件事优化,这是事之常理"①。他在另一篇文章中指出:"物有常规,事有定理,这些基本规律可以称为事理"②。这应该被看做事理学的基本原理,或基本假设。他的这些观点得到钱学森的充分肯定。应当说,钱学森和许国志是事理学概念的实际提出者。

在1978年的文章中,钱学森等从事理的角度对运筹学的现状和未来作了这样

① 许国志.论事理//系统工程论文集.北京:科学出版社,1981:12.

② 许国志.从运筹学到系统工程//科学家谈系统工程.北京:科学普及出版社,1981:6.

的评判:“作为‘事理’,运筹学还是一门年轻的科学,其整个发展也只才 30 多年,比不上物理学的几百年的历史。因此运筹学还很不成熟,很不系统。上面所举的运筹学各个分支也只能看做是将来‘事理’这门科学的组成材料,还有大量的研究工作要做,使它更加系统、更加严密、更加完整”(7页)。这是对“OR 向哪里去”问题的另一种回答:向事理学前进,对事理现象以更加系统、更加严密、更加完整的理论描述。

受钱学森和许国志的启发,张锡纯于 20 世纪 90 年代后期出版了《工程事理学发凡》一书(后来又有《二熵——源事理》一书问世),系统地阐述了他对这门新学科的理解。这是一本事理学专著,重点是工程事理学。作者评析了钱学森、许国志两位名家有关事理的论述,谈了自己对事理概念的诠释,提出源事理等概念,指出把事理只限于优化和定量的事情有片面性。张教授建议:“如果把事理研究改称事理学,与运筹学分开来,独立发展,真正去研究形形色色事情的办事道理和规律,也不限于把事情办好的所谓‘优化’的道理”。他还按照钱学森现代科学技术体系学思想给事理学以这样的界定:“顾名思义,事理学应是研究办事规律的一大类技术科学。它只求说明世界,不从事改造世界,所以不属于工程技术台阶,也不属于基础科学台阶,因为它不追求去说明各个领域都起作用的规律。它既把数理和算法留给运筹学,着重研究各种事情的逻辑关系和经验总结,就成为一门既介乎社会科学和自然科学之间,又需应用其他部门学科的经验、知识和理论,所以应该是一门综合性学科。由于事理总是在一定的系统范围内产生的,它必须面向各类系统,又着眼于特定系统,所以它应属于系统科学这一大部门的技术科学台阶,与运筹学并列”①。我赞同张教授的基本观点,认为符合钱学森系统科学思想的基本精神。他的书是迄今论述事理问题最好的著作。

在阅读张锡纯《工程事理学发凡》的初稿后,钱学森给他回了封长信,对控制学、运筹学、信息学、事理学给以统一的界定。我们这里关注的主要是他通过比较对照给两个学科做出这样的界定:“运筹学,那是在一定外部规范及信息条件下,使系统取得最佳运行的学问”;“事理学,那是专门研究系统内部各种运行的条件和法律、法规,目的是使系统运行优化”。钱学森还进一步指出:“运筹学和事理学都是利用环境以求最佳效益,不同之处在于运筹学是即时效益而事理学是长期的效益。对一个系统的多次运筹考虑后,也自然会发现事理学性质的启示”。明确提出“利用环境”的思想,这在系统科学界是首创。张教授对此信的评价是:“钱先生高瞻远瞩,从系统工程的优化着眼,统一解释了这四门技术科学的学科任务,是对事理研究的更高要求。钱先生的回信,不但肯定了事理学这门学科,而且确定了事理学在他所首创的科学技术体系框架中的地位,指出了它的研究侧重点和任务”,“这段论

① 张锡纯. 工程事理学发凡. 北京:北京航空航天大学出版社,1997:41.

述从效益比较上把事理学的作用提得更高了”(《工程事理学发凡》前言)。他的《工程事理学发凡》就是他根据自己对钱学森回信基本精神的理解,加上他的发挥而写成的。不过,这里要纠正此书中的一个不确说法:最先提出“事理学”一词的并非本书作者,而是宋健(许国志的著作也没有使用事理学一词)。宋教授说,“事理系统工程的理论基础叫做‘事理学’,它包括运筹学、控制论、规划论等新兴的理论学科”①。他把事理系统又称为事物处理系统,把事理系统工程又称为事物处理系统工程。

需要指出,复杂的事理问题实际上不存在最优解,应该追求的常常是司马贺所说的令人满意解。在一些特殊情况下,连令人满意解都不存在,只能采用可以接受的解。六十年前的朝鲜战争是中美关系中的一件大事,美国最后接受了在“三八线”上停战的解决方案,就是不满意但可以接受的解。有时还以被迫接受解来结束一件事。鸦片战争以签订《南京条约》来了事,对于中国就是被迫接受的解。在人类历史上,一切城下之盟都是以弱方被迫接受解来了事的。最优解、次优解、令人满意解、可以接受解、被迫接受解,构成事理问题解的层次序列。这种情形在个人的现实生活中也不罕见。

20 世纪 90 年代,同样是在钱学森、许国志的工作基础上,顾基发等提出人理的概念,以“懂物理,明事理,通人理”为基本理念,形成所谓“物理-事理-人理方法论”②,也是中国系统科学界 20 世纪在技术科学层次上的一项成果。

还要提及一点,中国文化有关事理的内容很多,而且极具人生智慧。“事理看破胆气壮”一语富含哲理,很受钱学森喜爱,常常用来鼓励他的学生和合作者。“世情疏后道情通”,“世事如棋局局新”,“事在人为”,“事不过三”,等等,都包含丰富的事理学思想,有待应用现代科学思想加以挖掘,使之转化为事理学的构筑材料。

7.5 钱学森与大系统理论

所谓系统的规模,通常指系统组分和分系统的数量,有时也涉及系统的空间分布范围。商家讲企业要做大做强,做大指的就是企业系统的规模要足够大,才能获得应有的总效益。系统的整体涌现性与其规模有关,规模不够大,系统的整体涌现性就会受到影响。但“大有大的难处”,系统规模过大则运转不灵,可靠性不够,管理费用过大,对系统整体涌现性造成负面影响。规模是影响系统属性和行为的因

① 宋健. 领导工作科学化和自动化的参谋部——事物处理系统工程//科学家谈系统工程. 北京:科学普及出版社,1981:19.

② 顾基发,唐锡晋. 物理-事理-人理系统方法论:理论与应用. 上海:上海科技教育出版社,2006:8,9.

素之一，研究系统不能不考虑它的规模。

规模大小是系统的一个定量特征。早期的系统科学研究的基本是小系统，控制论研究的自动控制系统，运筹学研究的企业经营管理，都属于小系统。所以，早期的系统科学著作没有按照规模进行分类，钱学森的《工程控制论》就是这样的。但量的变化可能引起质的变化，系统规模的变化也可能引起系统的性质改变，故随着系统科学的发展，逐步认识到需要按照规模大小对系统进行分类。到 20 世纪 60 年代，由于系统科学应用范围的急速扩展，出现了小系统和大系统的划分，有些学者还考虑中等规模系统。显然，按照规模给出的系统分类具有模糊性，小系统与中等规模系统，中等规模系统与大系统，都没有精确的分界线。德林尼克曾试图给按规模划分系统以精确的描述。他假定一个系统的规模用参数 N 表示，代表分系统或变元或其他要素的数目。如果 N 很大，甚至 N 被看成无穷大时，就称它为大系统①。这显然不科学，“很大”是一个极其模糊的用语，判别标准是什么？他没有也无法给定精确的标准。

20 世纪 70 年代大系统研究走向高潮，形成所谓大系统理论这一系统科学的新分支。钱学森接受了大系统概念，在宋健主持的《工程控制论(修订版)》中专列一章讨论大系统问题(第 21 章)。他们把常见的大系统划分为 12 类，“多数是大范围内的问题，即从地理上看，需要从各地区、各部门采集数据，经加工处理后，由某些级别的机关(控制中心)进行分析和做出决定，然后返回到这些地区和部门去执行(反馈)”。所以，“从工程控制论的观点去研究大系统的特点，可以概括为三点：信息的采集和处理、系统的多级结构模型和集中与分散的控制方式”②。实际上，这里讲的大系统也包含了后来讲的一些巨系统和复杂巨系统。

涂序彦是新中国早期培养的控制论学者之一，从 20 世纪 70 年代开始研究大系统控制论，发表了《大系统理论及其应用》(1977)等文章。1985 年在北京钢铁学院召开的“系统科学与优化技术”学术讨论会上，钱学森针对涂教授讲的“大系统控制论”作了发言，较为系统地表达了他的大系统观，可归纳为以下几点：

(1) 研究大系统控制论十分必要，因为我国社会主义建设的实践中许多问题都涉及大系统控制论。

(2) 大系统控制论属于系统科学的技术科学，是控制论的组成部分，是对控制论的一个发展。

(3) 在解决大系统的系统工程问题时，要注意利用不能称为“科学”的人的知识和经验。他说：“我非常赞成涂序彦教授提出的，在解决大系统的系统工程问题时，直接引用一些经验的知识，利用专家系统的办法，这在控制论中是一个突

---

① R. F. 德林尼克. 八十年代大系统理论展望. 北京：科学出版社，1981：236.

② 钱学森，宋健. 工程控制论(修订版). 北京：科学出版社，1981：850.

破”(300页)。这显然是后来提出的复杂巨系统方法论思想的萌芽。

(4) 作为一门技术科学,大系统理论的目的是为了联系实际,解决实际问题。这就必定出现交叉科学,要运用大系统控制论及其他学科的理论,建立国家宏观社会经济模型,理论联系实际,为国家现代化建设做贡献。

(5) 大系统理论是技术科学,还应该接受系统科学的基础科学——系统学的指导,要研究耗散结构论、协同学、超循环理论等,它们对大系统控制论会有启发的。

(6) 搞大系统理论的人要与物理学家合作,交换意见,吸取营养,打开眼界。

(7) 要搞清大系统与巨系统的区别,大系统控制论是不能解决巨系统问题的。

关于大系统的特点,钱学森后来还指出:“我们特别要从系统学理论上指出,大系统在变化非常快时会出现许多变化不协调的现象。这个问题是很有意义的”①。钱学森这里讲的大系统,实际上是他后来说的复杂巨系统。

7.6 钱学森与信息论

按照作者的理解,信息论(特别是申农的通信理论)不属于系统科学,应该有一个专门研究信息的科学技术大部门,叫做信息科学,作为现代科学技术体系的第12大部门。钱学森曾经考虑过要不要把信息科学作为一个独立大部门的问题,并且说:“我也会变,将来如果事实说服我有信息科学有关的部门,我也会认错”②。但他生前始终没有接纳信息科学。不过,既然钱学森把有关信息的理论研究界定为系统科学的一门技术科学,作为研究钱学森系统科学思想的著作,本书还是专列一节梳理和评析他的一些观点。

关于信息的科学理论,学界早期一般都称为信息论。钱学森早先也曾接受这一称谓,并就此做过这样的论述:“我是把信息论作为系统科学中的技术理论学科,居于工程应用之上,但又在系统学这一基础理论学科之下。这是因为今天的信息论都发生于 Shannon 的工作,而那是通信技术的理论;所以信息论实是通信道的设计理论,并未涉及信息的根本问题:信息是什么?”(4-501)这一段内容丰富的话由两句构成,我们先分析前一句。他意在指明信息论的学科性质及其在系统科学体系中的位置:在11大部门中,信息论属于系统科学,是技术科学层次的学科,介于工程技术和基础理论的中间。

对于学科命名,钱学森后来提出一个原则:技术科学和基础科学层次上的学科

---

① 钱学森. 创建系统学(新世纪版). 上海:上海交通大学出版社,2007:36.

② 戴汝为. 社会智能科学. 上海:上海交通大学出版社,2007:198.

称“学”，桥梁层次(哲学分论)的学科称“论”。由申农开始的关于信息的科学理论称为信息学，并给出这样的定义：“信息学，那是专门研究系统成员之间的信息网络建立与优化”①。这个定义有两点要注意，一是再次强调了信息学(即早先讲的信息论)的技术科学性质，二是突出了信息学属于系统科学的性质，规定它的学科任务和特点。这是一个学术文献中尚未见过的提法，显然不适用于申农的信息理论。系统科学需要关于信息的科学理论，但不是申农那样的信息理论，而是“专门研究系统成员之间的信息网络建立与优化”。显然，这样的信息学属于技术科学。在自动控制系统中，系统成员就是构成系统的那些自动元件，如传感器、比较元件、放大器、执行机构、校正元件、反馈元件等，论述这些成员之间信息网络建立与优化的理论确实没有建立起来。在企业管理之类事理系统中，成员常常涉及人或群体(社会单位)，其间的信息网络建立与优化问题更复杂，这样的信息学也没有建立起来。

上面所引那段话的后一句话包含丰富而深刻的内容，需要挖掘。与之相近的还有这样一段评论：“我对现在流行的所谓‘信息论’是有保留的。C. Shannon 的理论原来并没有什么宏图，只想为通信道的设计提供一个计算方法。后来人们以为顺着 Shannon 的路子就能建立起信息学，以至信息哲学的信息论，那是太乐观了。所以结果也是可悲的，说不清楚什么是信息！现在只有信息工程技术，还没有信息学，也没有信息论”[4-281]。从这两段论述中可以读出钱学森对信息科学的一些重要看法：

(1) 现代科学关于信息的科学研究都发源于申农的工作，它是七十多年来信息研究的生长点；

(2) 申农建立的是通信技术的理论，主要是通信道的设计理论，不是基础理论；

(3) 由于申农理论属于技术科学，顺着他的路子不可能建立起作为基础理论的信息学；

(4) “信息是什么”是信息研究的根本问题，申农信息理论并未涉及这个问题，也没有给出解决问题的思路。

这四点完全正确，应成为学界的共识。但钱学森的这两段论述也有一些值得商榷之处：

其一，对申农理论评价太低，他的理论贡献和对学界的影响不比维纳理论差，只不过研究的领域不同，维纳属于系统科学家，申农不属于系统科学家，而是信息科学家。分子生物学就从申农信息论受到启示。在系统研究方面，钱学森赞扬的哈肯和艾根都从申农信息理论受到启发。

其二，信息工程技术是信息科学的应用技术，申农信息理论是它的理论依据，

---

① 张锡纯. 工程事理学发凡. 北京：北京航空航天大学出版社，1997：前言.

属于技术科学。申农原著的题目是《通信的数学理论》,显然不是工程技术,而是科学理论,而且是定量化的理论。“现在只有信息工程技术,还没有信息学,也没有信息论”之说不符合事实,正确的说法应该是系统科学还没有信息学,也没有桥梁层次的信息论。若把信息科学作为独立大部门,它的工程技术、技术科学和哲学分论都已不是空白,缺的是基础科学。

其三,关于信息的科学理论也应该分为两个层次,钱学森所说的信息学是技术科学还是基础科学?他本人未加区分,因为信息科学不是他关注的重点。

但钱学森在不同场合发表过一些有关信息问题很有价值的看法,这里介绍一二。

“我觉得信息这个概念现在要好好地研究。我是不怪申农的,申农是一个很有成就的科学家,他也没有说他来解决什么信息产生的问题,申农当时搞这个理论,就是为了解决一个通信道的问题,他用一个方法可以计算通信道里面信息的流量。至于流过去的是什么信息,他从来没有考虑”①。这一评价是公允的,申农的理论属于技术科学,而且主要研究通信问题。但他从通信角度回答了信息是什么的问题——信息是通信中消除了的不确定性,这是很有意义的。钱学森要求在通信以外的广阔范围研究信息,回答信道中流过的究竟是什么的问题。这就涉及基础科学和哲学的信息研究,意义重大,超出了申农理论。

钱学森把有关信息的科学技术划归系统科学和思维科学,他谈论较多的是系统科学中的信息问题。钱学森重视建立系统科学的信息理论,称为信息学,给出这样的定义:“信息学,那是专门研究系统成员之间的信息网络建立和优化”②。这样的信息理论是典型的技术科学,太过狭窄,不仅不能用于思维科学,就是系统科学也不够用。

从技术科学层次看,系统中的信息总是与控制联系在一起的,信息运作服务于对系统的控制。钱学森说:“在系统中,当然包括了控制的概念、信息的概念。因为是个系统,它就不是分割的,而是有层次的、分部门的。层次之间、部门之间要相互影响,当然要通过控制,通过信息。最根本的概念是系统”③。系统的不同层次之间、不同部分之间通过控制和信息来相互联系、相互影响,从而成为一个不可分割的整体。他还说:“在组织一个大系统的过程中,系统内部的信息传递是个非常重要的问题,信息的准确程度对整个系统的功能关系极大”(142页)。对于系统来说,信息是组织力,系统内部信息传递过程就是系统的组

---

① 钱学森.创建系统学(新世纪版).上海:上海交通大学出版社,2007:12.

② 张锡纯.工程事理学发凡.北京:北京航空航天大学出版社,1997:前言.

③ 钱学森.科学的艺术和艺术的科学.钱学敏编.北京:人民文学出版社,1994:118.

织过程。要求信息有足够的准确度,准确与否对系统功能关系极大。这是典型的技术科学家的思维。

钱学森还常常把信息概念应用于更具体的实际问题中,从中再提炼较一般的信息原理。如读了任继周论草业的文章后,他致信说:"您也引入了系统的概念和信息的概念,它们是相辅相成的。一切大规模的活动都离不开系统和信息",强调"信息在这里就非常突出"(8-419)。又如说:"在证券管理中要用'信息隔离制'。这是说:在社会系统中,为了达到宏观目的,信息流要有通也有隔,不能任其流动"(9-093)。系统与信息相辅相成,信息流动中通与隔的辩证关系,这些提法有助于深化对信息的认识。

第8章 钱学森与系统学

晚年钱学森在系统科学领域的工作，最引人注目的是创建系统学的努力。按照钱学森的科学技术体系学思想，不应该就系统学论系统学，而应该在系统科学的整体框架(整体结构)内看系统学；仅仅在系统科学框架内谈系统学也不够，还必须把钱学森创建系统学和他几十年来梳理和建构现代科学技术体系的努力联系起来，才能真正理解提出创建系统学这个科学任务的历史背景、系统学的学科意义、建立系统学的困难。

8.1 系统学概念的形成

钱学森的系统学概念有个曲折的形成过程，总的来说是他按照现代科学技术体系学梳理系统科学体系结构的产物。1957 年的文章已经把自然科学明确区分为三个层次，体系学的学科层次结构思想相当明确。1978 年的文章厘清了系统工程和运筹学、控制论的层次关系后，他必然要思考一个问题：系统科学的理论概括是否到此为止？以自然科学为范例构筑系统科学体系，控制论和运筹学显然是技术科学，不是基础科学。思维行程至此，必然要问：系统科学是否也有自己的基础科学？如果系统科学有基础科学，它是什么？如何建立这门科学？写于 1978 年 12 月、修改于 1979 年 11 月的《现代化、技术革命与控制论》一文(《工程控制论(修订版)》序)对此类问题已有所回答，明确指出工程控制论、经济控制论、社会控制论和生物控制论都属于技术科学。控制论如何发展？钱学森按照体系学思考此问题，得出的认识是："现在我们如果把这四门技术科学加在一起称为控制论，这样形成的所谓控制论还是一个混合物，没有脱离其本来技术科学的面目；特性的内容多些，普遍存在的共性内容不够突出，能不能更集中研究'控制'的共性问题，从而把控制论提高到真正的一门基础科学呢？能不能把工程控制论、生物控制论、经济控制论、社会控制论等等作为是由这门基础科学理论控制论派生出来的技术科学呢?"钱学森在此提出控制论继续发展的两条进路：作为技术科学的四种控制论当然要继续发展，但更有科学价值的是上升到基础科学层次，更集中地研究"控制"的共性问题，建立理论控制论。

如果说这个序言所写的仅仅是控制论，那么，它实际上也促使钱学森就整个系统科学的发展作类似的思考。1979 年底他在另一篇文章中明确提出："运筹学会不会引出理论事理学？控制论……会不会引出理论控制论呢？"的问题，答案是"应该承认完全也可能出现理论事理学和理论控制论"，即从运筹学、控制论中"引出更深刻的、潜在的具有普遍意义的新概念"(98、99页)。这里说的理论事理学和理论控制论，是钱学森对系统科学的基础科学最早的表述，代表系统科学基础理论的两个可能分支。此文表明，钱学森建立系统科学基础科学的学术自觉意识至此已经形成。需注意，尽管钱学森一直把信息论作为系统科学的技术科学层次的一个分支，却从未考虑过更集中研究"信息"的共性问题，建立"理论信息论"。个中缘由有待探索。

不过从这篇文章看，钱学森当时的认识还有一些不容忽视的混乱。如说："系统科学是并列于自然科学和社会科学的，是基础科学"(99页)。"并列说"无疑正确，"基础科学说"则不对，因为系统科学还包括工程技术和技术科学。此时的钱学森还没有把系统科学的基础理论称为系统学，他在文章中写道："从系统科学这一类研究系统的基础科学出发，结合其他基础科学，我们组成一系列研究系统共性问题的技术科学；也许这些学问可以统称为系统学；现在的系统学主要是运筹学"(99页)。系统学一词是从顾基发等的文章借来的，他们认为系统学是运筹学的发展，但并非向基础科学的提升，而"是一门新的应用科学"，叫做"现代管理科学"①。把运筹学当做系统学，也是一种认识混乱，但获得一个新词又是收获。

我们曾经说过，1980 年前后的钱学森正在构筑现代科学技术体系，对自然科学的体系结构框架能否推广应用于系统科学等部门还存有疑虑，认识上难免有混乱之处。又经过一年的思考，他才确认自然科学、数学科学、社会科学、系统科学、思维科学和人体科学是现代科学技术体系中当时已经可以确定下来的六个并列的大部门，具有共同的体系框架，即三个层次、一架桥梁的结构。在概要地考察和评述贝塔朗菲、普利高津、哈肯、托姆的基础系统理论研究成果后，钱学森得出结论说："把所有这些成果同运筹学、控制论结合起来，建立一门系统的基础理论科学——'系统学'，看来是不会太远了，而系统科学这一科学技术部门的体系可以建立起来了。这比我以前讲的具体得多，毕竟有了一个系统学的形象轮廓了"(132页)。这篇文章正式确定了系统科学基础理论的名称是系统学，并为系统学勾画出一个形象轮廓，可以看成创建系统学过程的一个重要驿站。几年后回顾自己"从 1978 年以前到现在走过的这条认识道路"时，钱学森得出的"结论就是，创立系统科学的基础理论——系统学已经是时代给我们的任务"②。

---

① 顾基发，周方. 浅谈运筹学与系统学. 航空知识，1979，7：7.

② 钱学森. 创建系统学(新世纪版). 上海：上海交通大学出版社，2007：10.

8.2 系统学的“形象轮廓”

基础科学是一个抽象概念,仅仅指出系统学是系统科学的基础理论,人们还无法想象系统学究竟是什么样子的。钱学森所谓“系统学的形象轮廓”,指的是对系统学的一些具体特点的概略认识,据之可以设想系统学包含哪些内容,有哪些特点,从何处着手建立它。

钱学森的系统学形象轮廓是通过两条路径形成的,其中一条是在根据科学技术体系学观点“建立系统科学的结构体系”过程中发现的(128页)。首先是在分析控制论的学科特性、存在问题的过程中认识到,需要从技术科学层次的四种特殊控制论上升到基础科学层次的理论控制论:技术科学层次的控制科学是分门别类地研究不同性质的系统控制问题,因而多为有关控制的特性的内容;基础科学层次则应集中研究控制的共性问题,阐释普遍存在的关于控制的共性内容。例如,对控制论中有关稳定性的内容进行比较就会发现,稳定性的奈奎斯特判据、罗斯判据是技术科学的内容,李雅普诺夫稳定性理论已经具有基础理论的品格,应该属于基础科学(理论控制论)。同一时期,通过梳理系统工程与运筹学的关系,分析运筹学的学科特性、存在问题,钱学森发现这里也有上升到基础科学层次的需要,提出理论事理学的概念。运筹学或事理学作为技术科学,它们分门别类地研究规划、排队、库存、更新等特殊的事理问题,注重的是不同类事理各个不同的特性问题,所提出的原理、方法普遍性不够。上升到基础科学,则应当集中研究运筹管理的共性问题,阐释普遍存在的事理共性。这些认识中确实包含有系统学的某些“形象轮廓”。按照他的科学技术体系学思想,基础科学是对技术科学进一步综合概括的产物。具体到系统科学,对控制论、运筹学等学科进一步综合概括,即可上升为它的基础科学——系统学。

然而,总体上看,这一条路径有效性不够,至少单靠它达不到目标。钱学森的体会是:“这种提法,只引起我们思索,而没有指明途径,不解决问题”(129页)。申农信息论本质上不属于系统科学,而属于信息科学,它提出的信息定义和基本原理在系统科学的技术科学层次都很少应用,更遑论用到系统学中。要把信息作为系统学的基本概念,需要摆脱申农信息论的框架,但迄今仍然找不到具体实现的可能途径。所以,钱学森后来也讲要“暂时”放弃从信息论中提炼系统学。运筹学是典型的系统理论,但它本质上是静态系统理论,而系统学本质上应该是动态理论,中心内容是揭示系统演化的动力学机制和动力学规律。运筹学十分重视的优化理论,它的技术科学味太浓,对建立系统学意义不大。把运筹学提升到基础科学理论,基本就是一般系统论已经提出的那些概念和原理,故从运筹学到理论事理学的途径尤其不明确。控制论倒是动态系统理论,20 世纪 50 年代后发展起来的现代控制理论,有些内容已具有较为明显的基础理论性质,如能观性、能控性理论。但控制论迄今主要以自动控制系统为研究对象,不包括人的因素,而系统科学应该特别关注社会系统,故系统学要考虑人的因素。至于所谓经济控制论,由于是线性系统理论,不能反映真实的社会经济现象,也无助于建立系统学。

那么,出路何在?钱学森在检讨自己的思想发展过程中,又受到许国志的影响和推动,终于认识到他在 1978 年的认识尚有很大局限性:"我们那时考虑的系统,还只限于人为的系统。自然界的系统,我们没有考虑进去"[①]。也就是说,此时才意识到,自然科学中出现的系统理论还没有被他们注意到。这使钱学森意识到:50 年前贝塔朗菲已经"开始所谓理论生物学的研究,要从生物的整体,把生物整体及其环境作为一个大系统来研究"(129页)。由此发现了另一条路径,就是走出系统科学范围,到自然科学、数学科学、社会科学这个更大的视野中考察。钱学森在这里很快发现,自然科学的一些具体领域在基础科学层次上的系统理论已有相当深入的研究,取得重大进展,它们为描述系统所提出的问题、看问题的视角、所创造的概念和方法等,已经属于基础科学的内容,称得上提供了"系统学的形象轮廓"。钱学森主要剖析了三种系统理论,从不同侧面获得系统学的形象轮廓。

其一是基于生物学发展所提出的一般系统论。贝塔朗菲最先看出还原论的局限性,他的理论生物学研究包含有十分可贵的整体性观点和开放性观点,应该作为系统学的基本观点和方法。贝塔朗菲还强调有序性原则和动态原则,钱学森引用王兴成的文章,把一般系统论的主要思想归结为四条基本原则:整体性原则、相互联系性原则、有序性原则和动态原则。钱学森认为"一般系统论的核心是这后两条基本原则",由于抓住生命是开放系统这一点,一般系统论把"生物和生命现象的有序性和目的性同系统的结构稳定性联系起来"(129页)。这些关于有序性、目的性、结构稳定性的科学阐释,是一般系统论为系统学准备的基本思想,从一个方面给钱学森以系统学的形象轮廓。

其二是耗散结构论。代表系统有序性和目的性的结构稳定性如何产生,一般系统论没有给出答案。普利高津在物理学研究中从平衡态走向近平衡态,又走向远离平衡态,发现非平衡是有序之源,涨落可能导致有序,远离平衡态能够产生耗散结构这种自组织。钱学森评价说:"布鲁塞尔学派的这些成就把理论生物学推进了一大步,使一般系统论的有序结构稳定性有了严密的理论根据。系统自己走向有序结构就可称为系统自组织,这个理论也可称为系统的自组织理论"(130页)。这些观点无疑属于系统学的内容,自组织理论应该是系统学的核心内容。钱学森由此进一步看到系统学的形象轮廓。

其三是协同学。在普利高津工作的基础上,哈肯又综合了托姆的突变论和非

---

① 钱学森.创建系统学(新世纪版).上海:上海交通大学出版社,2007:7.

线性动力学的吸引子理论,形成一种新的自组织理论,他命名为协同学。协同学的基本理论框架可以归结为三个基本原理:不稳定性原理、序参量原理和支配原理,都有严格的数学表达形式。钱学森评价说:“哈肯用统计力学的办法,来解决复杂系统的有序化问题。他严格证明,在一定的条件下,这个有序化的出现,是不可避免的。而且条件是讲得非常清楚的……这就是说有序化这个过去好像很神秘的现象,它的出现,完全是有理论根据的,而且必然出现”(369页)。钱学森还反复说:“我对协同学非常欣赏”,“一看高兴极了”,“冯·贝特朗菲和普利高津不怎么样,真正行的是哈肯”①。甚至还有这样的评价:“协同学实际上就是系统学,他叫协同学”②。协同学更进一步使钱学森看到系统学的形象轮廓。

钱学森至此终于查明,建立系统学有两个理论来源和两条进路:一个来源是系统科学自身的技术科学层次,相应的进路是从技术科学提炼上升到基础科学,属于提升层次的问题;另一个来源是自然科学、数学科学,它们的基础科学层次已经建立起一些系统理论,相应的进路是把这些特殊系统理论提炼转化为普适系统理论,属于在基础科学层次中从特殊上升为一般的问题。前一类学科已很明确,就是控制论、运筹学、信息论等;后一类不止于前面提到的述三种,但当时钱学森还不够了解,需要再作深入全面的调查。所以,从 1980 年起,钱学森通过各种渠道了解国外学术界的动向,查明还有哪些科学理论能够作为建立系统学的素材。用他的话说:“我是一年加一个理论,做点‘催化工作’”(192页)。例如,他在 1983 年 3 月又加上重整化群理论,“希望大家把这个理论吸收到系统学中去”(191页)。钱学森后来把这个过程分为五步,我们列表表示为表 8.1。

表 8.1 为建立系统学做准备的催化工作

年 份	要研究的理论
1979	运筹学、控制论、信息论
1980	增加一般系统论、耗散结构论、协同学
1981	增加超循环论、突变论、博弈论
1982	增加微分动力体系
1983～1985	增加重整化群理论、混沌学、分形几何

1980～1985 年是钱学森为创建系统学做准备的时期,即对建立系统学的必要性和可能性进行学术论证,对国际上相关工作进行调查研究,提炼思想、观点、概念,孕育框架。按照他自己的概括,这个时期又分为七个小阶段(1986)。他在此其间发表了大量论述系统科学和系统学的文章、讲话,又通过书信跟国内学者广泛讨

① 钱学森.创建系统学(新世纪版).上海:上海交通大学出版社,2007:9.

② 钱学森.关于思维科学.上海:上海人民出版社,1986:149.

论，以集思广益。这些文章和讲话大多收集在《论系统工程》一书中，于 1982 年出初版，1988 年出增订本，2007 年出新世纪版。此书对中国系统科学的发展起了巨大推动作用，成为经典著作。

1982 年，钱学森认识到系统学的建筑构件已有很多，可以考虑如何动手了。他实事求是地说，建立系统学“不是我一个人的工作。那首先是世界各国人的工作，再有我也得到许多人的启示、帮助，然后我才也可能认识这些”(371页)。钱学森总结道：“当务之急是把贝塔朗菲、普利高津、哈肯、艾根、费根巴姆、廖山涛以及其他我还没有提到的人的工作收集起来，组织起来，构成系统学。这是当务之急”(372页)。“如果把所有这些工作融会贯通，综合发展，我想建立起系统科学的基础科学——一切系统的一般理论、‘系统学’，将不会是太遥远的事了”(363页)。

8.3　组织研究团队的艰难曲折

系统科学诞生于 20 世纪 40 年代，不同人从不同侧面研究系统，选择他们各自认为合适的名称命名自己参与的研究领域。其结果是，有些相近的名称所指学科内容大不相同，有些研究的内容接近甚至相同却冠以不同的名称，各行其是，相当混乱。到 20 世纪 70 年代，这种混乱局面开始影响系统科学整体的发展，引起关注，一些学者试图清理这一局面。其中，最成功的是钱学森，他按照三个层次、一架桥梁的模式来梳理，给系统科学提出一个清晰的结构框架。填补基础科学层次的空白、建立系统学，这个认识就是此一梳理工作的直接结果之一。

1980 年以前，作为系统科学家的钱学森完全是在工程技术和技术科学层次上工作的，主要接触的是属于工程技术层次的系统工程和属于技术科学层次的运筹学和控制论。所以，他最初设想的系统科学基础理论是建立理论运筹学和理论控制论。1980 年之后，钱学森终于“从系统工程的范围中走出来，在更大的视野中去考察”(129页)，先后接触了一般系统论、耗散结构论、协同学、超循环论、混沌论等主要依托理论自然科学和数学建立起来的系统理论，思想发生重大变化，明确了理论运筹学和理论控制论还不是他想要的系统学，系统学要比它们深刻得多。系统学也不是一般系统论、耗散结构论、协同学等的简单综合。在读了一篇学术论文后，他写信批评作者说：“您这篇文章受国外‘耗散结构理论’、‘协同学等思想的影响太深，跟着人家跑！”①自然，他的系统学更不能跟着人家跑，应该是对所有这些理论融会贯通后的创造性综合集成。“你不把这门学问搞清楚，把它建立起来，你就没有一个深刻的基础认识”②。钱学森后来回忆说，那个时期，他满脑子都是“系统”，

① 钱学森，等. 论地理科学. 杭州：浙江教育出版社，1994：265.

② 钱学森. 创建系统学(新世纪版). 上海：上海交通大学出版社，2007：10.

思考的中心是建立系统学。

在这一大阶段的后期，钱学森开始为建立系统学作组织准备，物色人员和依托单位。起先寄希望于中国科学院系统研究所，以及挂靠在那里的中国系统工程学会。如1983年3月8日对系统工程学会说："我提出请大家考虑，学会是否可以在已有的理论委员会之外，再组织一个从事系统学研究的委员会，把这方面的工作真正开展起来(比如叫系统学委员会)"[192页]。当时正在住院的数学家关肇直对于建立系统学颇为积极，曾经考虑过出院后亲自抓这件事。但由于种种原因，钱学森的期望未能实现。在1992年许国志主持召开的一次关于系统论的研讨会上，我曾询问过许先生，为什么系统所没有组织创建系统学的研究工作。他回答得很实在，大意是：年轻人跟着国际动向走，或者服务于经济主战场，容易得到经费支持，解决职称问题有把握；创建系统学的工作有很大风险，能否成功没把握，如果搞几年无果而终，划不来。这也算是形势比人强吧。

钱学森曾经表示，中国系统工程学会也就是中国系统科学学会，应该抓系统科学各方面的工作。孔夫子说得好，名不正则言不顺，要系统工程学会全面地抓系统科学，多少有点名不正而言不顺，故始终未真正抓起来。但不知为什么，系统工程学会始终没有改变名称。乌杰后来组建了系统辩证学学会，最终改为系统科学学会，但成员多数来自社会科学界，思路偏窄，无法统领全国的系统科学研究与教学。两个学会基本没有联系，这是中国系统科学界的现状，其弊病和原因值得学界反思。

在系统所折羽后，钱学森曾寄希望于北京师范大学物理学系出面组织系统学研究，这从他和当时物理系的系主任、后来的北师大校长方福康的一系列通信中看得很清楚。例如：钱学森在1983年12月13日致方福康的信中说："我总是想建立系统科学的基础科学——系统学，认为素材是有的，而且很丰富，就等着人去把它们组织起来。这种情况我想和我30多年前搞工程控制论差不多……在北京师范大学，条件似乎比我那时的条件要好，能不能就这样建立系统学呢？也许您已经在干了，那就好极了！这是门一日千里的学问，所以希望能听到您那里的好消息"[1-274]。将近一年后(1984年11月21日)，钱学森又致信方福康说："现在中国科学院系统科学研究所又有一点暂时的困难，我看系统科学的基础理论主要要靠您那里了……您那里可多搞系统学"[2-086]。"总想建立"，亟待听到"好消息"，"主要要靠您那里"，这些言辞透露出钱学森的期望多么殷切！

方教授出身理论物理，读书期间是师大物理系有名的"三剑客"之一(另外两位是汪成为和沈小峰)。他是普利高津为中国培养的第一批博士之一，可以说是欧洲自组织学派的中国传人，钱学森自然看重这一点，引为同道，讲话中多次提到方教授的这一学术背景，已成为中国系统科学界的一段佳话。北师大后来成立系统科学系，中国系统科学唯一的博士后流动站落脚于那里，发展成为中国系统科学的重镇之一，首先是方博士的功劳。他本人对系统学也有诸多独到研究，是中国系统科学界的元老级人物。北师大物理系(后来是系统科学系)同普利高津和哈肯都有来往，搞系统学有一定优势。但事实表明，北师大最终也没有挑起这副重担。我没有问过方先生个中缘由，估计也有同系统所类似的考量。

由此可见，即使有钱学森这样的科学大师的号召和带领，有他那样巨大的学术影响力和广泛的人脉，在当时的中国组织力量从事创建系统学的工作也相当困难。从 1980 年起的整整六年中，钱学森创建系统学的设想一直不能落实，他内心的焦急多有流露，须知此时的钱学森已过花甲之年。就在此时，中国科学院自动化研究所的郑应平研究员站了出来，表示愿意挑起这副重担。钱学森得知这个消息，立即于 1985 年 9 月 26 日致信郑应平："听王寿云同志说您准备约集同道讨论系统学，对此我非常高兴。""非常"二字决非虚词客套，六年的等待实属"非常"之长，使他有蹉跎岁月之感。钱学森在信末还诚恳地说："如果讨论会能搞起来，我愿来旁听学习"[2-446]。其后的具体组织过程我不了解，但名声显赫的系统学讨论班在 1986 年初开张，证明这一段的组织工作十分成功。仅就这一点看，郑应平对中国系统科学的发展功不可没。我于 1987 年初开始参加系统学讨论班大班的活动，听说当时的活动经费主要由郑教授的科研经费支出。郑教授 20 世纪 60 年代毕业于北京大学数学力学系，学生时代就有高水平的科研成果。在几年的接触中我从他那里学到不少东西。

8.4　系统学讨论班

1985 年底钱学森终于组成一个关于系统学的研究团队(系统学讨论班小班)，由朱照宣(北京大学数学力学系)、郑应平(中国科学院自动化研究所)、于景元(航天部 710 所)、周政(航天部 710 所)、董镇喜(北京大学数学系)和最年轻的成员姜璐(北京师范大学物理系，方福康高足)组成，都是当时国内学界中年学者中的一时之选，而朱照宣已是知名教授，他们在钱学森指导下着手写《系统学》这部著作。以小班为核心，同时准备举办系统学讨论班大班的活动。1986 年 1 月 7 日大班举行第一次会议，著名老科学家叶笃正、廖山涛等都来参加，可谓盛况空前，在当时的国内学术界十分惹人注目，一开始就产生了很大影响。

我从 1987 年讨论班大班第一次活动起开始参加，除了一次活动因为课程调不开没有参加，一直坚持到讨论班解散。大讨论班起先一周一次，后改为两周一次，再后为一月一次，一直至 1990 年中，总共一百余次。大班活动是自由参加，一次一个主题报告，报告人都是国内科学界工作在前沿的学者，钱学森认为他们的学问有助于建立系统学，便约请来讨论班作报告。以他们的学术报告为主，然后自由发言，最后由钱学森做总结。钱学森许多有影响的观点就是在这种场合下思想被激发而涌现出来的，其中部分讲话已经整理出版。

系统学大讨论班活动的影响不可低估。一则参加人员不计其数，流动性大，有时还有京外学者参加，影响范围极广，参加者大多成为系统科学界后来的活跃人士。二则学术报告的质量一般都高，前沿性强，推动了一般系统论、耗散结构论、协同学、超循环论、突变论、混沌学、分形学等新学科在国内的传播和研究，对于宣传系统思想、推动系统科学发展起了很大作用。我自己在系统科学方面的工作就深受这个大讨论班的影响，至今余晖未尽，本书的写作就同我的讨论班经历分不开。小讨论班是大讨论班活动的组织者和中坚力量，小班成员（朱、郑、于等）还发表了一些关于系统科学的有影响的文章。1986 年以后的数年中，钱学森有关系统科学的新思想主要是依托这个集体的研究活动而提炼出来的。特别地，划分两类巨系统，形成开放复杂巨系统概念，提炼定性定量相结合综合集成法的基本思想，都凝聚了小讨论班六个成员的心血和智慧。将来如写中国系统科学史，这个小讨论班诸君都应该榜上有名。

系统学讨论班大班的活动也存在某些不足，如缺少应有的学术争鸣。每次报告人讲演完毕后的讨论往往形同虚设，没有实质性的学术思想交锋，也就不会碰撞出创新思想的火花。究其原因，一则时间太短，难以展开讨论；二则大家急于听钱学森的总结发言，不少人参加讨论班就是冲着钱学森来的。讨论时如果有人提出可能引起争论的话题，立即就会有人说："别讲了，请钱老讲！"钱学森便开始他的发言，他一说完，讨论会也就结束了，谈不上真正的学术争论。钱学森对此也有看法。他按照社会思维的原理提出建立从定性到定量综合集成研讨厅体系，强调"整个体系的成效有赖于专家们，即人的精神状态，是处于高度激发状态呢，还是混时间状态。只有前者才能使整个体系高效运转。如果是后者，那就难说了"。作为对比，他十分动情地说："您如问我，我最幸福的时刻是：一、在美国 Pasadeng 参加 von Karman主持的 Seminar；二、60 年代末在北京人大会堂参加周恩来总理主持的'中央专委'会议。原因我体会是，高度民主的气氛，所以思想活泼。"系统学讨论班确实不能与这些相提并论。钱学森接着说："前几年我们的每周系统学讨论班就差远了。至于我参加过的国内研讨会就更差了，死气沉沉！"(7-185) 遗憾的是，钱学森在讨论班上并未有意识地培育这种思想活跃、高度民主的风气。如果做到不为尊者讳，我以为在学术民主问题上，钱学森逊于冯·卡门。至于周恩来，那种伟大的人民民主思想作风，实在是前无古人、来者不多的。能够长期在这样的伟大人物直接领导下工作，对于一个科学家是一种难得的历史机遇，钱学森的感慨是发自内心的。

8.5 《系统学》撰写的启动和终结

在已有的各种系统理论中，钱学森除了说过“协同学就是系统学”这样的话，他都不认为别的理论能够算得上系统学，而是把它们仅仅作为构建系统学的素材。钱学森的观点很明确：只有把所有这些学问论融会贯通，综合起来，形成统一的理论，才是系统学。国内一些作者把耗散结构论、超循环论等定位成系统学，不符合钱学森原意，也不符合实际。耗散结构论首先是一种物理学理论，然后才是一种系统理论；熵产生、超熵产生等是它的重要概念，却不是系统学的必要概念。只有把它的物理学“脚手架”拆除，完全用系统科学的语言表述出来，才是系统学的内容。超循环论首先是一种生物学理论，关于生命产生（地球上第一个活细胞产生）的自组织理论，然后才是一种系统理论；拟种等是它的重要概念，却很难进入系统学。只有把它的生物学“脚手架”拆除，完全用系统科学的语言表述出来，才是系统学的内容。即使协同学，哈肯的代表作也多多少少留有物理学痕迹，有进一步提炼的必要。总之，系统学大有工作可做。

在查明建立系统学的可用素材后，真正的创建工作就是撰写《系统学》这部书，系统学讨论班的小班是专门为写此书而组建的。如何写？钱学森说过，要像他当年写《工程控制论》那样，应用所谓框架法（详见 12.5 节），把这些素材融会贯通，安放在框架的适当位置；也就是把它们综合起来，形成统一的理论。通常所谓文章或书稿的写作提纲就是框架，写作过程就是按照框架对素材进行逻辑的整理、剪裁、改造、安置、组织，形成一个有机的知识体系。框架或提纲体现的是学术著作作为系统的整体性特征，特别是它的整体结构。写书是一种他组织过程，整体结构的科学性、可行性是最关键的。这里抄录两份被小讨论班考虑过的《系统学》提纲，可以从中看出作者当时对系统学的整体理解，也可以觅得一些为什么这部书最终未能写出来的线索。

一份是钱学森 1985 年 9 月 26 日在给郑应平的信中草拟的提纲，钱学森称之为系统学“章节的初案”。现抄录如下：

《系统学》章目

一、系统、控制、信息——控制论原理；

二、简单系统；

三、大系统理论(I)；

四、大系统理论(II)，“灰色系统”及经验因素的“专家系统”；

五、微分动力体系理论(I)；

六、微分动力体系(II)，正常吸引子，Kolmogorov-Arnord-Moser 理论，奇怪吸引子；

七、正常吸引子—有序化的统计理论—“协同学”；

八、正常吸引子—有序化的统计理论—“协同学”；

九、正常吸引子—有序化的统计理论—“协同学”；

十、正常吸引子—有序化的统计理论—“协同学”；

十一、混沌；

十二、混沌的统计理论—非整几何(B. M. Mandelbrot：fractal geometgeometry)、鞅及非线性过滤；

十三、混沌的统计理论—非整几何(B. M. Mandelbrot：fractal geometgeometry)、鞅及非线性过滤；

十四、混沌的统计理论—非整几何(B. M. Mandelbrot：fractal geometgeometry)、鞅及非线性过滤；

十五、混沌的统计理论—非整几何(B. M. Mandelbrot：fractal geometgeometry)、鞅及非线性过滤；

十六、巨系统及超巨系统中的层阶结构；

十七、结构及功能的转移……

从(十二)起是探索性的，是正在发展中的，也最难。协同学的那几章不难，已有 H. Haken 的书和文章了。

另一份是小讨论班 1987 年初拟定的提纲。我从张象枢教授处得到提纲的复印件，显然是在讨论班头一年研讨成果的基础上重新拟定的，并未正式公布，现抄录于此，以供参考。

《系统学》提纲(初稿)——供讨论用

第一编　导　论

第一章　系统、系统科学与系统学

1.1　系统的概念、方法与描述

1.2　系统科学体系(系统科学的三个层次)

1.3　系统学的内容及任务(包括分类)

1.4　系统学的研究方法

1.5　泛系方法

1.6　历史的回顾(小字排版)

中国古代的系统思想、贝塔朗菲、米沙洛维奇及其他苏联学者的论述。

第二章　系统和信息

2.1　熵和信息

2.2　开放系统中信息的传递、存储和变换

第二编　系统的描述、性质与控制

第三章　系统的描述

3.1　系统的状态及演化

3.1.1　微分方程、差分方程所描述的系统

3.1.2　非微分方程所描述的系统

3.2　系统的输入与输出(包括灰色系统)

3.3　描述系统的各种语言(小字排版)

第四章　系统的极限行为及稳定性

4.1　李雅普诺夫稳定性(包括稳定性判据、李雅普诺夫指数等)

4.2　输入输出稳定性

4.3　极限集合(包括非游荡集、极限集等概念)

4.4　结构稳定性

第五章　能控性、能观性及实现问题

5.1　系统的能控性、能观性

5.2　实现问题

第六章　系统的统计性质

6.1　随机现象的数学描述

6.2　随机扰动下的系统性质

第七章　反馈与控制

7.1　系统中的反馈机制

7.2　控制原理(一般概念与方法)

7.3　最优化和最优控制(包括运筹学)

7.4　自适应、自学习、自组织

第三编　复杂系统理论

第八章　复杂系统的结构域功能

8.1　复杂系统的层次结构

8.2　复杂系统的多时标尺度及其分解

第九章　微分动力体系

9.1　拓扑方法

9.2　统计方法

第十章　混沌现象与奇异吸引子

10.1　混沌现象的一般描述

10.2　非整几何及奇异吸引子

10.3　混沌的序结构

10.4　混沌的统计理论——过滤与控制

第十一章　协同和自组织过程

11.1　反应-扩散方程

11.2　支配原理

11.3　系统的组织化及有序性

11.4　耗散结构和自组织过程

11.5　超循环理论

11.6　生物进化和自组织

第四编　(题目待定)

第十二章　行为系统(社会系统)

12.1　人是复杂系统

12.2　思维和行为

12.3　模糊性

12.4　博弈过程——人的相互作用

12.5　社会经济过程

第十三章　大型复杂系统的控制

13.1　大系统控制原理

13.2　复杂系统的控制问题

13.3　社会系统的控制问题

13.4　军事系统的控制问题

从两份提纲可以得到以下几点认识：

(1) 基本上囊括了钱学森所提到的可以作为系统学建构素材的各种理论，把这些理论综合起来形成一个统一的理论体系的意图是明确的，钱学森从1979～1986年思考系统学问题得到的想法在提纲中基本都有所反映。

(2) 所涉及的系统问题、所使用的基本概念、所体现的系统思想都来自20世纪80年代世界科学的前沿理论，有充分的科学性、前沿性；

(3) 第二份提纲有强烈的控制论特色，反映了写作班子知识结构的特点，七个成员中四个是控制论专家(钱、郑、于、周)，一个力学家(朱)，力学与控制论的关系也很密切。这就决定了这个写作班子相当程度上是基于控制论来理解系统学的。

(4) 由于尚未区分简单巨系统和复杂巨系统，两份提纲都未真正找到这些前沿理论之间内在的差别和逻辑联系，还做不到把这些理论真正的融会贯通，在相当程度上仍然是各种理论的汇集。因此，即使照提纲写出书来，也很难称为系统学。

(5) 除了优化概念，提纲基本上没有涉及运筹学。这反映了两方面的问题。一是运筹学是静态系统理论，很难从中直接提炼出基础理论的内容，优化是技术科学和工程技术层次上的基本概念，不是基础科学层次上的基本概念。二是七个成员中没有一个是搞运筹学的。反过来看，这也表明所谓系统学从运筹学发展而来的判断缺乏根据。换个说法，系统学与控制论的距离明显小于系统学与运筹学的距离，很难从运筹学提炼出系统学的概念。其实，耗散结构论、协同学、超循环论等系统理论都与控制论有联系，它们的创立者都提到过控制论，却没有提到过运筹学，运筹学是他组织理论，自组织理论很难从运筹学得到启示。

据我的观察，小讨论班在头两年基本上是按照第二份提纲展开工作的。进入 1988 年，钱学森（因而小讨论班）对系统学的认识处于重大转变中。进入 1989 年，由于明确区分了两类性质不同的巨系统，提出定性与定量相结合的综合集成法，钱学森对研究方向和思路做出重大调整，决心把研究方向转向复杂巨系统研究，特别是社会这种特殊复杂巨系统的研究。他在 1989 年 3 月底曾这样说："我也提出一个问题，就是我们这个讨论班怎么办？原来我们的讨论班叫做系统学讨论班，我说就系统学而论，也就到此，也就结束了，我们有了这个认识，这就是系统学能够做的事了。"说得很明确，系统学研究到此结束了，从此往后"我们就抓社会系统"。如何抓社会系统？出于前后相衔接的考虑，朱照宣曾建议改为"社会系统学"，讨论班开始转向"搞社会系统学"。钱学森没有同意，他的理由是，对于社会复杂巨系统的研究，"这个实践现在仅仅是开始，所以我们再讨论社会系统的系统学，这个恐怕讨论不下去。你一讨论必然就涉及社会科学的问题了。实际上研究社会科学，我们这些人研究社会科学行吗，够格吗？我觉得我是不够格"①。这是钱学森系统科学研究史上又一次、也是最后一次重要的转折，没有能力搞社会系统学的估价也是实事求是的。

转向研究社会系统后，讨论班不再讨论系统学，但原定要写的《系统学》一书并未完全放弃。一直到 1995 年，钱学森在通信中反复提到这件事。例如：

1992 年 12 月 31 日给甘华鸣的信中说，"系统学的书稿也已由北京大学朱照宣教授和航空航天部 710 所于景元同志等写好"(7-061)。

1993 年 8 月 20 日给于景元的信中提到"在出版中的你们的大作《系统学》"(7-328)。

1995 年 7 月 30 日给邹伟俊信中提到"我将把您来信转送一位正在写系统学的于景元同志"(9-305)。在给于景元的另一封信中又说："您们在写的《系统学》是件大事，祝在新的一年里取得进展！"(9-415)

不过，尽管 20 世纪 90 年代的钱学森偶尔也有关于系统学的新想法，写《系统学》一书已经不是他关注的中心，只是部分人在搞的一项扫尾工作。钱学森向别人宣传的朱、于二位"已经写好"的系统学著作始终未面世，最后拿出来的是《开放的复杂巨系统》一书，朱照宣也不是作者。看来，这个时期的钱学森很少真正过问此事，他对《系统学》写作的具体情况不甚了然。也由于有这些信，有人便将《开放的复杂巨系统》一书当成系统学著作。

---

① 姜璐. 钱学森论系统科学(讲话篇). 北京：科学出版社，2011：33.

8.6 钱学森的系统学并未建立起来

钱学森决定系统学讨论班不再讨论系统学，转向研究社会系统。这是否意味着系统学已经建立起来了？学界的回答可能大相径庭。有人认定系统学已经建立起来了，甚至基本完善了。作者对此不敢苟同。更有甚者，有人说 1954 年出版的《工程控制论》就是系统学，或系统学的起点。此说实在有点离谱，因为钱学森自己明确判定工程控制论属于技术科学而非基础科学。如果 20 世纪 50 年代已经有了系统学，三十年之后还用得着兴师动众创建系统学吗？钱学森还说过 20 世纪 60 年代尚无系统科学，此话又如何理解？

那些判定系统学已经建立起来的意见，常把三本书作为证据，认定这些已是系统学著作，故有必要加以辨析。第一本是"六大将"合著的《开放的复杂巨系统》。此书共 6 章，只有第 2 章《开放的复杂巨系统及其方法论》属于系统科学的内容，其余 5 章分别讨论通信网络和第五次产业革命、智能系统、信息工程中的复杂巨系统问题、地理系统和社会系统、国防系统的综合集成等具体问题。这些研究无疑有助于从中提炼系统理论的要素，但它们本身算不上系统科学的内容，不是系统学的著作，更不是创建系统学的开山之作，属于系统科学的应用，都算不上系统学的应用。第二本是《创建系统学》，记录了 1986 年以降钱学森有关系统学的思考，学术价值巨大，但并未给出足以动笔撰写系统学论著的基本框架，它的发表不能算作系统学建立起来的标志，主要是建立系统学的前期性准备。书中还有些篇章与系统学无关，编辑者的考量令人费解。第三本是由中国系统工程学会组织编写(以许国志为主编，顾基发和车宏安为副主编)、作为理工科研究生教材的《系统科学》(2000)，这是 20 世纪末中国系统科学界的一项重要工作。《创建系统学》一书的编者认为此书是按照"系统学的基本框架"写成的①，对此结论我也不敢苟同。该书最初的提纲是车宏安委托我拟定的，写作小组三次讨论修订，三次向专家组汇报，根据专家意见修改三次而最后确定下来。无论是我最初草拟的提纲，还是编写小组最后采用的提纲，都没有声明书中哪些部分属于系统学。其原因就在于我们没有找到系统学自身固有的首尾一贯的逻辑联系，相当程度上还是不同系统理论的汇集，并非把它们融会贯通之后的创造。就我而言，本人是第 9 章的实际执笔者，并不认同第 8 章"复杂适应系统理论及其应用"和第 9 章"开放的复杂巨系统"已经是复杂巨系统学的内容。窃以为，《创建系统学》一书作者对这本教材的评价不符合实际。

20 世纪 90 年代以来，国内出版了不少有关简单巨系统理论的著作。作者认

---

① 钱学森. 创建系统学(新世纪版). 上海：上海交通大学出版社，2007：编辑说明.

为，只有姜璐的《简单巨系统理论》(1998)比较接近简单巨系统学。作者是第一个写作班子成员，与钱学森有多年的直接接触，对他的系统学思想有独到的领会。但该书仍然不能算作系统学，耗散结构论和协同学两种框架尚未真正统一起来，也有硬性汇集的痕迹。这并不奇怪，欧洲学派自己尚未对不同理论实现有机综合。朴昌根的《系统学基础》(1994)、高隆昌的《系统学原理》(2005)、谭跃进等的《系统学原理》(1996)，都未获得钱学森认可。依我看，前二者基本未深入全面地考虑钱学森关于系统学的论述，是依据作者们自己对系统学的理解撰写的，与钱学森对系统学的界定明显不同，且理论深度不够。第三本理论上大体达到基础科学层次的深度，但也是现有几种系统理论的汇集，没有体现出系统学特有的内在逻辑。

系统学至今没有建立起来，问题在哪里？第一位的原因是任务艰巨，条件尚未完全具备。世界复杂性研究各个学派的现状和困惑，普利高津、哈肯、圣塔菲都没有兑现他们最初的承诺，也说明了这一点。圣塔菲最初的目标是建立关于复杂性的一元化理论，可能也是想建立基础科学理论，后来不得不降低标准，改为建立复杂适应系统理论，还属于技术科学，甚至属于唯象理论。钱学森把创建系统学的重大意义与相对论、量子力学相提并论，既然如此，就不能指望发动一两次进攻便大获全胜，需经数十年的努力方可初见端倪。想要补充说明的是，系统学已属于复杂性科学，科学范式不同，不宜与相对论和量子力学作简单类比。

有没有钱学森本人的原因？我想是有的。一个原因是他太强调实际应用，急于把系统学的研究成果用于国家建设，且年纪越大心情越迫切。作为一个爱国者和社会主义者，这种精神极其宝贵。若就基础理论研究，特别是创建系统学而言，原本应该把应用问题留给技术科学层次去考虑，集中精力回答是什么和为什么的深层次理论问题，不考虑能否应用到实际。钱学森是技术科学大家，一生主要从事技术科学和工程技术的工作，难免形成某种不利于搞基础科学的思维定势。由于一开始就强调应用，钱学森这个时期所提出的新概念要么是技术性的，要么是哲学性的，没有一个是揭示基础科学层次的系统规律的。过分强调应用的心态很难使理论研究上升到基础科学层次。另外，按照钱学森自己的学科层次划分观点，关于开放复杂巨系统的理论研究应该分两个层次，即基础科学和技术科学，但他从来不讲这一点，有时把技术科学层次(甚至工程技术层次)的研究说成是系统学成果，都属于开放复杂巨系统学，给他的合作者造成某种误导，使他们以为系统学不仅已经创立，而且基本完善。这同时也降低了系统学在一般学人心目中的地位。有人就拿着《开放的复杂巨系统》一书问我："这就是你们说的系统学吗？"

另一个原因是对建立系统学的难度估计不足。钱学森说："我认为把运筹学、控制论和信息论同贝塔朗菲、普利高津、哈肯、弗洛里希、艾根等人的工作融会贯通，加以整理，就可写出《系统学》这本书"(335页)。此话原则上不错，但要做到融会贯通十分不容易，当时的估计太乐观了。钱学森把具体实现这一目标的方法称为框架法，他说《工程控制论》就是这样写出来的，并估计写《系统学》比他写《工程控制论》的条件还好。问题在于工程控制论和系统学的可比性很小。前者是技术科学，有伺服系统理论的成果可资借鉴，又有维纳《控制论》提供的大思路，加上他自己关于航空航天系统自动控制的研究，制定概念框架的条件成熟了。但系统学是基础科学，世界系统科学界至今未能找到一个合适的概念框架。我斗胆说一句：钱学森思想深处始终没有摆脱控制论的框架，这对建立系统学不利。

还有社会学术气氛方面的原因。其一，钱学森的研究团队内部思想交锋不足，他的弟子们不敢或不愿同导师争论，基本是按照导师的思路思考问题，目标是尽量把导师的思想表达清楚。一个要创建可以同相对论、量子力学比肩的新理论的学术团队，没有激烈的、高质量的思想交锋，是不可想象的。第二，还要到当时的国内学界大环境中寻找原因。经过新自由主义经济学思潮之风持续多年猛吹，收益最大化、代价最小化日益成为中国学界主流的行动指南，原本在科学上颇有前途的学者纷纷走向官学两栖，或官商两栖，有的甚至官、商、学三栖；一门心思做学问者被视为不能与时俱进的愚人，连基本的研究经费都拿不到。系统学是有待创立的新学科，难度很大，前途难测，把主要精力投放于此，很可能是代价最大化、收益最小化，精明人是不会这样做的。这就不难理解，为什么进入 20 世纪 90 年代后，被舆论界称为系统科学界重量级人物没有一个再致力于系统学研究。

还有一个问题：既然尚未建立起来，钱学森却决定系统学讨论班不再搞系统学，这是为什么？我认为有多方面的原因。就系统学本身而论，对于简单巨系统，既然判定协同学就是系统学（应改为“协同学就是简单巨系统学”），创建系统学的任务就不复存在了，剩下的是对哈肯工作的改进和完善，钱学森不愿意再把精力放在这里是正确的。对于复杂巨系统，有了从定性到定量综合集成法，需要的是对一个个具体的开放复杂巨系统进行研究，积累知识，提炼思想，为日后建立复杂巨系统学做准备。钱学森明白，这绝非短期内可以做到的，年龄不饶人，他等不起了。另一方面，国际国内的形势让他无法继续专心于纯理论研究，急于为中国社会主义建设服务之心又剧烈地跳动起来，三个方面的事情特别吸引着他的注意力。第一，改革开放中出现了种种意想不到的问题，使他感到推广总体设计部思想和方法的紧迫性。第二，国际上迅猛展开的第五次产业革命浪潮强烈地吸引着钱学森，超人的工程技术直觉令钱学森感到这是中国赶上世界先进水平的历史性机遇，他必须也能够为此发挥自己独特的作用。第三，当时国内外的时事极大地刺激了钱学森，他从心底里发出“在今日社会主义事业遇到暂时困难之际，我们是否应该再次宣传伟大的共产主义?”这样的时代之问[6-091]。作为坚定的共产主义战士，钱学森决心进入哲学殿堂，进入社会科学，从学术理论上为共产主义尽一份赤子之心，这是应该受到尊重的。

8.7　系统学观点集萃

系统学虽然没有真正建立起来，但在历时十多年的探索中，钱学森留下大量相关论述，涉及系统学基本概念的阐释、界定，系统学基本规律、原理、方法的提炼和阐释，尽管显得零散，却相当深刻精炼，弥足珍贵，从中能够获得对系统学的一些深刻认识。这些言论可谓零金碎玉，需要我们去挖掘、发挥、展开、深化和系统化。前面的论述已经提到一些，本节再从以下三方面做些补充：

1. 关于系统学

什么是系统学？钱学森反复说明系统学是系统科学的基础科学，却没有明确给出定义。“六大将”有个说法：“系统学是研究系统结构与功能（包括演化、协同与控制）一般规律的科学”①。这可能是钱学森给出的定义，至少相当接近他心目中的系统学定义。

钱学森常常通过讲系统学研究什么、如何研究来说明什么是系统学。如说系统学要阐明系统的基本规律：“系统学就是要阐明系统，特别是巨系统的基本规律。您说基本规律是‘对称’，或说是中国古典哲学的‘阴阳’学说。但这与马克思主义哲学中的‘对立统一律’又是什么关系？再加上 Feigenbaum 数是不是基本规律？这些基本规律之间又有什么联系？我还想，如果从微观角度看巨系统，一个突出的问题是巨系统总会组织成不同层次；层次之间似乎都有微观、宏观的关系——下一个层次是微观，上一个层次是宏观……这是不是巨系统的又一条基本规律？”(1-375)

系统学是巨系统理论。钱学森从不同层面阐明这一观点：

(1)“巨系统理论的一个很重要的观点，就是层次观点，层次结构的观点。而且层次具有一定的功能，或系统运动的性质。这些性质或系统层次的功能是与组成该系统的子系统的功能是不一样的，这很重要。整个巨系统又是由许多层次构成的。每个层次都有其功能的特点，很重要的特点就是，这样一个系统的功能不是组成该系统的部分系统所具有的……如何组成巨系统的层次、结构？这一结构是受环境影响的，它也不是固定不变的，外界环境发生变化，其层次结构也会发生变化。”

(2)“系统学中最难的难题是巨系统理论。对于这个问题，我们的讨论班做出了贡献……但问题远远没有结束，系统学，特别是巨系统理论和应用进一步的工作应该怎么办？我们要考虑。我觉得还是一切从实际出发，从实际巨系统的研究中去找线索。”

---

① 王寿云，等. 开放的复杂巨系统. 杭州：浙江科学技术出版社，1996：前言.

(3)“说到系统学,那就是研究巨系统的稳态(或功能态)的调节和转移。巨系统的各种功能态(这是一种暂时的稳态,可以调节,不是绝对固定的),用什么手段从这个功能态转移到那个功能态,这恐怕是我们系统学要考虑的问题”①。

系统学的核心是自组织理论。“我以为系统学是研究巨系统的,而巨系统之不同于大系统在:大系统理论中规定了系统结构,而巨系统的结构是自组织的。所以,自组织是系统学的核心”(2-086)。自组织概念出自生物学,在系统科学界,控制论学者艾什比第一个写出《自组织原理》的专著,贝塔朗菲把自组织概念织引入一般系统论,而普利高津、哈肯、艾根初步给自组织以基础科学的理论阐释。钱学森进一步把自组织作为核心来建立系统学。

系统学的任务是重点研究非线性巨系统的结构-功能关系。对于巨系统,“系统间的相互作用一定有几个环节是非线性的”(362页)。“我想非线性相互作用的巨系统,包括社会现象,其理论要解决的问题是:在环境影响下,系统的结构(即慢变过程)和这个结构的功能(即快变过程)。您说的‘信息’似乎包括在其中了。从前物理学研究的问题中,环境太简单(绝热,孤立),相互作用太单一,所以情况也就比较单调。系统学的任务是结合更现实的条件、更现实的系统,并扩展到整个客观世界,自然科学和社会科学”(1-417)。现实的巨系统在现实的环境作用下,结构和功能都是变化的,但结构是慢变化,功能是快变化。

重点或难点是建立复杂巨系统学。1988 年以后,钱学森真正关注的是“复杂巨系统学——那是综合人们研究各种开放的复杂巨系统的成果,提炼出来的理论”(9-305)。经过数年思考,1995 年他又提出关于建立系统学的新思路:“从开放的复杂巨系统学建立系统学:从繁到简”。他立即发问:“能不能把计划写的《系统学》这样写?这不是提高了认识?从高处俯览全局”(9-235)。但如何由繁到简,没有见到他的任何具体阐述。作者思考近二十年,既觉得这一提法极有新意,有可能是一条走得通的路;又无法具体化,也未见钱学森大弟子及系统科学界其他重量级人物对此做过探讨。

关于系统学在科学发展史上的意义,钱学森是这样认识的:“我觉得系统学的建立,实际上是一场科学革命,它的重要性绝不亚于相对论或者量子力学”,“创立系统科学的基础理论——系统学已经是时代给我们的任务”②。

2. 关于系统基本性质和规律的认识

其一,系统的整体涌现性。

钱学森不用涌现或涌现性这样的概念,但对它们所表达的系统思想极为重视,给出诸多在贝塔朗菲等著作中读不到的深刻论述。

---

① 钱学森. 创建系统学(新世纪版). 上海:上海交通大学出版社,2007:16,33,35.
② 钱学森. 创建系统学(新世纪版). 上海:上海交通大学出版社,2007:10,11.

“巨系统确实有许多奥妙，这些东西是我们在观察系统的组成部分，单独计算远远没有想到的可能有的一些现象，确确实实是整体，不是局部，整体要大于局部的总和……你们千万不要简单看待巨系统，这个巨系统它有的奥妙的东西，绝不是你单独考虑的组成部分看得到的。”特别地，“一个巨系统的功能常常是料想不到的，而且其功能又是非线性的。这就增加了描述的难度”①。

“一个复杂的系统可以出现一种功能、性质或运动，而这些功能、性质和运动从它的组成部分着眼的话，你从来也不会想到。从整体来看，它的性质、功能可以不同于它的每个组成部分所具有的性质、功能、运动”②。整体涌现性可以表现在功能、性质、运动多方面，组分不具有，从组分着眼是想不到的。这里揭示出整体涌现性的两个特点，一是整体不等于部分之和，二是涌现性的出现常有不可预料性。其表述的不恰当之处是限制词“复杂的”不必要，简单系统同样有整体涌现性，整体涌现性可划分为平庸的和非平庸的两种。

“整体有下一个层次所没有出现的功能。再一个层次又有它自己的东西，下面一个个的层次，对这些层次的细的结构，我们还要考虑的，但要从这些细的结构上综合起来，成为更高层次的功能，这是我们要注重研究的，这也是现代系统科学的贡献。系统科学，就是现在要建立的系统学要干什么？就是研究下面系统所形成的更高层次的功能。这里核心的问题是，更高层次的功能是不能直接简单地从下一个层次即子系统的功能中推断出来的”③。系统学应该是关于系统整体涌现性的基础理论，这一概括极为重要，牢牢抓住这一点，才能建立起系统学。令人遗憾的是，《系统学》一书的写作未能体现这一点。

其二，系统的目的性。

目的和目的性是系统科学中十分重要的概念，需要从不同学科层次来界定。技术科学层次讲的系统目的性，实是系统功能性的另一种表述，主要以系统用户为标准来判断。基础科学层次的目的性概念，完全不顾及系统的实际应用，需用非线性动力学的吸引子理论给以一般的定义：目的态就是系统相空间的稳定定态。钱学森说：“一般系统论的一个重要成果是把生物和生命现象的有序性和目的性同系统的结构稳定性联系起来：有序，因为只有这样才使系统结构稳定；有目的，因为系统要走向最稳定的系统结构”(129页)。何谓目的点或目的环？就是相空间里面的一个点或点集合，代表系统的稳定定态。“哈肯的贡献在于具体地解释上述相空间的‘目的点’或‘目的环’是怎么出现的。他的理论阐明，所谓目的，就是在给定的环境中，系统只有在目的点或目的环上才是稳定的，离开了就不稳定，系统自己要拖到

---

① 钱学森. 人体科学与现代科技发展纵横观. 北京：人民出版社，1996：154，158.

② 钱学森. 人体科学与现代科技发展纵横观. 北京：人民出版社，1996：60.

③ 钱学森. 人体科学与现代科技发展纵横观. 北京：人民出版社，1996：405.

点或环上才能罢休。这也就是系统的自组织"(131页)。钱学森这里说到两类吸引子。所谓"点"就是点吸引子,代表系统的平衡态;"环"就是极限环(一种特殊点集合),代表系统的周期态。非线性系统的稳定定态(目的态)还有准周期态和混沌态(奇怪吸引子),钱学森没有提到的。这可能跟他强调功能概念有关,因为工程技术上不希望或不允许系统处于混沌态,在那里系统无法正常发挥其功能。但从基础科学看,准周期态和混沌态都是非线性系统常见的吸引子,而吸引子就是目的态,系统学应该撇开应用问题去研究这些复杂的吸引子。尽管钱学森接受奇怪吸引子概念,由于过分强调功能,使他的潜意识中不愿意把混沌态当成系统的目的态。而刚刚接触混沌理论,他立即考虑"如果一个系统出现了从有序变到紊乱的趋势,我有办法治它。怎么治?就是把系统的联系切断几点,那就好了"(371页)。如此思考问题,尽显技术科学家本色。但如此研究系统学,难免有片面性。另外,他组织系统也要趋达目的态,如果在外部作用或特定的组织者引导、协助或迫使下,系统趋达某个稳定定态,即目的态,那就是他组织。

3. 对系统理论重要派别的评论

对于被他作为构建系统学素材的各种系统理论,钱学森都有所评价,了解这些内容有助于理解钱学森心目中的系统学。这里汇集其中的一部分。

(1) 关于贝塔朗菲和一般系统论。在系统理论研究者的队伍中,钱学森总是首先提到贝塔朗菲,因为他是把生命作为整体来研究的第一人,从科学上阐释系统思想的第一人。钱学森的评价是"von Bertalanffy 提出了一门新的学科,叫理论生物学,又叫一般系统论。我得到的启发是,还有这么多人在考虑系统的问题"(381页)。"贝塔朗菲强调要有整体观、系统观,指出系统有四个特性:组织性、相互关系性、有序性、目的性。这个想法是对的,但说得不够清楚"(362页)。这四个特性都是系统学要研究的。顺便说明,理论生物学不等于一般系统论,前者是贝塔朗菲在生物学方面的工作,后者是在理论生物学研究的基础上进一步提炼出来的一种系统理论,已经不属于生物学。

(2) 关于普利高津和耗散结构论。钱学森感兴趣的是,耗散结构理论"用熵流的概念来解释有序化"①,是"有序性、自组织的理论"(132页)。"普利高津的开放系统强调了世界的一个局部可以走向有序的结论是很有启发性的,它使我们从经典热力学的窒息气氛中解放出来,再也不必去召唤麦克斯韦的幽灵来减少某处的熵了"(132页)。就系统学而论,这一点有重大理论意义。从系统学的要求看,钱学森认为普利高津的理论也有明显的不足。"在我的脑筋里认为贝塔朗菲和普利高津他

① 钱学森. 创建系统学(新世纪版). 上海:上海交通大学出版社,2007:17.

们讲的那一套东西，打个比方说，有点像热力学”①。“普利高津的耗散结构，确实比贝塔朗菲的一般系统论进步了一点，总是有点方程式，定量化了。还说出了点道理，但满意，又不满意”(368页)。耗散结构论用开放性和熵交换的概念解释了有序形成的机理，超越了一般系统论。

(3) 关于哈肯和协同学。比较而言，钱学森最满意的是协同学。看到哈肯的协同学，钱学森“觉得这下解决问题了，因为这真是从微观到宏观，从统计物理来真正解决千千万万个单元的系统所组成的，这个大的非常复杂的系统宏观的概率、宏观的行为”(382页)。“哈肯综合了现代科学的多方面成就，建立了比较深刻的系统理论。打破了热力学封闭或开放的隔阂，甩开了经典热力学概念的牵制”(132页)。基于这些认识，钱学森一度曾有协同学就是系统学的评语。但在得出复杂巨系统系统概念后，他的认识发生变化：“讨论班上明确了 H. Haken 的协同学在解决巨系统理论方面上有进展。但也有局限性，根本问题还没有解决”②。这里所说的根本问题，就是开放复杂巨系统问题，协同学对此同样无济于事。“我看就哈肯本人也没有认识到他所处理的问题是巨系统，是简单的巨系统”③。

(4) 关于艾根和超循环论。钱学森认为：“Eigen 等的贡献在于他们把控制论中的巨系统理论具体化到生命现象，提出了结构模型，并且通过实例，生物遗传信息的传递过程，验证了他们的模型可以复现生命现象的特征，为达尔文的进化论，即生命在生存环境中的演化，提供了科学的理论基础”(142页)。“这时我感到确确实实复杂系统的统计理论从微观到宏观，由于生物方面的努力，已经有一个轮廓了”(382页)。在钱学森看来，系统学应该是一种描述系统的统计理论，关键是解决从微观过渡到宏观的问题，而协同学和超循环论理为此提供了迄今为止最有价值的方法。

(5) 关于托姆和突变论。“突变理论的实质在于，它试图用形象而精确的数学模型描述客观事物的发展规律，并从广义上回答了为什么有的事物不变、有的渐变、有的突变这样一些带普遍性的问题，体现了数学方法从描述连续运动到描述突变运动的发展”④。这应该是早期的认识，在学界公认托姆建立的仅仅是初等突变论，他的注意力转向复杂巨系统之后，钱学森就不再谈论突变论了。

从系统科学的发展史看钱学森的上述论断，我以为不足之处在于：他对贝塔朗菲的评价低了点，对哈肯和艾根的评价高了点；对定性理论成果看得轻了点，对定量理论看得重了点。如果要给出系统理论家排行榜，贝塔朗菲必定居第一位。钱

① 钱学森. 创建系统学(新世纪版). 上海：上海交通大学出版社，2007：9.

② 钱学森. 创建系统学(新世纪版). 上海：上海交通大学出版社，2007：33.

③ 梁宝林. 论人体科学. 上海：人民军医出版社，1988：165.

④ 梁宝林. 论人体科学. 上海：人民军医出版社，1988：182.

学森也明确讲过，贝塔朗菲是“系统科学的创始人”[7-246]。从国内外的文献看，系统理论家提到贝塔朗菲的频度明显大于哈肯。至于定性与定量的比较，在研究简单系统和简单巨系统时需要突出定量成果，在研究复杂巨系统时，至少在一段不短的时间内要强调定性理论。事实上，钱学森自己后三十年的贡献也是定性理论，其理论意义要比给出复杂性概念的精确定义或具体算法更有价值。

钱学森还有一个判断：“我看，‘耗散结构理论’、‘协同学’……都是过眼云烟，留下的将是系统学。当然创造耗散结构理论和协同学的普利高津和哈肯是大有功劳的”①。用“大功劳”来褒扬学者，在钱学森那里是不常见的，却也是公允的。但“过眼烟云”的说法不恰当，耗散结构论首先是非平衡态热力学的成果，建立起系统学以后，作为物理学理论的耗散结构论仍然有物理学价值。协同学大体也类似。

① 钱学森，等.论系统工程(新世纪版).上海：上海交通大学出版社，2007：前言.

第9章　钱学森与复杂性研究

钱学森学术生涯是由攀登前后相续的一道道青山组成的，最后一道青山是有关开放复杂巨系统理论的探索，由此形成世界复杂性研究的中国学派。复杂巨系统理论并非系统科学的一个独立的层次，但应该是系统科学的一大分支，而且越来越成为主干分支。所以我们专列一章来讨论。

9.1　从系统学研究走向复杂性研究

历史地看，系统科学原本是为了对付复杂性而兴起的。在20世纪40～60年代，系统科学界实际上是把系统与复杂对象等同看待的。贝塔朗菲就说过："我们被迫在一切知识领域中运用'整体'或'系统'概念来处理复杂性问题"①。贝塔朗菲说得明白，系统概念是为处理复杂性问题而提出的，没有复杂性无需系统科学。钱学森在转向系统科学后也持类似看法，他最先给出的系统定义就把"复杂"和"系统"两个词捆绑在一起："我们把极其复杂的研制对象称为系统"(2页)。这表明，那时的系统科学界普遍认为，他们之所以要开辟新的科学领域，是因为现有的科学知识无法处理复杂事物，他们内心里默认凡系统都是复杂事物。这是一种误解，反映出复杂性研究早期人们对复杂性的简单化理解。

在系统科学新概念的创造中，第一个属于钱学森的是巨系统。在这之前，钱学森实际处理的对象均为中小系统和大系统（导弹、火箭和航天器应看成大系统），都是西方提出的概念。但1979年在讨论社会系统工程时，由于对象的巨大和复杂远不能用导弹系统来类比，他认识到既有概念已不够用，因而提出巨系统概念。在此后八年中，钱学森一直主张用巨系统概念来认识和处理复杂性，相信有了巨系统概念就可以有效处理人体、思维、社会之类复杂对象。他说过："社会学中有很复杂的系统——巨系统。自然界也有很复杂的系统。"并认为协同学"讲的就是复杂系统"(191页)。用公式表示他那时的观点，即

$$\text{非常复杂的系统}=\text{巨系统} \tag{9.1}$$

到20世纪80年代中期，同时进行的系统学研究、思维科学研究，特别是人体科学研究，使钱学森逐渐意识到上面的理解可能有问题，巨系统概念对认识和处理复杂事物的有效性还不够。在1984年11月19日的人体科学讨论班上，钱学森提

---

① 冯·贝塔朗菲．一般系统论：基础、发展和应用．林康义等译．北京：清华大学出版社，1987：2.

出这样的问题："我近来也在想什么叫复杂？系统，怎么叫复杂。复杂是不是由于组成这个系统的单元非常之多，这个叫复杂呢？我想来想去，这个恐怕还不是。"这显然是对用巨系统概念描述复杂性之有效性的反思、检讨。他又说："复杂系统的表现在什么地方？那么我想呢，恐怕它在不同的条件下（外界的条件下），它的形态、功能的多样化这一点上"①。钱学森认识到只讲巨系统不够，系统科学需要研究什么是复杂，什么是复杂系统。这里的一点新意是揭示出复杂性的部分内涵：系统形态和功能因外部条件的变化而变化，以及由此而来的多样性。请注意，由三位诺贝尔奖得主（盖尔曼、安德森、阿罗）领衔的圣塔菲研究所在这一年成立，声称要建立关于复杂性的一元化理论。这无疑给钱学森以刺激，促进了他对复杂性的特别关注。他曾经提醒系统学讨论班第一个小班的成员注意：盖尔曼和阿罗"联姻"了！圣塔菲复杂性研究的基本理念是"适应性造就复杂性"②，钱学森至少部分地接受了这个观点。他于1986年说："人这个巨系统在超巨系统中不断地受干扰，人起来自卫，排除这种干扰，形成了各种功能状态"③。就是说，人体系统不断适应环境超巨系统的干扰，造就了人体的复杂性。

经过整整三年的思索，钱学森的认识发生了飞跃。在1987年底的最后一次系统学大讨论班讨论会上，他做总结发言时的第一句话是："今天我要讲点'惊人之论'"（据个人笔记）。这是什么样的惊人之论呢？就是区分两类巨系统，提出复杂巨系统的概念。钱学森勇于挑战权威。圣塔菲研究所被誉为世界复杂性研究的中枢，找到了可以挑战圣塔菲复杂性研究的不同思路，使钱学森特别兴奋，"惊人之论"一语由此而出。按照本书作者的理解，这次研讨会是系统学讨论班的分水岭，也是中国系统科学发展的分水岭。从此开始，钱学森转向研究复杂性，研究复杂巨系统，奔上另一座青葱滴翠的学术高山。

依据钱学森的这次讲话，系统学小讨论班成员以席彤（系统的谐音）为笔名，发表了一篇题为《社会系统研究的方法论》的文章，对钱学森的新思想、新概念做出第一次公开的宣传、评介和阐发。对照《钱学森论系统科学（讲话篇）》一书的有关部分即可看到，文章题目就集中反映了那个时期钱学森学术探索的中心思想。该文以中国改革开放面对的复杂形势和决策科学化、民主化对科学理论的需要为背景，介绍了钱学森对系统的新分类，初步阐释了简单巨系统、复杂巨系统、特殊复杂巨系统等概念，分析了社会系统研究中广泛存在的简单化弊病，强调在解决复杂巨系统问题时要重视利用实践经验。尤其可贵的是，文章第一次明确提出钱学森所倡

---

① 钱学森．人体科学与现代科技发展纵横观．北京：人民出版社，1996：229，230.

② 约翰·H·霍兰．隐秩序——适应性造就复杂性．周晓牧，韩晖译．上海：上海科学技术出版社，2000.

③ 梁宝林．论人体科学．北京：人民军医出版社，1988：69.

导的“定性和定量相结合的系统研究方法”这一概念，并给出这样的诠释：“定性和定量相结合的系统方法，是指由决策部门、系统工程研究部门、数据信息统计部门共同参与的社会系统研究方法，在研究中强调定性与定量相结合”①。文章还分别对定性与定量的含义做出解释，初步阐释了这一方法的基本内容和操作程序，都是新颖别致的学术观点。这是中国系统科学发展史上不能不提及的一篇重要文章，可惜被今天的系统科学界完全忘却了。这或许也反映出历史发展的复杂性。

以系统学讨论班的研究实践为基础，又经过一年多的思考，钱学森在 1989 年发表了《基础科学研究应该接受马克思主义哲学的指导》一文。这是钱学森从“不敢进哲学殿堂”到决心进入哲学殿堂后的第一篇作品，也是他第一篇主要讨论哲学问题的文章。文章导言部分提出一个十分重要、也易于引起争议的“个人的看法：近代科学技术经过约 400 年的发展，已经成为一个以马克思主义哲学为最高概括的体系，它的演化是有规律的，因此基础科学研究绝不是像早年那样没有指导思想的摸索，而是在马克思主义哲学指导下的探索，所以途径和路牌是有的”②。钱学森为什么那么强调马克思主义哲学对科学研究的指导作用，可以从这一段话中找到答案，建议读者细加玩味，研究科学学、科技史和科技哲学的学人尤其要重视。文章第三部分题目为“开放的复杂巨系统的研究与方法论”，阐发的重要观点是：

(1) 把复杂巨系统扩展为开放的复杂巨系统，基本完成了系统科学新概念的创造；

(2) 强调建立系统学、发展系统科学、研究开放复杂巨系统要以马克思主义哲学为指导；

(3) 对系统学讨论班的探索作进一步总结，在批判地吸收国外有关综合分析(跨域分析)方法的基础上，提出综合集成概念，新方法论的构件至此已完全具备；

(4) 指出“系统科学涌现出来的一个大领域：开放的复杂巨系统”，是宏观层次上基础科学研究的大课题。

紧接着，在 1989 年 10 月 10 日系统学讨论班发言时，钱学森又把定性和定量相结合的系统研究方法与综合集成方法融合为一，形成定性与定量相结合的综合集成法这一概念。至此，新方法论的创建也接近完成了③。

1990 年，钱学森与他的大弟子于景元、戴汝为联名发表《一个科学新领域——开放的复杂巨系统及其方法论》一文，对近三年来提出的新概念、新思想、新方法给出系统的梳理，较全面地阐述了钱学森有关复杂巨系统的新思想，在国内科学界引起很大反响。有人把这篇文章作为中国系统科学的第二个里程碑，给人留下这样

---

① 席彤．社会系统研究的方法论．光明日报第 3 版[1988-3-24].

② 钱学森．创建系统学(新世纪版)．上海：上海交通大学出版社，2007：91.

③ 钱学森．创建系统学(新世纪版)．上海：上海交通大学出版社，2007：99.

一种印象:钱学森有关开放复杂巨系统的创新思想出自这篇文章。我不赞同这种说法,此论提出者显然不了解那一段历史,忘记了或者没有读过席彤的文章,把一个小过程的终端当做起点了。这篇文章确实重要,钱学森也有意宣传它,但此文并未提出新概念、新思想。能够作为里程碑的工作,只能是首次提出新概念、新思想、新方法的工作,而不是汇总和梳理这些创造的后续工作。这篇文章的创新之处仅仅是把知识工程引入综合集成法,给系统开放性补充了"子系统通过学习获取知识"这样的含义[①],尽管也有启发意义,却够不上里程碑。实事求是地说,中国系统科学发展史上的第二个里程碑,要么是1987年底钱学森的那次讲话,要么是1989年他在《哲学研究》上发表的那篇文章。

9.2　提出开放复杂巨系统概念

在1987年底那次"分水岭"式的讨论会上,钱学森提出了简单巨系统、复杂巨系统和特殊复杂巨系统的概念,给出系统的一种新分类,如图9.1所示。

- 系统
  - 简单系统
    - 小系统
    - 大系统
  - 巨系统
    - 简单巨系统
    - 复杂巨系统
      - 一般复杂巨系统
      - 特殊复杂巨系统(社会系统)

图9.1　系统的新分类

这个系统分类不仅概括了系统科学几十年的发展,给出钱学森复杂性研究的概念框架,而且明确了系统学有两大部分,一个为简单巨系统学,一个为复杂巨系统学。协同学已为前者奠定了基础(钱学森有过"协同学实际上就是系统学"的说法)[②],后者才是系统学研究的主攻方向。按照钱学森的科学技术体系学思想,还应该区分技术科学层次的复杂巨系统理论和基础科学层次的复杂巨系统学,都是有待建立的重要新学科。

这之后不久,钱学森又发现复杂巨系统也可能有开放的和封闭的两类,从系统与环境关系的角度给出巨系统的另一种完备分类:

(1) 简单环境中的简单巨系统,如贝纳德流、激光器等;

(2) 复杂环境中的简单巨系统,如智能机器人,环境多变,系统却是简单的;

(3) 简单环境中的复杂巨系统,如人体系统、人脑系统、对国际社会交往极少的封闭社会,在研究对象的一段时间内环境变化不大,环境可看成简单的;

---

① 钱学森. 创建系统学(新世纪版). 上海:上海交通大学出版社,2007:110.

② 钱学森. 关于思维科学. 上海:上海人民出版社,1986:149.

(4) 复杂环境中的复杂巨系统，如改革开放以来的中国社会，以及国际环境，都是复杂环境中的复杂巨系统。

在复杂巨系统的前面加上限制词“开放的”，形成开放的复杂巨系统概念，明确指出这是“整个系统科学的核心概念”①。这以后的十多年中，他在不同场合、针对不同问题，反复强调要应用开放复杂巨系统概念研究和解决问题。鉴于其核心地位，对这个概念有必要仔细推敲。

这个概念初始而完整的表述，是在“系统”之前先后分三次加上三个限制词巨大的、复杂的、开放的，全称为“开放的复杂的巨大的系统”。它代表了钱学森系统思想发展过程的两次飞跃：

$$\text{巨系统} \longrightarrow \text{复杂巨系统} \longrightarrow \text{开放复杂巨系统} \qquad (9.2)$$

从语言学角度看，一个成熟概念的语言表达中不再用“的”字。限制词“复杂的”中的“的”字、“巨大的”中的“大的”二字已省略，唯独第一个限制词保留了“的”，实为多余。“冗繁削尽留清瘦”，这个概念的正式表述应该是“开放复杂巨系统”。

以开放复杂巨系统概念形成为标志的观念转变，在钱学森系统科学思想形成发展史上至关重要，所表达的重要思想主要是系统学第一个写作班子帮助他提炼、形成的，并且以小讨论班成员以席彤的笔名公之于世。把此文与随后几年钱学森的文章、讲话、书信对照即可看出，这时候的钱学森应用辩证唯物主义指导复杂巨系统研究的自觉性空前高涨。这些新思想发展的积累，导致《基础科学研究应该接受马克思主义哲学的指导》一文于 1989 年问世。1990 年以降，在以创建复杂巨系统学、进而创建大成智慧学为中心的全方位学术探索中，钱学森更加自觉而深入地学习和应用马克思主义哲学。就他一生的文章、谈话、书信来看，谈论马克思主义哲学对科学技术发展的指导作用之多、之深，这个时期达到前所未有的程度。他特别强调的是毛泽东哲学思想，被奉为研究开放复杂巨系统最有力的思想指导。建立关于开放复杂巨系统的理论，无论基础科学层次，还是技术科学层次，还原论科学都没有提供可以借鉴的东西，必须另起炉灶。根据毛泽东的《实践论》，作为人的认识成果，关于开放复杂巨系统的科学理论也只能来自人们变革各种现实的开放复杂巨系统的社会实践，是这种实践经验的理论总结。问题是如何总结这种实践经验，把它们上升为科学理论。这就需要哲学认识论的指导。所谓定性与定量相结合的综合集成法就是钱学森在毛泽东哲学思想指导下创造出来的。钱学森曾不无骄傲地说：“我们把毛主席的《实践论》和党的群众路线引入系统学了，是我们的主要贡献”[7-163]。在钱学森看来，毛泽东倡导的群众路线的思想也能够进入系统学，这一点颇值得深思。

定性与定量相结合的综合集成法体现了理论来自实践的辩证唯物主义认识论

---

① 钱学森．创建系统学(新世纪版)．上海：上海交通大学出版社，2007：190.

原理，却不能反映认识运动的辩证性，而后者正是《实践论》最精彩的贡献。此外，这个方法也没有指出如何应用《矛盾论》于开放复杂巨系统研究中。这显然使钱学森感到不满足，促使他重新研读《实践论》和《矛盾论》。根据读书心得，他决定把定性定量相结合的综合集成法改称为从定性到定量综合集成法。如此一改，新的系统方法论就具有了过程性，体现出从关于局部的定性认识到关于整体的定量认识这种辩证运动。通过学习《矛盾论》，钱学森还认识到："我们中心观点是事物的矛盾及矛盾的不断发展变化"(6-066)，所以，"要完善提高从定性到定量综合集成技术要引用《矛盾论》"(6-065)。综合集成的过程必须善于抓主要矛盾和主要矛盾方面，而每一次的矛盾解决都具有相对性，结论只能适用于一定时期。钱学森帮助我们认识到，《矛盾论》的确包含这些科学思想。

9.3 系统学讨论班的改组

转向主要研究复杂巨系统、特别是社会这种开放复杂巨系统之后，钱学森大概感到原来的研究团队已经不适应新的任务，便于 1990 年下半年重组团队。新班子增加五人，两个将军王寿云和汪成为，两个院士戴汝为和汪成为，一个哲学家钱学敏，还有他的大秘书涂元季(后来也成为将军)，原团队唯一保留下来的于景元也是名家(全国政协委员，几次提名工程院院士)，他(她)们是协助晚年钱学森从事学术探索的"钱门大弟子"。钱学森按王、于、戴、汪、钱、涂排序，亲切地称为"六大将"，王寿云为召集人；算上钱学森本人，就是他所说的"七人小组"。这是一个豪华阵营，在中国科学界实属少见，但其人才结构容易让人困惑。按照通常的看法，研究社会系统应该主要从社会科学界找人，至少应该有搞经济学和社会学的人参加。而这个团队大多数还是搞工程技术的人才，照钱学森的说法，他们对社会科学"没有真正下过工夫"，但在系统科学技术的掌握上属于国内的顶尖人才。这样做可能与钱学森对中国社会科学界的总体评价有关，他不止一次提到社会科学界亟须引进系统方法。而他的团队"从系统学这个角度，我们给研究社会学、社会科学的人提一点建议，我们只能这样……社会系统，假设我们讨论得好了，实际上是给社会科学做一个起步"①。并非要取代现在的社会科学，而是要推动社会科学学迈出应用系统科学、把社会当成系统来研究的第一步。也可以说这是从社会科学的门外着力，以图促进其门内的变化，符合系统原理。

由于年事已高，改组系统学小讨论班之后，钱学森基本不再参加大班活动，主要是指导六大将，他的一些新想法不时由六大将向大讨论班传达，并给以初步的阐释。钱学森不断给六大将出题目，布置写作任务。不过，第二个研究团队注意力的

① 姜璐. 钱学森论系统科学(讲话篇). 北京：科学出版社，2012：34.

焦点已不是系统学,而是社会系统、第五次产业革命、大成智慧等。如他信中布置他的班子 1992 年的研究中心内容是第五次产业革命,继续称为系统学讨论班已经名实不副。据钱学敏讲,钱学森那几年给她的任务一个接着一个,她感到压力很大。但压力就是动力,在钱学森的压力加指导的双重推动下,六大将合作或分别发表了一批有质量的文章。"七人小组"的研究成果主要有:

(1) 钱学森把定性与定量相结合综合集成法改为从定性到定量综合集成法(1991)。

(2) 钱学森提出从定性到定量综合集成研讨厅概念(1992)。

(3) 钱学森提出大成智慧概念,相应的还有大成智慧学、大成智慧教育和大成智慧工程等概念(1992)。

(4) 钱学森提出复杂性的定义(1993)。

(5) 钱学森提出建立系统学的新思路:"从开放的复杂巨系统学建立系统学。从繁到简"[9-235](1995)。

钱学森的这些新思想都是在与他的六大将集体研讨中形成的,又靠他们及时传达给大讨论班,再由六大将写文章加以阐述,向社会宣传。

(6) 汇集六大将研究成果,1996 年出版专著《开放的复杂巨系统》,分别研究了几类具体的开放复杂巨系统,对钱学森的新思想给出较为详细的展开论述,推动了对开放复杂巨系统的研究。

(7) 汇集钱学森 1986～2000 年期间的部分文章、讲话和书信,出版《创建系统学》一书,对中国系统科学发展提供了新的有力推动。

(8) 这次世纪之交中国系统科学界有一个大动作:由戴汝为牵头的 500 万大项目"支持宏观经济决策的人机结合的综合集成体系研究"获得国家基金支持,系统科学界内外都寄予大希望。他们确实做了大量工作,四个分课题各有总结报告,项目也经过验收算是完成了。不过,据我的了解,整个课题并没有实现综合集成,钱学森期盼已久的"从定性到定量综合集成研讨厅体系"并未建立起来,后续研究也不再立项,令人遗憾。

9.4　复杂性研究的方法论

从贝塔朗菲开始,系统科学家宣传系统科学方法都要批判还原论,主张把还原论与整体论、分析法分与综合方法结合起来。说具体点,就是在整体关照下把系统划分为部分,先获得对部分的精细描述,再把对部分的描述综合起来,形成对系统整体的描述。或者说,把对整体的描述建立在对部分精细描述的基础上。钱学森的系统科学研究也如此。但对象系统千差万别,这种系统方法的具体表现也不同。钱学森把它划分为三类,并分别给以简要的说明,我们把它用表 9.1 来说明。

表 9.1 系统综合法类型

系统类型	简单系统	简单巨系统	复杂巨系统
综合法类型	直接综合法	统计综合法	综合集成法

1. 直接综合法

所谓简单系统，钱学森指的是运筹学和控制论研究的对象，甚至也包括大系统。这些理论如何建立描述系统的数学模型呢？办法就是直接综合法。例如，把自动调节系统分解为若干环节或元件，主要是敏感元件、比较元件、放大元件、执行元件和反馈元件，先建立各个元件的传递函数，再按照系统的结构线路把它们综合起来，就可以得到整个系统的传递函数，即系统的数学模型。又如运筹学的规划论，对象是有限资源最优分配这样的事理系统，先确定一组必要而不多余的性能参量，它们代表有待获得资源的事项，这是分解；再用一组叫做目标函数的代数方程式把这些参量之间的关系表示出来，用一组代数不等式把资源有限造成的约束条件表示出来，目标函数和约束条件一起构成系统整体的数学模型，这是综合。不论自动调节，还是资源分配，或其他系统问题，有了系统的数学模型，通过对数学模型求解，就能够揭示出系统的整体性、关联性、有序性和目的性。

2. 统计综合法

对于耗散结构论、协同学等学科研究的简单巨系统，由于系统划分为微观和宏观两大层次，微观组分的数量巨大，又在作随机运动，上述直接综合法失效。但尽管微观组分数量巨大，由于是简单巨系统，大数定律成立，可以使用统计方法，依据热力学、统计物理学等科学原理进行综合。其中最成功的是协同学方法。以激光系统为例，把系统还原到微观层次的偶极子，依据量子场论建立偶极子的数学模型，再用统计综合方法把微观模型综合起来，得到反映系统宏观运动规律的序参量方程，即可有效描述激光系统的形成和演变。

3. 综合集成法

对于开放复杂巨系统，特别是必须考虑人的因素的复杂巨系统，不仅直接综合法失效，就是统计综合法也无济于事。如钱学森所说：对于开放复杂巨系统，“那么复杂，你把它一分解，要紧的东西都跑了，没有了”①。所以，正是在明确了一大批与人类生存发展密切相关的系统都属于开放复杂巨系统之后，钱学森对还原论之局限性的分析批判前所未有地频繁起来。我们这里引用两段：“开放的复杂巨系统

---

① 钱学森．创建系统学(新世纪版)．上海：上海交通大学出版社，2007：132.

不能用还原论的机械唯物论方法，要运用微观与宏观、个体与整体相结合的方法来研究”(9-288)。“我和我的同志根据辩证唯物主义，针对只抓微观分析的外国现代科学，提出开放的复杂巨系统概念和微观分析与整体考察相结合的从定性到定量综合集成法”(9-430)。

对于开放复杂巨系统，目前还没有办法像前两种方法那样建立数学模型。怎么办？原则上仍然要用微观与宏观、部分与整体、还原论与整体论相结合的方法。从哲学上说，既然这些开放复杂巨系统与人类生存发展密切相关，人们就会在实践中获得各种各样有关它们的感性认识，关于它们的理性认识归根结底来自这种感性认识。由于还原论长期居主导地位，现代科学技术分化为各种学科领域，现代社会分为各种各样的职业，因而造就出大量领域专家，各自掌握着对象系统的局部知识，再加上社会不同部门积累的统计数据、资料，这些都是关于作为处理对象的开放复杂巨系统的感性知识。这就是还原论科学为解决开放复杂巨系统问题提供的知识基础，利用这些知识就等于发挥还原论的作用。有了这个基础，原则上就有可能获得关于对象系统整体的理性认识。问题的关键是如何进行综合，实现从局部定性知识到整体定量认识的飞跃，即钱学森所说的“要尽量地把许多人的认识综合起来，把它形成一个整体的东西”①。所谓从定性到定量综合集成法，就是钱学森为解决这个问题而创造(设计)出来的。

从定性到定量综合集成法的优越性来自以下几方面，也体现在以下几方面：

其一，它把系统科学理论、专家经验和统计数据三方面有机地整合为一个系统，从而可以获得这个系统的整体涌现性。

其二，它充分利用以电子计算机为核心的信息高新技术，实行人机结合、以人为主的技术路线，具有技术上的先进性、前沿性。

其三，它还获得思维科学的强有力支持。钱学森在研究复杂巨系统的同时，一直在研究思维科学，把思维看成一类开放复杂巨系统。他指出，研究简单系统和简单巨系统，基本上还是靠逻辑思维和“科学推理方法”②，加上适当的经验修正即可。研究复杂巨系统则必须把逻辑思维与形象思维结合起来，把理论分析与实践经验结合起来。钱学森还引用我国老一代哲学家熊十力的量智与性智概念，指出研究简单巨系统主要依靠的仍然是量智，研究复杂巨系统则需要把量智与性智结合起来，对开放复杂巨系统进行综合集成研究的过程，是量智与性智、抽象思维与形象思维高度结合的过程。

其四，它充分体现了辩证唯物主义的哲学指导作用。钱学森最初的提法是定性与定量相结合综合集成法，1991年郑重宣布改为从定性到定量综合集成法，并

① 钱学森．创建系统学(新世纪版)．上海：上海交通大学出版社，2007：133.

② 钱学森．创建系统学(新世纪版)．上海：上海交通大学出版社，2007：64.

申明这是学习《实践论》的收获。《实践论》把人的认识活动看做一种非线性动力学过程,具有鲜明的过程性、动态性、方向性、目的性,有量变也有质变,有渐变也有突变。而定性与定量相结合本质上是一种静态系统,不符合《实践论》的思想。改为从定性到定量综合集成法,就鲜明地体现了认识发展的过程性、动态性、非线性和目的性:从初态(关于对象系统的局部定性认识)开始,向终态即目的态(关于对象系统的整体定量认识)演变,中间要经过认识与实践的多次循环反复,要发生质变,即飞跃。在哲学上说,体现了认识运动的辩证性。

针对复杂系统问题,西方学界提出综合分析(meta-analysis,或可译为跨域分析)的概念,钱学森颇为重视。根据他的意见,第一个小讨论班组织了数次有关这个题目的报告会,朱照宣、王琳等都做过报告,考察其长处和短处。钱学森对此方法的基本评价是:"'综合分析'(meta-analysis),近年来在国外有所探讨及试用;但也不成熟,方法机械,未能实现综合的真正要求"①。以这些讨论为基础,钱学森概括提炼出综合集成(meta-synthesis)的概念,作为复杂巨系统方法论的定性与定量相结合综合集成法至此初步形成了。

9.5 复杂性研究的认识论

欲深入全面地理解从定性到定量综合集成法,仅仅在方法论层面讨论是不够的,还必须考察钱学森这一时期在哲学上的思考和探索。

从国际系统科学发展史看,研究简单系统的运筹学和控制论都不考虑认识论问题,而以生物机体为背景研究一般系统的贝塔朗菲,以各种软系统为对象的软系统方法论学派(代表人物是切克兰德等),都自觉地思考认识论问题,试图从这里寻找处理复杂性的途径。我们把这一动向称为系统科学的认识论转向。钱学森的系统科学研究也经历了认识论转向的演变。在1988年以前谈论系统科学问题时,他讲的都是方法论问题(批判还原论,张扬系统论),几乎不涉及认识论问题。因为对于简单系统和简单巨系统,主要在方法论上探索即可基本解决问题,无须明确涉及认识论。但是,划分简单巨系统和复杂巨系统、明确转到研究复杂性之后,钱学森认识到仅仅讲改变方法论已经不够用,还必须从认识论上寻找解决问题的正确途径。开放复杂巨系统是可以认识的吗(可知性)?关于开放复杂巨系统的正确认识是从哪里来的?这种认识如何演变发展?哪些是它的感性认识?哪些是它的理性认识?如何从感性认识上升为理性认识?这些问题都需要从认识论上回答。钱学森对这些问题的思考建立在这样的哲学基础上:"客观世界是不以人的意志为转移的客观存在,人是要通过实践来逐步认识这个客观世界的。复杂性的问题在这一

① 钱学森.创建系统学(新世纪版).上海:上海交通大学出版社,2007:97.

点上就特别突出”①。这显然是辩证唯物主义的回答。

转向研究开放复杂巨系统的钱学森持有明确的哲学原则:“搞开放的复杂巨系统,任何时候都不要忘了辩证唯物主义,警惕机械唯物论,警惕唯心主义,不然会走到邪路上去”②。他认为,普利高津、哈肯等的理论是依据物理、化学研究的简单巨系统提炼出来的,要直接推广应用于复杂巨系统就是机械唯物论的做法,同时也是脱离实际的主观主义。他尤其重视应用毛泽东哲学思想,断言“毛泽东思想的核心部分就是从整体上来认识问题,把握住它的要害”,“中国革命所取得的这样一个巨大的成绩确实是了不起的。我们这些经验,经过老一辈革命家的总结,集中成为毛泽东思想,这就是我们最宝贵的财富。而这样一个哲学思想恰恰正是指导我们研究复杂问题所必需的”③。钱学森为此而反复阅读《实践论》和《矛盾论》,努力从哲学思想上寻找突破口。从定性到定量综合集成法是晚年钱学森在科学上最得意的创造,他本人明确宣称“从定性到定量综合集成法是建筑在《实践论》的基础上的,现在要说:从定性到定量综合集成法的工作过程是以《矛盾论》为指导思想的”(6-079)。以毛泽东思想为指导,这在世界系统科学界和复杂性科学界是独树一帜的。

对国外复杂性研究,钱学森有这样的评价:“他们也提出所谓复杂性问题,但是我看他们的理论并不高明,因为他们没有马克思主义哲学。他们一说,就说复杂性怎样认识?结果就要人来认识,弄来弄去,就是强调人的主观作用;强调来强调去,就把不以人的意志为转移的客观存在这个物质给丢了。”这也就是从研究复杂性滑向唯心主义的泥坑。他由此而联系到国内哲学界关于实践唯物主义与辩证唯物主义的争论,再次表明自己的态度:“我看还是坚持辩证唯物主义为好”④。钱学森很清楚,对于复杂性研究来说,只有辩证唯物主义能够提供正确的哲学指导,所谓实践唯物主义不仅不能产生正面的作用,而且明显地陷入唯心主义的泥坑:只强调人的主观作用,把不以人的意志为转移的客观存在这个物质给丢了。这正是他拒绝实践唯物主义的根本原因。

9.6　复杂性概念的钱学森诠释

复杂性研究兴起后,国外的研究者给出各种各样的复杂性定义。总的趋势是追求精确化、定量化,不得不加上种种限制条件,因而都只在很小范围内适用。钱

---

① 钱学森. 创建系统学(新世纪版). 上海:上海交通大学出版社,2007:133.

② 钱学森. 创建系统学(新世纪版). 上海:上海交通大学出版社,2007:175.

③ 钱学森. 创建系统学(新世纪版). 上海:上海交通大学出版社,2007:133,175.

④ 钱学森. 创建系统学(新世纪版). 上海:上海交通大学出版社,2007:132.

学森不满足这种做法,主张从系统科学的观点去理解和定义复杂性概念:“复杂性离不开系统,只说复杂性不够,要用系统;而且因为用了宏观方法,故称复杂‘巨’系统”(10-258)。具体地说,就是把复杂性看成一种系统的属性。

钱学森依据开放复杂巨系统概念来定义复杂性:“所谓‘复杂性’实际是开放的复杂巨系统的动力学,或开放的复杂巨系统学”(7-200)。这个定义有两点语病。一是复杂性是系统的一种属性,动力学是一种学科的名称,用动力学来界定复杂性显然不妥。但这个语病容易消除,英文 dynamics 既是动力学,也指动力学特性。钱学森讲的是后者,他认为复杂性实际是开放复杂巨系统的动力学特性。二是被定义项是复杂性,定义项中又有复杂二字,有自我定义的逻辑毛病。这个语病也是表面的,可以消除,因为复杂巨系统一词的定义项中可以不出现复杂一词。钱学森要说的实际是:所谓复杂性,就是规模巨大的、组分异质性显著的、多层次结构的、具有非线性相互作用的、对外部环境开放的系统的动力学特性。

同国外学者给出的复杂性定义相比较,钱学森定义的不足之处是非定量化的,优点是内涵丰富,适用范围广阔,最能体现系统科学的复杂性研究的特点。照此定义,研究复杂性就是研究开放复杂巨系统的结构、机制、属性、状态、行为、功能等,进而制定处理相关问题的原理、规则、方法和技术。从对复杂性的这种理解出发,系统科学的各个分支学科,特别是自组织理论、动态系统理论、非线性系统理论、混沌学、分形学等学科的成果,都可以用来描述复杂性、处理开放复杂巨系统的问题。

还有些系统科学家从方法论角度定义复杂性概念。切克兰德最先做出这种努力,他曾这样界定复杂性:“历史上,系统思维是作为应付复杂性(不管是在自然现象中还是社会和人的现象中)——这种复杂性使经典科学的科学方法的还原主义归于失败的一个尝试而产生的”①。他的意思是说,复杂性是这样一种系统属性,它使得经典科学发展起来的还原论归于失效,而这种复杂性广泛存在于自然现象、社会现象、人的现象中。钱学森是否注意到切克兰德的观点,我们不了解。但他发展了这种观点,从方法论角度提出复杂性定义:“凡现在不能用还原论方法处理的或不宜用还原论方法处理的问题,而要用或宜用新的科学方法处理的问题,都是复杂性问题,复杂巨系统就是这类问题”②。钱学森直接定义的是复杂性问题,但由此不难理解什么是方法论意义上的复杂性:不能用或不宜用还原论方法刻画的系统属性,亦即需要用或适宜用新的科学方法刻画的系统属性,就是复杂性。

---

① P. 切克兰德. 系统论的思想与实践. 左晓斯,史然译. 北京:华夏出版社,1999:303.

② 王寿云,等. 开放的复杂巨系统. 杭州:浙江科学技术出版社,1996:54.

9.7　复杂系统科学

撇开对象的那些物理的、生物的、社会的、经济的等特殊属性，用系统观点研究复杂性所建立起来的科学知识体系，称为复杂系统科学。严格地说，这种复杂系统科学正在建立之中，眉目尚不很清楚，却代表着系统科学的未来，将越来越成为系统科学的主体部分。钱学森晚年的科学研究为复杂系统科学奠定了初步的基础。按照他的现代科学技术体系学观点，这种复杂系统科学也应该由工程技术、技术科学和基础科学三个层次组成。本节的任务是评介钱学森在复杂系统科学方面的工作。

作为创建系统学十年努力的总结，钱学森提出开放复杂巨系统学的概念，把它作为系统科学的核心概念，把建立这门基础科学作为复杂系统科学的中心工作。实际进展如何？钱学森自己的评价是："'开放复杂巨系统学'有了第一步了！"[5-476] 坦率地说，作者认为这个评价太乐观。他所提出的巨系统、复杂巨系统、开放复杂巨系统、开放复杂巨系统理论、开放复杂巨系统学、从定性到定量综合集成法等构成一个新的概念群。但就实际情况看，这些概念既可以用于基础科学，也可以用于技术科学和工程技术，没有揭示在不同层次应用它们的不同内涵，关键是没有揭示有关开放复杂巨系统的本质属性、运行机制和基本规律的内容。对开放复杂巨系统的认识停留在这样的水平上，就不能算作一种基础科学的理论。耗散结构论提出非平衡是有序之源、涨落导致有序等原理，才成其为一种系统理论。如果没有提出不稳定性原理、序参量原理和支配性原理，协同学也算不上一门系统理论，钱学森也就不会做出协同学就是系统学的评价。类似地，只有多少有一些描述开放复杂巨系统本质属性、运行机制和基本规律的概念和原理，才可以说开放复杂巨系统学有了第一步了。但钱学森关于开发复杂巨系统的研究并未提出这样的原理和规律。

根据钱学森的科学技术体系学，复杂系统科学也应该有它的技术科学层次的理论。钱学森生前没有明确提到这一点，自然也就不会讨论有关建立这种技术科学的问题，更不会讨论学科命名。但这种系统理论是必要而且重要的，为了跟作为基础科学的开放复杂巨系统学相区别，不妨称之为开放复杂巨系统理论。我们认为，尽管钱学森没有明确提及技术科学层次的开放复杂巨系统研究，但他有关开放复杂巨系统学的论述主要属于技术科学层次，要说技术科学层次上的"开放复杂巨系统理论有了第一步"，我是赞同的。因为他和他的团队对巨系统、复杂巨系统、开放复杂巨系统、开放复杂巨系统理论、开放复杂巨系统学、从定性到定量综合集成法等概念的阐述，基本属于技术科学层次，可以直接应用于工程技术层次。

如何建立开放复杂巨系统学？根据我对钱学森系统科学思想的理解，可以概括为"上下左右围攻法"。上指把系统论的哲学观点具体化，表述为基础科学的思想。下指把技术科学层次的开放复杂巨系统理论提升到基础科学层次。左右指从系统科学之外的十大部门的基础科学中提取系统思想、系统方法，加以普遍化。这里的关键可能是发展技术科学层次的开放复杂巨系统研究，这方面的成果积累得足够充分了，才可能再加以提炼，上升为基础科学。钱学森强调先对一个个具体的开放复杂巨系统进行研究，应该是先建立开放复杂巨系统理论，后再建立开放复杂巨系统学，不可能一步到位地先建立基础理论。

作为工程技术大家，钱学森极为重视新观点、新方法的实际应用，也最擅长这样做。他曾这样评价自己："我思考问题，一方面在理论上要站得住，另一方面在工程上还要有可操作性"①。这是他为自己规定的学术研究的行为准则，回顾钱学森的一生，他确实做到了这一点。对于自己晚年最看重的创新成果——从定性到定量综合集成法，钱学森也坚持这个行为准则。比较而言，相对于基础科学和技术科学，对于如何处理开放复杂巨系统的工程技术问题，钱学森论述更充分，称得上已经初步建立起这门学问。钱学森称之为开放复杂巨系统工程，或者称为从定性到定量综合集成工程。而从定性到定量综合集成研讨厅体系，则是应用从定性到定量综合集工程的组织形式。对于解决现实存在的各种开放复杂巨系统的预测和决策问题，它确实是目前唯一可行的科学方法。当然，这无疑也是一个需要不断努力的过程。钱学森对综合集成法的评价："方向虽已确定，具体实现还很困难"[8-428]。但毕竟已经有了路子。从新世纪以来的发展看，一些部门相继建立起自己的从定性到定量综合集成研讨厅，正在实际应用中积累经验。他的弟子们也在对这些经验进行理论总结，发展开放复杂巨系统理论。

对于从定性到定量综合集成法在科学发展史上的地位，钱学森断言"这个我们发明的方法，是这一切新科学的'微积分'"[5-170]。众所周知，牛顿和莱布尼兹发明的微积分奠定了解析数学的基础，由此发展起来的微分方程理论，为研究动力学系统提供了强有力的数学工具。简单系统和简单巨系统的动力学理论基石就是这样建立起来的，它对描述这两类系统的有效性是学界公认的。把从定性到定量综合集成法看成新科学（即复杂性科学）的微积分，评价极高，寄予的期望极高。与钱学森所谓新的"微积分"相对应的动力学理论是什么，我们现在还无法想象。未来的发展究竟任何，还需要历史来定论。

钱学森还有这样的自我评价："从定性到定量综合集成研讨厅是件新生事物，我们只是从过去于景元同志的工作悟出这个想法，理论是极有限的"[9-203]。这确是一件新事物，其产生的实践经验基础是经济学家马宾指导航天部门 710 所的一项成功的研究项目。实事求是地说，这个理论提炼的实践基础太单薄（"只"有一个事例），还需要有更多的实际研究来丰富它。"理论极有限"的评价是科学的。在这

---

① 钱学森. 创建系统学（新世纪版）. 上海：上海交通大学出版社，2007：215.

方面，顾基发、王浣尘、唐锡晋等的《综合集成方法体系与系统学研究》开了个好头，相信还会有更深入的研究成果问世。

710所当年在马宾指导下完成的研究，原本属于系统工程范畴。以它为经验基础概括出来的从定性到定量综合集成法，本质上也属于系统工程范畴。对于开放复杂巨系统的预测、决策问题这类复杂困难的工程技术问题，确实是一种可行的方法，而且恰如钱学森所说，是目前唯一可行的方法。钱学森把系统工程概念推广到开放复杂巨系统，提出开放复杂巨系统工程或综合集成工程的概念，制订了实施开放复杂巨系统工程的组织形式——从定性到定量综合集成研讨厅体系。这是系统工程思想的重要发展，从定性到定量综合集成研讨厅体系是总体设计部思想在信息化时代的发展。这同样需要在大量实际应用中不断丰富发展。在这方面，钱学森提出许多设想，能够给人们提供思想启迪。例如，关于复杂巨系统在开放环境中的有效控制问题，钱学森认为智能控制还不够，还“要在系统中用我们的从定性到定量综合集成法”，还需要从理论上把“智能控制”提高一步(7-382)。

从定性到定量综合集成法能否应用于理论研究？钱学森对此持肯定的态度。如果把从定性到定量理解为把定性认识用数学模型表述出来，那么，数百年来的科学发展就是这样做的。但那些方法只适用于简单系统和简单巨系统的理论研究，用来建立开放复杂巨系统的理论，恐怕还不行，因为还没有可用的数学工具。钱学森认为：“我们的 meta-synthesis 是组织宏观整体的观察，把人们感觉到的规律用严密的定量系统结合起来”(9-249)。但钱学森生前并未提出如何实现这种“结合起来”的方法，“严密定量”的框架从何而来？从人体科学、思维科学等复杂性科学的实际发展看，至今仍然没有实际可行的方法。要不然，系统学、思维学、人体学就都可以用这种方法很快建立起来。钱学森大弟子之一、人体科学家陈晋有一个很实在的说法：“用处理复杂巨系统的理论来研究人体科学有不得其门之难处”(9-100)。在未来可以预料的一段时间内，在其他十大部门中用处理复杂巨系统的理论来研究，都会遇到类似的“不得其门之难处”。

至于在系统科学的哲学分论系统论层次上，除去限制词“从定性到定量”，单讲综合集成法，无疑是系统科学方法论更准确的表述。把开放复杂巨系统考虑进去，而且作为系统科学的主要研究对象，单讲综合，或单讲集成，都显得不够充分。综合与集成作为近义词，前提都是存在多样而分散的事物，使它们转变为一个统一的存在，一个新的整体，就是综合（综而合一），亦可称为集成（集而成一）。把综合与集成叠置为综合集成这个新词，意在强调它不同于单独讲综合或单独讲集成，而是综合的综合、集成的集成，或综合的集成、集成的综合，内涵上有新的提升。用钱学森的话说，他是在寻求更高一个层次的综合或集成，以实现“综合的真正要求”①。

① 钱学森．创建系统学(新世纪版)．上海：上海交通大学出版社，2007：97.

就钱学森给出的 meta-synthesis 一词的英文构词规则看，他并未把 synthesis 与 integration 叠置为一个词，强调更高层次综合的办法是加词头“meta”，构成新词 meta-synthesis。无论简单系统或复杂系统，处理它们的问题历来都讲综合或集成，故单讲综合或单讲集成对于简单系统足够用，对于复杂系统则不够用，复杂系统需要更高层次的综合或集成，这就是综合集成。涂元季认为：“综合集成方法重在‘集成’。如果没有集成的思想，只有综合，那充其量只是‘拼盘’。只有综合起来又加以集成，才会得出一个事物的有机整体”①。这样说没有科学根据，综合是一个广泛应用的逻辑概念，说它“充其量只是‘拼盘’”没有道理。所谓“综合起来又加以集成”，如何实施？对于综合的结果，如何再做集成？当然，晚年钱学森讲的“集成”可能有“集大成”的含义，那另当别论。人们不能苛求从定性到定量综合集成研讨厅体系的工作都必须达到“集大成”的水平，面对一个具体的复杂性问题，通过研讨厅给出具体的定量化的研究结果就算完成任务了。

① 涂元季．从系统科学角度认识和贯彻落实科学发展观．西安交通大学学报，2008;5.

第 10 章　钱学森与系统科学哲学——系统论

按照钱学森的现代科学技术体系学，居于系统科学体系之首的是系统论，即系统科学的哲学分论，它所阐述的是系统科学的总精神，故颇受钱学森的关注，需要专题讨论。

10.1　从应用哲学到研究哲学

学生时代的钱学森就关心哲学，读过一些马克思主义哲学著作，对辩证唯物主义和历史唯物主义有所了解。在加州大学学习和工作期间，他曾参加该校教师的马克思主义学习活动。特别是遭受麦卡锡主义迫害的那段经历，从政治上把钱学森完全推向马克思主义，实现了其人生历程中的一大转折。回国后的钱学森在全新的环境中、以全新的心态开始了马克思主义哲学的系统学习。“我回到国内之后毛主席跟我谈话，要我认真学习马克思主义哲学，我就照着他的指示做了”①。后来的事实表明，半个世纪中，无论国内外形势发生什么变化，他的这一志向都没有动摇过。钱学森晚年曾这样回顾：“我近 30 年来一直在学习马克思主义哲学，并总是试图用马克思主义哲学指导我的工作”(5-004)。学习马克思主义哲学，钱学森做到了理论联系实际，活学活用，而且成绩显著。这是他能够胜任新中国航天科技事业领导重任的思想保证。这一学习和实践过程使钱学森在思想上发生了脱胎换骨的变化，最终不仅修炼成为一个坚定不移的实践的马克思主义者，而且成为一个在哲学上有建树的学问家。

钱学森在领导中国航天科技过程中如何学习和应用马克思主义哲学，由于缺乏资料，目前还无法考察。他在 1978 年以后从事学术研究过程的有关资料大部分都已发表，他如何学习和应用马克思主义哲学已一目了然。一个变化是，这个时期的钱学森开始提及发展马克思主义哲学的问题，而且越到后来越显出紧迫感，提出许多建议，却迟迟没有自己动手干。1988 年在致友人信中还说：“我自己对马克思主义哲学没有研究，不敢进此殿堂，只在外围观望而已”(4-283)。不过，随着建立系统学、开展复杂性研究、思维科学研究、人体科学研究等工作的深入，钱学森越来越感到哲学的现有武器不够用，而哲学界的研究又同科学前沿严重脱节，他越来越无法等待了。观望也是调查研究，有意识地观望殿堂就是在为进入殿堂做准备，而高

---

① 李德华．牢记钱老谆谆教导，继承钱老未竟事业．今日科苑，2010，1～3 期合刊：95.

手靠门外观望就可以对如何加固、改造、完善殿堂形成许多创见。果然，1990 年之后的钱学森甩掉一切犹豫，决心进入殿堂，研究马克思主义哲学如何发展。进入哲学殿堂后的钱学森对哲学有诸多贡献，主要成就是构筑了一个别具一格的马克思主义哲学体系，他称之为“殿堂加桥梁合成马克思主义哲学的一体建筑”[4-284]，即一座殿堂和 11 块基石，如图 10.1 所示。

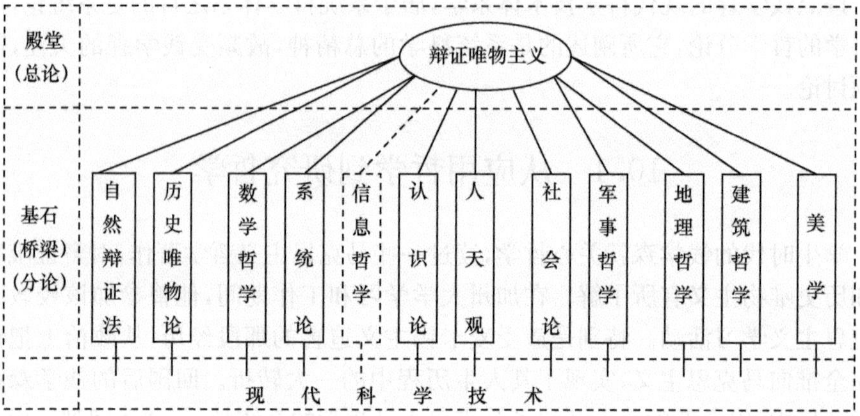

图 10.1　马克思主义哲学的二层次结构

钱学森哲学观点的要点之一是，马克思主义哲学不再是作为现代科学技术的外在因素来影响科学技术，而是作为现代科学技术体系的有机组成部分，居于体系的最高层，哲学同科学技术的关系是同一体系中高层次与低层次的关系，因而能够直接指导科学技术的发展，又能够依托科学技术来发展自身。

钱学森哲学观点的要点之二是，哲学也有层次划分，居于现代科学技术体系之最高殿堂的是辩证唯物主义，其他的哲学分支，包括历史唯物主义、认识论、方法论都要比辩证唯物主义低一点，属于哲学分论，马克思主义哲学是由这两个层次构成的。

钱学森哲学观点的要点之三是，辩证唯物主义通过 11 架桥梁跟现代科学技术紧密联系起来，通过 11 架桥梁去指导 11 个科学大部门；科学技术工作可以直接应用辩证唯物主义的观点和方法，但更多更基本的途径是应用各个哲学分论的观点和方法。

钱学森哲学观点的要点之四是，有了这 11 架桥梁，马克思主义哲学就能够深深扎根于现代科学技术的沃土中，哲学研究的大量工作是建立和发展这 11 个哲学分论，通过 11 架桥梁对 11 个大部门进行哲学概括，这样做就能够彻底解决恩格斯之后马克思主义哲学与科学技术前沿发展相脱离的弊病。

钱学森哲学观点的要点之五是，明确反对哲学界盛行的以实践唯物主义取代辩证唯物主义的观点。他一再说：“‘实践唯物主义’的提法不对，应该是辩证唯物主义"(6-317)。科学家主流始终有一个坚定不移的信念，相信存在一个跟人类实践和认识无关的客观世界，科学研究的对象就是这个客观世界。钱学森更认为 11 大部门科学技术都以客观世界为研究对象，不同的只是观察客观世界的视角不同。但实践唯物主义的倡导者实际上不承认存在这样的客观世界，没有在实践中被人感受到的东西，他们都不承认其存在。接受这样的哲学，就等于拆除了科学研究的唯物主义基石。钱学森明确强调一切科学研究，包括系统科学的研究，都以客观世界为对象，必须坚持辩证唯物主义的指导。

10.2　钱学森论系统科学的哲学分论

基础科学与哲学殿堂之间以一定的哲学分论为桥梁连通起来，是钱学森现代科学技术体系不可或缺的结构成分，系统科学自然也不例外。但钱学森 1979 年在提出建立系统科学体系时，还没有想到它的哲学概括，设想的体结构系尚不完整。大约一年后，他着手梳理系统科学、思维科学、人体科学这"三个新的、正在形成的大部门"的体系结构，"到这个时候我们才想起来，系统科学有没有哲学，提出来是不是系统科学有理论，这个理论而且要概括成哲学"[①]。他还认为："系统学的建立也将向马克思主义哲学提供深化和发展的素材……由此而深化和发展了的哲学又反过来指导科学技术的研究。而且将不只是对系统学本身，也对整个系统科学有意义"[②]。这些提法道出了钱学森对系统科学哲学分论在系统科学体系中重要地位的评价：哲学分论反映的是系统科学的总精神。

系统科学通向哲学殿堂的桥梁学科如何命名？国外学者一般称为系统哲学，已有许多著作问世，其中一些已翻译成中文出版。钱学森始终没有采用这一称谓，因为国外的系统哲学不谈以马克思主义哲学为指导，而他坚持系统科学的哲学分论必须以马克思主义哲学为指导，认为这是一个不能退让的原则。钱学森的主张是："从马克思主义哲学到系统学的桥梁，可以称为'系统观'或'系统论'，它将成为辩证唯物主义的一个组成部分"(132页)。他在这里把系统观和系统论视为同一个东西，后来则主张对二者加以区别："如果说系统论是从系统科学到马克思主义哲学的桥梁，那么系统观就是马克思主义哲学的组成部分"(162页)。系统观属于哲学殿堂的组成部分，系统论属于殿堂以下的桥梁，两者在概括程度上有差别。应当说，或许如此区分更科学一些。

但在提出建立系统论的任务后，钱学森并没有具体着手考虑建立系统论的问题。究其原因，一是他正在筹划系统学研究，后来又转向复杂巨系统研究，以及大

---

① 钱学森．创建系统学(新世纪版)．上海：上海交通大学出版社，2007：163.

② 钱学森．人体科学与现代科技发展纵横观．北京：人民出版社，1996：81.

成智慧学,无暇顾及系统论。另一个原因是他认为建立系统论的条件还不成熟。1982 年 7 月召开"北京系统论、信息论、控制论中的科学方法与哲学问题学术讨论会",钱学森应邀作了题为《系统思想、系统科学和系统论》的讲演,提出"三论归一"的观点。钱学森主张"当务之急是把系统科学搞起来",建立系统学,而非系统论。他的理由是:"系统论的产生需要概括整个系统科学的成果。第三个台阶,系统学还没有搞起来,就要跨第四步了,稳不稳啊? 摔不摔跤子?"[372页] 1983 年钱学森仍然认为"现在来'略论'什么'系统观',为时过早"①。鉴于他的学术地位,这些观点使部分研究系统哲学的学者一时犹豫起来。

应当说,钱学森的这种态度有点保守,看法不够辩证。在科学技术体系中,层次关系不可绝对化,不能说只有上升到基础科学层次才可以进行哲学概括;也不能说哲学直接指导的只能是基础科学,下面的那两个层次不能直接应用哲学。系统科学的哲学分论并非仅仅对系统学进行概括,而是对整个系统科学进行概括的产物,系统工程、运筹学、控制论、事理学等学科都需要、也能够进行哲学概括,而且内容相当丰富。国内外在这方面都有许多工作,如丘奇曼对运筹学的哲学概括,茹科夫对控制论的哲学概括,等等。应该说,即使没有系统学,在建立系统论方面还是有大量工作可做的。

经过几年思考,钱学森的认识有所变化:"科学技术大部门与其哲学概括的谁先谁后,是各有千秋的。"他还以社会科学和思维科学为例指出:"这些部门是先从马克思主义哲学构筑一个哲学概括,然后用以指导部门学科的研究发展,部门学科发展了,又回过来丰富深化原来的哲学概括"[5-086]。另外,由于各大部门的历史发展不同,有些部门"也不会只有基础全部搞好了,上面一层结构才能动手,因为事物总是相互关联的,上面的结构又可以指导下面一层次的研究"②。如此认识问题显然辩证多了。这些观点当然适用于建立系统论的工作。

到 1986 年初系统学讨论班开班时,钱学森明确地提出系统科学发展包含一项不可或缺的任务:"我们应该建立系统科学的哲学概括,就是系统论。"至于如何着手建立系统论,钱学森是这样考虑的:"我们有些创新的那些东西,都跟系统科学的哲学是有联系的,怎么办呢? 要建立哲学的概括,我建议从历史上来考察,只有一个办法。这个办法就是查看现在存在的各种各样说法,吸取里边正确的一部分。""现在存在的对于系统的哲学概括,探讨的工作是很多的,不管外国也好,中国也好,很多。我们要建立系统科学的哲学,我们就要认真地来研究分析这些东西,对的,我们就吸收,不对的,我们就要舍去,要批判。批判,就是清理我们的头脑。"还

① 魏宏森．钱学森与清华大学之情缘．北京:清华大学出版社,2011:126.

② 钱学森．科学的文艺与文艺的科学．钱学敏编．北京:人民文学出版社,1996:196.

特意提醒人们这样做“要有点勇气”①。请注意“清理”二字,批判他人的错误也是清理自己的头脑,此话说得精彩。

10.3　钱学森谈还原论

系统论是对还原论的超越。超越不是简单的否定,而是扬弃,有扬也有弃。欲懂得系统论,需懂得还原论,弄明白系统论如何对还原论既有扬,又有弃,重要的是扬什么、弃什么。系统论既要张扬还原论对事物精细了解之长,又要摒弃还原论看不到事物整体的局限性。所以,阐释系统论必须阐释还原论,揭示它的局限性,寻找超越它的具体途径。这是由系统论与还原论之间固有的辩证关系决定的。贝塔朗菲就是这样做的,他从揭示“分析程序的局限性”入手②,阐述一般系统论的基本思想。

钱学森也是这样做的,为了让人们接受系统论,他研究什么是还原论,搞明白它在什么情况下有效,又在什么情况下变得无效,其内在机理是什么,从而揭示它的局限性,也就从反面阐明了系统论的必要性和具体含义。什么是还原论方法?钱学森给出这样的回答:“还原论的方法是,如果要处理的这个问题太复杂,就把它切成几块来研究,如果这些块还复杂,可再切小,如果还复杂,再切小。越切越小。”形象地说,还原论方法就是“切块的方法”③。还原论的主要奠基者是笛卡儿,对照他的原始论述就会发现,钱学森的这段话言简意赅,准确地指出了还原论的目的、功用和方法手段,以及字面背后所隐含的假设。还原论的目的和功用是消除对象或问题的复杂性,把它转化为简单性;所用手段,通俗点讲,就是切割,把对象切割成小块,把整体切割成部分。作为科学方法论,还原论至少暗含着这样两个假设:①对象的整体是允许切割的,也有办法切割;②部分比整体简单,把整体切割成部分可以消除复杂性。这两个假设实际上超出方法论的范畴,包含着本体论和认识论的成分。

钱学森还有一个本质上相同、又有新意的说法:“还原观的做法,就是分解了,一个个地摸,整个系统也就有了”④。“切割”是生活语言,“分解”才是科学语言,还原论倡导把整体分解为部分来研究。此处的新意是,明确了讨论的是还原论在系统研究中的应用,要把系统整体分解(切割)为它的组成部分,目的是认识整个系统。这里揭示出还原论的一个认识论假设:只要把一个个部分摸清楚了,系统整体

① 钱学森. 创建系统学(新世纪版). 上海:上海交通大学出版社,2007:163.

② 冯·贝塔朗菲. 一般系统论:基础、发展和应用. 林康义等译. 北京:清华大学出版社,1987:16.

③ 钱学森. 创建系统学(新世纪版). 上海:上海交通大学出版社,2007:141,142.

④ 钱学森. 人体科学与现代科技发展纵横观. 北京:人民出版社,1996:108.

也就摸清楚了。用科学语言讲，系统整体的描述建立在对部分描述之上；有了对部分的描述，总有办法从描述部分过渡到描述系统整体，科学理论就是给出实现这种过渡的原理和方法。信奉辩证法的人明白，这种方法是否有效，要看具体的条件。但笛卡儿等没有这种意识，误以为还原分析方法适用于一切对象。

钱学森还有另一个说法："还原论是把一个整体分解开来研究，分解得还不够，再分解下一个层次再研究，再不够再分解"[①]。这里明确了还原论主张对整体进行切割，最终还要回到整体，分解整体是为了认识整体。要达到认识整体，一般不是一次分解就能够到位，需要一直分解到部分不再复杂为止。这里又暗含着一个假设：客观世界存在这样一个层次，只要还原到那个层次，复杂性就不存在了。普利高津最先发现了还原论的这个深层次假设，提出了把复杂性当做复杂性处理的原则。

为什么还原论能够盛行几百年，并且取得巨大成就呢？因为现实世界确实存在这样的系统，它们满足还原论所需要的条件。如钱学森所说，有些对象或系统"能解剖得开，一个个组成的综合系统可以单个地去摸，所以摸清了这个系统的组成部分，然后把它连起来，组成一个整个的系统，这个整个系统的性质由组成部分的知识所建立起来的"[②]。此处又补充了一个新意：能够使用还原论方法的对象，关于整个系统性质的知识是由组成部分的知识所建立起来的，只要关于组分的知识掌握得足够，就足以了解整个系统的性质。这仍然是一个假设，一个必要条件，而不是无条件成立的绝对真理。

还原论的局限性究竟在哪里？它在什么样的条件下不再适用？钱学森分析过这个问题，指出有效应用还原论方法的一个必要条件是："用这种方法处理问题，你必须知道怎么切合理"，"如果不知道怎么切，乱切就可能把这个问题的本质特征切掉了，就改变了原来问题的性质"[③]。这里讲的是应用还原论方法的一个认识论前提：知道如何切割或分解。不满足此条件，就是乱切割，会把系统的本质特征切掉，研究得到的结论自然不符合实际。如此应用还原论方法导致的错误，在现实生活中无疑大量存在。

钱学森曾经针对地理科学的研究对象揭示还原论方法的不适用性。他以长江防护林建设和管理为例指出："如果切，这块归林业部，那块归财政部，行吗？不知道怎么切，结果互相打架，防护林也就干不成了"[④]。现实生活中这类事例数不胜数，都是滥用还原论方法造成的。更有力的批判是在生命体、人体研究中应用还原论，"特别是生物、人体科学，因为它是活的，你把它解剖开，它就完了，就不是活的

---

① 钱学森．人体科学与现代科技发展纵横观．北京：人民出版社，1996：405.

② 钱学森．人体科学与现代科技发展纵横观．北京：人民出版社，1996：108.

③④ 钱学森．创建系统学（新世纪版）．上海：上海交通大学出版社，2007：141.

了，就把整个系统破坏了，所以不允许这样做”。钱学森认为，正是在生命领域暴露了还原论方法的“极大局限性”，故“这种方法是不允许的”[①]。地理环境和人体都是开放复杂巨系统。钱学森针对这些具体问题对还原论的批评，逻辑地得出这样的结论：开放复杂巨系统都不能用和不宜用还原论方法，宜用也只能用系统论的方法；更具体地说，要用从定性到定量综合集成法。

一个学科的假设就是对其适用范围的限制，不满足假设的问题不能用该学科的原理和方法去解决。如果研究对象不允许切割，如人体系统；或者虽然允许切割，但部分不比整体简单，通过把整体分解为部分就起不到简化问题的目的，还原论还有什么意义？即使部分比整体简单，你也知道如何正确地切割，但若无法从对部分的描述中得出（过渡到）对整体的描述，还原论又有什么意义？一句话，还原论方法的有效应用是有条件的，而开放复杂巨系统研究恰好不满足这些条件。

10.4　钱学森谈系统论

在 20 世纪 80 年代初，钱学森是以还原论作为对立面来论述系统论的。他后来检讨说，过去自己把系统论和还原论作为对立面是不对的，“实际上与还原论相对立的是整体论”[②]。古代人不懂对事物进行还原、细分，不能把对整体的认识建立在对部分精细认识之上，只能就整体认识整体，故称为整体论。近代科学的还原论并非对整体论的扬弃，而是简单地否定了整体论，因而堵塞了自己从了解部分到了解整体、到洞察普遍联系的道路。

从迄今为止的人类认识史看，从整体论到还原论再到系统论，呈现出否定之否定的辩证发展模式。系统论既是对还原论的扬弃，也是对整体论的扬弃，实现了对两者的综合、升华，故系统论是比整体论和还原论更高层次的方法论。钱学森是这样说的：“我们所提倡的系统论，既不是整体论，也非还原论，而是整体论与还原论的辩证统一，是更高一层次的东西，即我们的系统论既包括整体论，也包括还原论。我们对这两方面的贡献都不否认。但是我们要把它们综合起来。”或者说：“你完全靠整体也解决不了问题，你完全靠还原论也解决不了问题。所以说整体论方面与还原论另一方面，两家要争论是没有什么意思的，这谁也缺不了谁……系统科学并不是要抛开局部细的结构不考虑，不是这样的，非要考虑不可，但只考虑局部，只考虑微观是不够的，还有整体。所以是整体论与还原论的辩证统一，微观与宏观的辩证统一”[③]。钱学森还有个通俗的说法：不要整体论不行，只要整体论也不行；不要

---

① 钱学森．人体科学与现代科技发展纵横观．北京：人民出版社，1996.

② 钱学森．人体科学与现代科技发展纵横观．北京：人民出版社，1996：405.

③ 钱学森．人体科学与现代科技发展纵横观．北京：人民出版社，1996：362，405.

还原论不行，只要还原论也不行；只有把两者结合起来，才是今天科学提倡的系统论。

对于系统论包含而不排斥还原论，钱学森还做过这样的论证："'集大成'，首先要'集'，这是'整体观'。但请注意，也必须有'集'的对象。这是说单有'整体观'不够，还得有大量零星的材料，即局部细致的研究结果"[8-109]。这种"集"的对象、材料要靠还原论方法来获得，所以系统论不能拒斥还原论。

对上述观点进一步提炼，钱学森得到这样一个兼具哲理性和科学性的命题："系统论是整体论和还原论的辩证统一"①。这是从方法论角度对系统论的界定，在钱学森的系统思想中具有重要地位。对此有两点需要说明。其一，系统论不限于方法论，还有存在论、演化论等，需要从不同角度加以界定，才能够完整地揭示系统论的丰富内涵。其二，这个命题是在人体科学讨论班上最先得出的，这一点有力地告诉我们，研究系统科学不能局限在系统科学本身，从其他十大部门中提炼新的系统思想是非常必要的。

由于主要精力集中于建立系统学和研究开放复杂巨系统，钱学森始终没有专题研究和讲述过系统论，而是针对一些具体问题发表了许多独到的见解，对从事系统科学哲学问题研究的学者提出点滴的建议、忠告和批评。但有一点他十分明确，十分坚持，就是强调系统论必须以马克思主义的辩证唯物主义为指导，任何违反这一原则的做法他都要公开批评。一个典型例子是他对乌杰的工作提出批评："《系统辩证论》就是不讲《矛盾论》怎么行！""将来我们的系统哲学概括，'系统论'，可不要再犯此错误"②。对于他的批评可能有不同意见，这很正常。但必须肯定的是，在钱学森看来，系统论研究中坚持运用毛泽东哲学思想是一个不可动摇的原则，讲系统论一定要讲《矛盾论》，用《矛盾论》的基本思想对系统科学进行哲学概括。

从科学技术体系学观点看，钱学森认为系统论是系统科学的体系之首，亦即带头学科，它要阐述的是系统科学的总精神。这就规定了建立系统论对系统科学发展的重大意义。可惜的是，他所期望的系统哲学概括至今没有写出来。

10.5 钱学森谈系统科学辩证法

作为一种哲学分论的系统论，一个重要组成部分是系统科学辩证法。系统科学中充满辩证法，这自然引起中国自然辩证法界浓厚兴趣，在 20 世纪 80 年代头几年就有不少文章发表，是那股"系统热"的热点之一。由此促成 1984 年全国会议的召开。在会议筹备阶段，召集人之一的黄麟雏致信钱学森，请他莅临指导。钱学森

---

① 钱学森．人体科学与现代科技发展纵横观．北京：人民出版社，1996：361.

② 钱学森．创建系统学．太原：山西科学技术出版社，2001：421.

在回信中谈了他对这一研究领域的原则性看法:“系统科学辩证法实是我所说的从系统科学到马克思主义哲学的桥梁——系统论的一部分。我看其中的重要问题是结构与功能,还原论与整体论等辩证关系”(1-455)。由于钱学森的权威性,加上社会系统固有的正反馈机制,他的这个学术观点迅速成为系统论研究者的指导思想,给“系统热”再加一把火,由此而获得大量研究成果。

辩证哲学认为,一切事物都是矛盾的对立统一。以A记矛盾的一方,以非A记矛盾的另一方。A与非A既相互否定,又相互肯定,或者说对立面相互规定,否定也是规定,一方从反面规定着另一方。人们要认识一方,必须考察另一方,弄清楚另一方如何以否定的形式规定着这一方,通过否定A而揭示非A的规定性,又通过否定非A而揭示A的规定性。这就是辩证的认识方法。

全面性和片面性的对立常常表现在对待矛盾的态度上,这在系统科学中看得很明显。系统概念的辩证本性在于它内蕴着多种对立统一,复杂巨系统尤其突出。但系统科学家、系统哲学家的著述中常常只讲矛盾的一方,不讲另一方。如讲无条件的开放性,忘记封闭性对系统也是不可或缺的,二者是辩证统一的。钱学森明确反对这样做,坚持对此类观点提出批评,认为它违背辩证法。如有人写了《相似系统论》,只讲系统之间的相似,不讲系统的相异。钱学森提出批评:“一说相似就只说相似,不顾‘相异’了。客观实际是:两个系统或一个系统的不同层次,有相似也有相异,而且系统发展运动中相似与相异也会动态地变化。所以全面讲系统,应是讲‘系统的相似与相异’,不能只讲《相似系统论》!”并要求《系统学》一书应该有一章专门讨论这个问题(8-228)。

钱学森是十分自觉的辩证唯物主义者,看到有人在具体科学技术问题中用对立统一规律给出的论述,他都会“感到很兴奋”。他本人更喜欢并善于运用对立统一规律分析问题,留下大量精彩的言论,这里略加评介。

(1) 部分与整体。这是系统概念中包含的最基本的一对矛盾,或显或隐地规定和影响着其他矛盾,钱学森十分重视。前述关于整体论、还原论和系统论的讨论,就是钱学森对部分与整体之辩证关系的论述。关于涌现性的论述,讲的也是部分与整体的辩证关系:部分经过整合就会使整体产生出部分没有的系统新质。这一点对系统自组织尤其关键。而所谓“从全局出发,用好局部”的行为原则,是以他组织理论关于部分与整体的辩证关系为基础概括出来的。

(2) 高层次与低层次。层次是刻画系统结构的重要概念,不同层次的关系是辩证的。钱学森这样认识层次的辩证关系:“一个复杂的系统是有结构的,而且有不同的层次,每个层次又有自己的特点,层次与层次之间不是割裂的,下面的层次综合起来可以得到上面一个层次的性质……从一个层次到另外一个层次有飞跃,不是简单的延伸,是量变到质变。这个道理就是系统科学的总的精神——系统论、系统观的看法”。“低层次受高层次的控制,高层次受低层次的影响,层次之间的作用是非常复杂的”。钱学森由此联系到系统哲学家邦格，认为“层次与系统的问题也是邦格的弱点”，因为他企图给出系统的形式化定义，把复杂系统人为的简单化，是机械唯物主义的。他认为：有人说“低层次的结构决定高层次的结构，再决定更高层次的结果”，这种观点完全是还原论的；“系统论是高层次可以反作用于低层次，这个观念非常重要”①。特别地，如果对象属于巨系统，必定出现微观与宏观的层次划分，层次的辩证关系中更突出的是宏观与微观的辩证关系。

(3) 有序与无序。系统必定具有有序性，但系统内外又总是存在无序的因素，构成一对研究和处理系统问题无法撇开的矛盾。“开放的复杂巨系统的序与混沌是巨系统学中的重要问题”(8-200)。有序和无序也是一对深具哲学意义的矛盾，贝塔朗菲以来一直是系统科学和系统哲学关注的热点之一，也引起钱学森的关注。“宏观的‘序’的形成是靠微观的频繁变动为基础的，即宏观的‘序’是建立在微观的混沌之上的”(8-184)。特别是混沌热在国内兴起后，钱学森一再借此讨论这对矛盾。不过，他把混沌视为混乱无序，值得商榷。

(4) 定性与定量。这是现代科学技术方法论中一个范畴对，首先在自然科学中被成功地结合起来。钱学森的基本观点是：“从马克思主义哲学来理解，定性、定量这本来是辩证统一的”②。被引入系统科学后，在处理简单系统和简单巨系统问题时，获得了近似自然科学那样的成功。但面对复杂巨系统问题，科学的定量描述遇到很大困难，对定性与定量关系的认识成为钱学森长期考虑的重点问题之一。他发现，在定性与定量的关系问题上存在两种片面性，一种是“定性是定性，定量是定量，是两个不相干的东西”；另一种是“把定性跟定量搁在同一个锅里煮，同样一个水平上去看”，两者都不能解决问题。“定性跟定量是在不同的层次，这是一个辩证的过程”；“这个过程，就是从低层次的定性到高一层次的定量，然后定量积累起来又成了更高层次的定性”③。基于这种辩证的理解，钱学森创造出从定性到定量综合集成法。他把《实践论》关于认识过程辩证性的思想引入定性描述与定量描述的关系中，指出综合集成法中的定性和定量不在一个水平上，这个定量是经过对定性认识的加工处理而得到的，因而是更高的一个水平；从定性到定量是一个反复进行的辩证过程，是从低层次向高层次的飞跃，所以称为“从定性到定量”。

(5) 确定性与不确定性。这对矛盾不仅具有方法论意义，更具有本体论意义。钱学森持这样的观点：“关于决定论和非决定论的问题，我认为，所谓非决定论，无非是有些因素、有些因果联系还没有认识到，这些因素在产生作用，但却不在你的控制之内，所以产生了非决定论……如果深入到物质世界的下一个层次，进一步揭

---

① 钱学森．人体科学与现代科技发展纵横观．北京：人民出版社，1996：81，116，428.

② 钱学森．创建系统学．太原：山西科学技术出版社，2001：99.

③ 姜璐．钱学森论系统科学(讲话篇)．北京：科学出版社，2011：48.

示物质世界的规律，就会是决定论而不是非决定论了”[①]。照此看法，出现非决定性完全是因为有些因果关系思考者还未认识到，没有深入到下一个层次。这就把非决定性全部归结为主观因素，而实际上物质世界的每一个层次都是决定性与非决定性的辩证统一。

钱学森的上述论断是否都很准确和到位，我们不想下简单的结论，有待学界讨论。我们要肯定的是这些说法都极富启发性，是构筑辩证唯物主义的系统哲学的重要原材料，值得系统哲学家认真挖掘。

10.6　钱学森对国内系统哲学研究的广泛影响

钱学森对建立系统论的贡献不仅反映在他自己的文章、讲话中，大量的工作还在于他对中国系统哲学的自发研究所产生的巨大影响，他事实上成为这场持续约二十年的研究活动最有力的组织者。尽管钱学森在 1980 年的那次会上对立即开展系统论研究明确持保留态度，认为条件还不成熟，实际上在学界点了一把火，系统科学哲学问题研究之火从此迅速烧遍大江南北。1982 年“系统热”或“三论热”已经在中国内地形成，自然辩证法界首当其冲，他们既是系统科学知识普及的主力，也是对系统科学进行哲学概括的主力。最初的“系统热”主要是有关系统论、信息论和控制论的宣传和研究，俗称“三论”。但系统科学界非常重视的运筹学未包括在内，因为运筹学的哲学意义不突出，哲学家感到乏味；而系统论、信息论和控制论都极具哲学意义，深深地吸引着哲学界，特别是自然辩证法界的注意，发表了一批批论文，确乎称得上一种“热”。后来发现还有耗散结构论、突变论、超循环论和协同学等，也极具哲学意义，便将系统论、信息论、控制论称为“老三论”，提出“新三论”的说法，但具体所指有分歧，还有人说应该是“九论”。这既反映了此类新系统理论有强大的学术吸引力，也反映出学界的认识混乱。钱学森反对这种说法，提出“三论归一，统一于系统论”的观点，最终为学界接受。

钱学森和他的研究团队没有精力从事建立系统论的工作，主要是鼓动自然辩证法界承担此一任务。据魏宏森回忆，从 1979 年年中起，以科学方法论研究为切入点，他就开始得到钱学森的帮助和指点，由此开始了他与钱学森近二十年的交往[②]。起先的讨论涉及整个自然辩证法研究，1980 年以后逐步集中到系统科学哲学问题上。从 1982 年起，由清华大学（魏宏森）、西安交通大学（黄麟雏）、大连理工学院（林康义）和华中理工学院（邹珊刚）四个学校“轮流坐庄”，一年召开一次有关系统科学哲学问题的全国学术会议，前后共 12 次。这一活动形式对中国系统哲学

① 钱学森．科学的文艺与艺术的科学．钱学敏编．北京：人民文学出版社，1996：123.

② 魏宏森．钱学森与清华大学之情缘．北京：清华大学出版社，2011：115～127.

研究发挥的作用不可低估，魏宏森也由此而在自然辩证法界获得“魏系统”的雅号。本书作者受到他们的影响，从第三次会议（西安）开始参与系统论研究。

在钱学森的影响和推动下，中国自然辩证法界对系统科学哲学问题作了长达三十多年的探讨，形成若干小流派，如吴学谋的泛系理论，乌杰的系统辩证论，王存臻、严春友等的宇宙全息统一论，平措汪杰的系统辩证法，金日禅的群子论等“好几家言”(6-107)。他们的许多观点不为钱学森赞同，钱学森有明确的批评意见，如说：“泛系论是就系统论系统，或者说就系统的整体论系统的整体……只考虑整体，一点还原论都没有，这不行的”。“它不是系统科学，它只能做系统科学的引子”①。但他们的工作对于建立钱学森意义上的系统论都有参考价值，中国的系统哲学已经初步有了称得上学派的独立工作，无疑包括他们的成果。

这里要说一说乌杰的工作。这位留苏学者后来从政，但一直怀有学术兴趣，对系统论的研究和宣传一直坚持到现在。由于他的努力，中国系统科学学会得以成立，创办了自己的刊物《系统科学学报》（原名《系统辩证学学报》），使这一领域的学者有一个固定的刊物发表研究成果；学会定期召开学术会议，给学子们提供了学术交流的平台。他自己也有关于系统哲学的著作问世。乌杰对中国系统科学的这些贡献是人们不能忘记的。

从20世纪70年代末起，在钱学森直接或间接影响下，以自然辩证法学者为主，对系统科学的哲学问题进行了持续的研究，直到现在仍有著作问世。作者依据自己掌握的资料对有关成果（纯粹的系统哲学和包括系统哲学的书籍）列表（表10.1）介绍如下。

表 10.1 系统哲学相关成果

作者	书名	发表时间
魏宏森	系统科学方法论导论	1983
—	系统理论中的科学方法与哲学问题	1984
黄麟雏等	系统思想与方法	1984
金观涛等	控制论与社会方法论	1984
李晓明	模糊性：人类认识之谜	1985
汪应洛，黄麟雏	系统思想与科学技术发展战略研究	1986
王雨田	控制论、信息论、系统科学与哲学	1986
苗东升	模糊学导引	1987
张卓民，康荣平	系统方法	1987
陈克文	变革思维方式的科学	1988

① 钱学森．人体科学与现代科技发展纵横观．北京：人民出版社，1996：362.

续表

作者	书名	发表时间
朴昌根	系统科学论	1988
中国辩证唯物主义研究会	系统科学的哲学探索	1988
吴学谋	从泛系观看世界	1990
刘长林	中国系统思维	1990
张彦，林德宏	系统自组织概论	1990
冯国瑞	系统论、信息论、控制论与马克思主义认识论	1991
黄金南	系统哲学	1992
苗东升，刘华杰	混沌学纵横论	1993
李后强等	分形理论的哲学发轫	1993
刘炯忠	马克思主义的方法论与系统论	1994
魏宏森，曾国屏	系统论——系统科学哲学	1995
曾国屏	自组织的自然观	1996
吴彤	生长的旋律	1996
苗东升	系统科学辩证法	1998
闵家胤	进化的多元论：系统哲学的新体系	1999
林夏水等	分形的哲学漫步	1999
金吾伦	生成哲学	2000
曾永寿	系统之谜	2000
胡皓，楼慧心	自组织理论与社会发展研究	2002
李曙华	从系统论到混沌学	2002
乌杰	系统辩证学	2003
张志林，张华夏	系统观念与哲学探索	2003
乔瑞金	非线性科学思维的后现代诠解	2003
彭新武	复杂性思维与社会发展	2003
毛建儒	对系统哲学的探索	2004
武杰	跨学科研究与非线性思维	2005
黄欣荣	复杂科学与哲学	2007
刘劲扬	哲学视野中的复杂性	2008
魏宏森等	复杂系统的理论与方法探索	2008
尹春	自然系统的一般原理	2010
苗东升	开来学于今：复杂性科学纵横论	2010
李梁美	走向系统综合的新学科	2012

钱学森有意推动系统科学的哲学问题研究，还有一个目的，就是希望中国学者把中华民族古代思想的精华提炼出来，以丰富马克思主义哲学。在给刘培育的信中，钱学森就整体思维指出："中国古代没有现代西方国家所推崇的还原论方法，把一个事物的整体分解又分解，直至可以简单处理了。马克思主义哲学虽然批评了这个方法论，指出必须重视整体中单体事物的相互关系，但没有给出综合单体事物及其相互关系为整体的方法论。我国古代是十分强调整体认识方法的。您书的145页上就说到王弼的'言''象''意'的思维方式，这是整体思维方法论，可以补充马克思恩格斯之不足"[7-352]。他为此而给一些从事传统文化研究的学者写信，讨论这方面的问题。既肯定马克思主义哲学奠定了现代系统思想和系统概念的基础，又指出它的不足是没有给出综合单体事物及其相互关系为整体的方法论，这样做是科学的。这也就指明了系统科学的贡献在于给出综合单体事物及其相互关系为整体的方法论。

系统哲学的近邻是信息哲学，近三十年来，以邬焜为代表的中国学者作了持续的探索，取得很多成果，与系统哲学形成相互促进的态势，故这里有所提及。

第 11 章　钱学森对系统概念的诠释

科学理论是以概念为元素构成的观念系统。一门科学，一种理论，都是一个概念体系。构成该体系的众多成员中，有基本概念与导出概念、核心概念与非核心概念、重要概念与一般概念等划分，按照它们的内涵组成一个有机联系起来的逻辑结构。而能够代表该门科学根本精神的、进入学科命名的概念只有一个，其他概念都是为阐释这一概念服务的。对于系统科学来说，这个概念就是系统，钱学森称之为根本概念或核心概念。我们在分别从系统科学四个层次上评说钱学森的工作后，本章将专题介绍和评析他对系统概念的诠释。在科学技术体系的每个大部门中，根本概念主要由它的基础科学来阐释，技术科学再将它分门别类地具体化，工程技术层次使用这些概念，但不承担定义这些概念的学科任务。系统科学亦然，本章将分别就技术科学、基础科学、复杂性科学和哲学层次评介钱学森对系统概念的诠释，而重点评介他依据复杂巨系统学的思想对系统概念的诠释。

11.1　钱学森系统概念的演变

钱学森在 1978 年的文章中给出他对系统概念最早的定义。那显然只是技术科学的系统概念，而且实际背景是工程系统，特别是导弹火箭研制的工程实践：字面上看，只有那些工程研制的机器等才被看成系统。

1979 年 1 月发表的钱学森与乌家培合写的《社会工程》一文中，他们把系统概念推广到社会领域。文章开头就指出，《组织管理的技术——系统工程》一文所说的还是一个工厂、一个企业等"'小范围'、'小系统'的系统工程，而这些小系统还受国家这个大系统的制约，大系统的组织管理没搞好，只讲小系统的系统工程，也达不到真正的好、快、省"(13页)。这里明确把整个国家、整个社会看做系统，按照系统规模把系统分为大、小两类，强调了小系统受大系统的制约。此文不仅扩展了系统概念的外延，而且丰富了它的内涵。

在系统科学中，巨系统是钱学森提出的第一个新概念，这个概念在他的系统科学概念体系中相当关键。大系统是国外学者在这之前提出的概念，1979 年前后，国外系统科学界正处于研究大系统理论的热潮中。他们以系统规模为标准对系统进行分类，划分为大、中、小三类。这种系统分类包含着一个新观点，就是认识到规模是系统的一个重要性质，认识和解决系统问题，不能不考虑系统的规模。这显然符合量变导致质变的辩证法规律，是系统思想的一个重要发展，钱学森从哲学和科学上思考这种概念划分，发现随着把系统概念扩展到整个社会，大系统概念也不够用了。大系统指的是地区电力网之类系统，它们同整个社会这样的系统不可同日而语。这篇文章还对巨系统的特点做出初步论述。

但这个时期的钱学森似乎“忘记”了自己本来是自然科学家，他头脑中的系统概念，不论小、中、大、巨，都没有联系到自然界。照他的说法：“在那个讨论会上（指1979年10月在北京召开系统工程学术讨论会），我个人才把系统的概念扩大到自然界”，“所以在1979年的秋天到冬天，我们仅仅是把系统的概念扩大了，包括到自然界了”①。但这主要是系统概念外延的扩展，尚未窥见新的系统质性。钱学森在系统概念上的最大创新是提出复杂巨系统概念，这是本章的重点，我们将在11.4节中作专题论述。

11.2 系统概念的技术科学诠释

钱学森的系统概念首先来自工程技术，萌发于参加美国火箭导弹的早期研制，真正的实践基础是中国航天科技的创建过程。在这20多年中，说到系统，他脑子里浮现的就是各种各样的工业产品、机器等，首先是导弹火箭。它们的共同点是：从一定的总体目标出发，先要研制出大大小小的零部件，然后按照一定的结构方案组装成为总机。由此不难理解他最早（1978年）给出的系统定义（**定义1**）：“我们把极其复杂的研制对象称为‘系统’，即由相互作用和相互依赖的若干组成部分结合成的具有特定功能的有机整体，而且这个‘系统’本身又是它所从属的一个更大系统的组成部分”[(2页)]。其基本内涵有以下几点：

（1）这是一种工程论的系统定义，它们是人工“研制”出来的东西，是人造物，最具代表性的就是导弹火箭。研制对象当然是工程，因而属于典型的技术科学的定义，也是工程技术层次使用的定义。

（2）这是一种构成论（有别于生成论）的系统定义，指明系统是由多个部分（组分）“结合成”的，组分之间相互作用、相互依赖（结构），明确了系统自身的两个要素：组分和结构。认识一个系统，必须了解它的组分和结构，这是系统的内在规定性。

（3）这是一种整体论的系统定义，指明系统是有机整体。他在另一处还说：“系统就是由许多部分所组成的整体，所以系统的概念就是要强调整体是由相互关联、相互制约的各个部分所组成的”[(109页)]（**定义2**）。换个说法，由相互关联、相互制约的各个部分所组成的整体就是系统。了解系统的构成不是目的，了解系统的整体特性才是目的，懂得系统的构成是为了把握系统的整体，而这种整体是由于组分

① 钱学森．创建系统学(新世纪版)．上海：上海交通大学出版社，2007：7.

之间相互作用、相互制约而形成的。

(4) 这是一种功能论的系统定义，突出了系统“具有特定功能”，这里所谓的功能当然是按照人类需要来衡量的，暗含系统要讲究实用性、有效性、经济性等。

(5) 这是一种开放论的系统定义，作为研究对象的系统一定从属于一个更大的系统，是从这个更大系统中相对地划分出来的，因而对此系统开放。“从属于”更大系统意味着受该系统制约，也就是这个更大系统从外部对它有所规定(系统的外在规定性)。明确地把这一义项放在系统定义中，是钱学森系统科学的一个特点。

(6) 这个定义有两点限定过严、过窄，应当除去。一是加上限制词“复杂的”，即把简单事物排除在系统之外，否定了存在简单系统。二是加上限制词“研制对象”，只能反映工程系统，连运筹学描述的经营管理对象都被排除在外，更不用说自然系统。

这个定义显然不适用于自然系统，也不适用于工程之外的人工系统，甚至也不完全适用于工程系统。钱学森等在阐释上述定义后，立即讨论了经营管理领域的系统。基于这样的分析，后来又把两个定义结合起来，给出这样的定义：“系统就是由许多部分所组成的整体，所以系统的概念就是要强调整体，强调整体是由相互关联、相互制约的各个部分所组成的具有特定功能的有机整体，而且这个‘系统’本身又是它所从属的更大系统的组成部分”[289页] (**定义3**)。排除了“极其复杂的”和“研制对象”这两个局限性太大的限定词，就大大扩展了定义的适用范围，至少技术科学和工程技术两个层次上普遍适用。但限制词“有机”也过窄，无机系统也是系统科学的研究对象。

系统的辩证本性在于，它内含种种基本矛盾，第一位的是整体(总体、全局)和部分(局部)的矛盾，或称局整关系。钱学森以古人盖房子为例指出，即使最简单的劳动，也有总体和局部两个方面，先要构想总体结构，后要从每一个局部来实现这种构想。简言之，从总体着眼，从局部着手。这是从实际应用的角度对系统概念的诠释，合乎辩证法，也颇有启发意义。

最后再补充一点。在英语中，体系与系统是一个词 system。在汉语中，体系和系统实质相同，但也有点区别。钱学森用系统观点考察问题时，一般都称研究对象为系统，少数情况下称为体系，如讲知识体系、现代科学技术体系等。但他从未明确提及二者有什么不同。近年来军事科学界的学者把体系作为一个独立概念引入系统科学，常讲体系与体系的对抗，渐渐被人们接受。从钱学森对这两个概念的具体运用看，体系是一类特殊的系统，特点是规模庞大，分系统之间的相互联系明显弱于分系统内部的联系，这样的系统称为体系更恰当些。

11.3 系统概念的基础科学诠释

钱学森虽然提出系统学是系统科学的基础理论，花费很大精力研究系统学，但他从来没有明确地从基础科学层次上给系统概念下定义。在一定程度上，他是把定义2或定义3当成基础科学的系统概念的定义。这从他的大弟子们的著述中可以看出来。如何定义基础科学层次的系统概念，决定了如何定义系统学。"六大将"曾给出这样的定义："系统学是研究系统结构与功能（包括演化、协同与控制）一般规律的科学"①。这大体上也是钱学森的定义，至少是接近他的定义，从中可以体悟钱学森如何理解系统学对系统功能概念的诠释。另外，细读"系统学观点集萃"一节的引文，我们还是可以从不同视角了解钱学森思想深处对基础科学层次的系统概念的理解。

应该说，把定义2和定义3视为基础科学层次上的系统定义也有一定合理性，作者在一定程度上也是接受的，与定义1比较，这两个定义有较多的普遍性。但作者又认为还有不能令人满意之处，需要说明：其一，钱学森的两个定义是从考察经营管理技术和所谓"经营科学"中直接概括出来的，经验基础是技术科学和工程技术。按照钱学森的说法，在形成这个定义时他尚未想到自然界的系统，即这两个定义没有概括自然系统的特点，显然是一个缺陷。其二，功能是技术科学的基本概念，因为技术科学是改造客观世界的知识体系，关注的中心问题是系统的功能、效益，而非系统的基本质性和深层规律。这不符合基础科学的质性。既然系统是系统学的根本概念，或核心概念，就必须撇开经营管理和工程技术这样的应用背景，严格地从基础科学层次上加以定义。系统学没有真正建立起来，与没有给出系统概念的基础科学定义有一定关系。以阐述系统功能为核心的理论，不可能是基础科学的理论，时时处处想着系统的功能，对系统的理解很难达到基础科学的高度。

从国际系统科学发展史看，作为基础科学层次的系统理论都不强调系统的功能问题。贝塔朗菲、普利高津、托姆、艾根等都不重视阐释功能概念。哈肯的协同学中引入功能概念，但关注的不是系统整体具有怎样的功能、功能由哪些因素决定、如何度量功能等（这些问题对于以功能为核心概念的应用科学的系统理论都是基本的），他引入的概念是系统的功能结构，目的是讨论按照它们对整个系统发挥的功能来划分不同组分或分系统，而不是讨论整个系统的功能如何。所以说，功能也不是协同学的基本概念。

由于把功能作为系统学的基本概念之一，钱学森提出了功能态概念，从不同角度给予阐释，显然被他视为系统学不可或缺的基本概念。但他说的系统功能态，就

---

① 王寿云，等．开放的复杂巨系统．杭州：浙江科学技术出版社，1996：前言．

是非线性动力学讲的稳定定态，因为只有处在稳定定态上，系统才可能正常发挥它的功能。稳定定态是基础科学的概念，完全不必考虑它的实际用处，重要的是区分定态与非定态、稳定定态与不稳定定态，而不必关注它的功能。所以，在基础科学层次上，有了稳定定态概念就足够了，功能态概念已经隐含其中。但在技术科学层次上，功能态概念是必要而且重要的。

把功能作为基本概念，甚至用功能定义系统，就会掩盖系统最根本的质性，即决定系统存续、运行、演化基本规律的那些质性。以如此定义的系统为根本概念，很难建立系统科学的基础理论，得到的基本上是技术科学层次上的系统理论。不过，虽然没有从正面明确定义系统学的系统概念，钱学森对系统概念之内涵的不同侧面，还是给出一些很有深度的揭示，反映出系统的基本性质如 8.6 节所说。

按照本书作者的理解，基础科学层次的系统定义应该突出强调的是系统的整体涌现性，这是系统与非系统最本质的区别。于是有以下两个定义：

定义 4　系统是呈现出整体涌现性的多元集。

由此定义立即推断得出：存在非系统，它的基本表现方式有两种，一是单元集，二是没有呈现出整体涌现性的多元集。更详细的表述为：

定义 5　由相互关联、相互制约的各个部分所组成的、整体特性不能归结为部分特性之加和的事物，不论是无生命的或有生命的、天然的或人工的、实体的或观念的，都叫做系统。

11.4　系统概念的复杂性科学诠释

钱学森对系统科学贡献的新概念，主要是在转向复杂性研究后给出的，故他对系统概念的诠释也主要在这个时期。“巨型的”、“复杂的”、“开放的”三个限制词的相继增加，既反映了钱学森对复杂性的认识过程，也反映了他对系统概念理解的深化过程。

11.4.1　巨系统

规模是系统的基本规定性之一，按照规模对系统进行分类是系统科学界普遍采用的做法。在钱学森之前学界已经按规模划分出小系统和大系统，有人还讲中等规模系统。规模的衡量标准主要是系统组分数 N 或分系统数 n，把它作为系统分类标准有其合理性。但小、中、大系统之间不存在确定的分界线 $N_1(n_1)$ 和 $N_2(n_2)$，只能加以相对的区分。崇尚精确性的学者拒绝接受这类概念，此乃大系统理论一直未能走红的原因之一。巨系统概念公布于 1979 年，背景是论述社会工程问题。钱学森等写道：社会工程“是系统工程范畴的技术，但是范围和复杂程度是一般系统所没有的。这不是大系统，而是‘巨系统’，是包括整个社会的系统”(15页)。此处所说的范围就是系统的规模。后来接触耗散结构论、协同学等(所研究的物理化学系统,组分数通常达到 10^{23} 的数量级),他更坚定了对巨系统概念的信心。在这之后近十年中,他把巨系统概念作为对付复杂性的主要理论武器,相信用这个概念可以有效处理人体、思维、社会等复杂对象。但究竟什么是巨系统,最初并未正面给出界定,有关论述也未受到学界公开质疑。提出开放复杂巨系统概念后,钱学森把它视为“整个系统科学的核心概念”①,把这一领域的主攻方向确定为建立开放复杂巨系统学,开始正面阐述这个概念,对三个限制词分别给出解释。

钱学森对于“大”和“巨”的解释是:“子系统数量达到几十、上百,这个系统称为大系统……如果子系统数量极大,成万上亿、上百亿、万亿,那是巨系统了”②。如此划分确有其合理的一面。从理论描述和实际应用看,由几十个分系统组成的系统和由万亿个分系统组成的系统必有重大差别,可能属于质性不同的系统。但如此划界也有令人生疑之处。从字面上看,大系统的上界似乎为 $n_1=100$,巨系统的下界似乎为 $n_2=10000$,根据何在?上百到成万是一个很大的数量范围,分系统从上百到成万之间的系统就没有类型的差别吗?成万到万亿也是一个很大的范围,处于其间的系统没有类型的区别吗?显然,小系统、大系统、巨系统都是札德意义上的模糊概念,不能苛求给出精确的分界线,应当把模糊概念当做模糊概念来使用。钱学森的界说太过模糊,科学性不够,难以令某些人接受是可以理解的。就是说,仅仅按照上述定义来把握大系统与巨系统的概念内涵是不够的。

钱学森的系统分类是在辩证唯物论指导下给出的,他深信量变导致质变规律必定在系统规模变化方面有所表现,因而规模可以作为系统的分类标准。现代自然科学和数学的大量成果表明,量变引起质变规律的实现方式大体上可分为突变与渐变两种。简单性科学描述的质变都是突变型的,量变过程存在临界点(哲学上称为关节点),对象性质在该点出现飞跃,之前与之后有质的不同,相应的概念都是精确概念。另一类质变是渐进型的,从前一种质向后一种质的转变不存在关节点,相应的概念是模糊概念。系统规模的变化对系统性质的影响就属于后一类,大系统与巨系统具有质的差异,但不存在系统规模的量变引起系统质变的关节点。试图用规模大小的具体数值来区分大和巨的科学性不足,但由此否认大系统和巨系统有原则的不同,拒绝接受巨系统概念,也不符合科学精神。细读钱学森著述可以发现,在形成巨系统概念的漫长过程中,他在不同场合、从不同角度把握了巨系统的某些本质特点,只是没有概括表达在他的正式定义中。钱学森对大系统和巨系统的区分绝不局限于系统规模这种数量特征,还注意到其他方面,这至少表现为以下两点:

---

① 钱学森. 创建系统学(新世纪版). 上海:上海交通大学出版社,2007:190.

② 钱学森. 创建系统学(新世纪版). 上海:上海交通大学出版社,2007:96.

其一,结构方面的差异:系统有无宏观与微观的层次划分。大系统理论曾经在系统科学界风靡一时,所研究的对象尽管也有层次划分,但都没有形成宏观层次与微观层次的差别。地区电力网是他们常常提到的大系统,具有某种典型性,其空间地域跨度很大,但作为其组分的发电厂、变电站等也都是宏观分系统,电力网作为大系统不存在严格意义上的微观层次。大企业也是大系统,尽管具有多层次结构,分系统也都是宏观的,不存在微观层次(对于大工厂来说,车间不是微观的,分厂更不是微观的)。而巨系统必定有宏观与微观的层次划分,基层组分一定是微观事物,任何微观组分都不可能直接影响系统的宏观整体行为。而巨系统,无论是普利高津看重的贝纳德流,还是哈肯看重的固体激光器,或者钱学森看重的人体和社会,都具有宏观与微观的层次划分,基本组分是微观存在物,整合微观组分形成宏观整体的组织方式与大系统的整合方式有质的不同,描述组分特性与描述整体特性的方法也有质的不同。在谈到巨系统时,钱学森特别强调微观与宏观的辩证统一,探讨如何从微观描述过渡到宏观描述,道理就在这里。

其二,属性方面的差异:系统是否存在自组织。系统科学讲的大系统原则上都是他组织系统,组分行为在很大程度上受整体的制约和控制,单个组分的行为可以对整体行为产生明显影响,自发性微弱,自组织因素小到可以忽略不计,故大系统理论无须考虑自组织。巨系统的基础组分太多太微,单个组分不可能对系统整体产生直接影响,其行为具有强烈的自发性、盲目性、局域性,自组织因素十分显著,形成各种各样的集体运动模式,对系统的整体行为有基本的重要性。协同学描述的是在适当控制参数(环境条件)下,系统内部自发形成各种微观组分的集体运动模式,通过竞争与合作,某个模式取得支配地位,就自组织地产生宏观层次的有序结构。钱学森对此曾做过这样的论述:“量变可以引起质变:H. Haken 等的协同学(Synergetics)证明这是可能的,即巨系统的统计理论说明巨系统中会出现简单系统中没有的现象,如自组织现象”(145页)。哈肯本人对此也有明确的认识,他把量变引起质变规律作为协同学的哲学依据之一。组分数量多到足以产生自组织运动,必须把对象作为自组织系统来描述,是巨系统有别于大系统的另一基本特征。

钱学森还从另一个角度比较大系统与巨系统的不同:“在复杂的系统中,我愿意用的词是巨系统,不是大系统。大系统和巨系统差别在哪一点呢?差别在巨系统的结构不是固定的,结构可随环境条件的区别在变化”①。大系统的结构是不变的,原来什么样子,以后还是那个样子。巨系统则不同,系统规模大到这个程度,结构就不再是固定的。一个结构可变的系统,其描述方法显然不同于结构不变的系统。

概言之,对于巨系统,按照系统规模做粗略的把握是必要的,却是不充分的。

---

① 钱学森. 人体科学与现代科技发展纵横观. 北京:人民出版社,1996:243.

重要的还要看系统是否出现宏观与微观的层次划分，是否存在不可忽视的自组织现象。规模足够巨大，大到出现宏观与微观的层次划分，必须充分考虑自组织现象，那就是巨系统。

11.4.2 复杂巨系统

与简单巨系统相比较，复杂巨系统有以下几个特点：

(1) 结构的层次性。在提出巨系统概念的初期，钱学森把复杂性归结为巨系统的特性，多次提及类似“……非常复杂的系统，即我们所说的巨系统”、“社会学中有很复杂的系统——巨系统”的说法(191页)。由于深信巨系统概念足以描述复杂性，他有关巨系统的论述实际上就是对复杂性的论述。巨系统的复杂性究竟表现在何处？钱学森最先注意到并且论述最多的是系统结构的等级层次性。他在提出巨系统概念后不久(1979 年)写道：“巨系统的特点有两个：一是系统的组成是分层次、分区域的，即在一个小局部可以直接制约、协调……再在上还有更大的层次组织。这叫做多级结构”(15页)。这实际上指的是复杂巨系统，哈肯等研究的简单巨系统不会如此，只是他当时还没有意识到这一点。1983 年他又指出：“巨系统内部是有层次的，一个层次一种运动形式，高一层次就有高一级的运动形式，因而各层次性能也不同”(191页)。还提出“多层结构是有序巨系统的特征”等说法(194页)。根据钱学森讲这段话的具体背景即可看出，他所针对的并非大系统理论家所关注的那些对象，也不是简单巨系统，而是作为特殊复杂巨系统的社会系统，不仅中间层次很多，而且有宏观与微观的层次划分。

(2) 组分的异质性。把巨系统划分为简单巨系统与复杂巨系统两个类别之后，钱学森是这样解释复杂巨系统的：“子系统的种类繁多，有几十、上百，甚至几百种，所以是‘复杂的’”①。更确切地说，所谓种类繁多指的是组分之间和分系统之间的异质性显著，钱学森的用语是“花色品种多”。这是复杂一词的基本内涵，有了“组分异质性显著”或“分系统异质性显著”这一条，复杂性的其他表现形式就有了客观基础。至于种类繁多到什么程度，仍然是一个模糊性问题。种类的具体数量，几十？上百？数百？不能苛求给出确切的数字。由同类组分构成的系统，即使其数量达到天文数字，组分的关系必定简单划一，系统的结构、属性、行为都不可能复杂。组分异质性是系统产生复杂性的内在根源，把不同质性的组分整合在一个系统中，组分的关系即系统结构必定是复杂的，复杂结构必然呈现复杂的属性和行为，系统与环境的相互作用也是复杂的。这种复杂性表现在多方面，钱学森在不同场合都有所论述。当然，这些论述一般都是定性的，所用多是模糊词，但思想是深刻的。

---

① 钱学森．创建系统学(新世纪版)．上海：上海交通大学出版社，2007：125.

(3) 系统的过程性。钱学森心目中的复杂性还表现为系统的过程性。巨系统的“另一个特点是系统大了，作用就不可能是瞬时一次的，而要分成多阶段来考虑”(15页)。这里谈的显然不是哈肯等研究的简单巨系统，它们无须考虑过程性；而“巨大而复杂的”农业系统，必须考虑过程性。钱学森说，农业系统“从时间上来说，是由若干阶段组成的一个时期，在进程和顺序上，渗透往返，盘旋曲折”(65页)。他认为，必须注意农业生产发展的两种过程，一个是主要矛盾演变发展的过程，一个是计划协调中的顺序变化过程。而“这两种过程交织在一起，使农业生产的发展过程十分曲折复杂”(69页)。

(4) 系统的动态性。过程性不等于动态性，考虑系统瞬时特性的过程性才是动态性。作为著名力学家的钱学森无疑深谙这种联系，前面所引他的话中已提及瞬时性，实质就是动态性。所谓复杂巨系统都是动力学系统，必须考虑其动态性。

(5) 系统的非线性。复杂性主要来源于非线性相互作用，已成为学界的共识。钱学森也持同样观点。组分异质又是数量巨大的系统，组分之间的关系必定是非线性的；组分少的系统，即使组分异质，相互间的非线性作用也复杂不到哪里去。所以钱学森认为：“对子系统的多变，不要认为是其不确定性，子系统的行为与它所处的环境有关；这样系统环境影响子系统，而子系统行为又影响系统，所以是高度非线性的”(10-258)。就是说，正是高度非线性导致分系统复杂多变。

总之，“开放复杂巨系统”中讲的“复杂”一词并非泛泛而论，组分的异质性、结构的多层次性、过程的多阶段性和动态性、相互关系和作用的非线性等，就是钱学森所讲的复杂性的具体内涵。

11.4.3　开放复杂巨系统

开放性概念的定性含义，贝塔朗菲已大体讲清楚了。至于对开放性的定量描述，控制论和运筹学提供了输入-输出模型，耗散结构论以熵交换与熵产生给出刻画，都有独到之处。钱学森这样解释开放复杂巨系统一词中的修饰词“开放的”：“系统本身与系统周围的环境有物质的交换、能量的交换和信息的交换。由于有这些交换，所以是‘开放的’”①。如此界定既未丰富贝塔朗菲的论述，也没有提出定量描述开放性的新途径，似乎显得多余。基于此，有些学者认为他对开放性的解释了无新意，故不接受开放复杂巨系统概念。他们的意见并非毫无道理。事实上，钱学森自己对于要不要增加限制词“开放的”也有过动摇，曾在与合作者通信中提出问题：“‘开放的复杂巨系统’是长了点，而‘复杂性’又太短，说明不了问题。用‘复杂巨系统’行不行？请考虑”(10-254)。他在另一处曾指出，三个限制词相比较，“重在‘复杂’及‘巨’”(5-214)。记住这一点，有助于准确理解钱学森系统科学的这个核心

① 钱学森，创建系统学(新世纪版). 上海：上海交通大学出版社，2007：125.

概念。

但作者多年思考发现，在复杂巨系统之前加上限制词“开放”，以进一步强调开放性对系统学重要意义，并非多此一举。现代科学的许多分支学科揭示了系统与环境之间多样复杂的相互关系，特别是讨论人体、思维、经济、社会等复杂巨系统时，笼统地讲系统与周围环境有物质、能量、信息的交换，远不能真正揭示开放性对系统的深刻意义。普利高津对开放性的阐释已经超越贝塔朗菲。钱学森对开放性具体含义的解释的确没有新意，但他关于开放性的重要性的定性结论属于他经常强调的经验性洞见，不可轻视。深入细致地研读钱学森的有关著作不难看出，他从这些复杂巨系统中发现开放性具有极为丰富的内涵，现在的系统科学尚未认识到。20 世纪 80 年代，人工智能专家海威特提出开放系统科学的概念，尽管没有多少实质性的新内容，也是关于开放性观念重要性的洞见。

人体系统对外部环境的极大依从性是遵奉还原论的现代科学远未认识清楚的事，西医深受其害。未受到还原论影响的中医，基于天人相应原理来说明病因、病理，阐述人体的健病关系，确定治法治则，对人体系统开放性的认识之深刻全面远胜于今天的系统科学。中医所谓人体系统“遵四时之法成”的生成论原理尤其含义深刻，系统科学需要认真挖掘，建立新的开放性理论。钱学森对中医颇为关注，认识到中医开放性思想的深厚底蕴，现代系统思想尚未充分挖掘，他特别强调开放性与此密切相关。

社会系统或许更有代表性。主要是基于对社会系统复杂性的考察，钱学森得出结论说：“系统的结构是受环境的影响在改变的，特别是复杂系统。复杂系统的结构不是一成不变的”，而“简单系统大概没有这样的情况，原来是怎么一个结构就是怎么一个结构”①。这是一个重要的系统原理，国外现已提出的系统理论尚未明确提到过。环境的作用不仅表现在输入、输出作用，真正复杂的是环境引起系统结构变化，进而引起系统属性、行为、功能的变化。这也表明，钱学森对开放性有独到的理解。

基于以上分析，作者认为，在复杂巨系统前面加上开放一词，进一步强调开放性的系统学意义，特别是复杂巨系统的开放性，还是必要的。总之，开放复杂巨系统是一个科学概念，系统科学界应该接受。

11.5　系统概念的哲学诠释

第 1 章讲过，钱学森认为现代系统思想的概念化和哲学诠释是恩格斯给出的，而且基本上完备了。钱学森还用自己的语言对恩格斯的诠释作了这样的说明：“客

① 钱学森．创建系统学(新世纪版)．上海：上海交通大学出版社，2007：9.

观世界是一个联系的整体，我们看客观世界，一定要把它看成是一个过程的集合体，是集合体那就是‘系统’，是过程那就是不断变化”。钱学森把这“一个伟大的思想”理解为恩格斯对系统概念的哲学诠释，所以他还认为“当科学认识到这个问题时，所谓自然哲学，旧的哲学观点，也就自然地要消亡”(352页)。钱学森在不同场合谈论自己对恩格斯诠释系统概念的理解时，注重的都是恩格斯强调的全面性、整体性、联系性、过程性、有序性和演化性等，一再申明要坚持恩格斯的这些思想，因为这些内容就是系统概念的哲学诠释。

钱学森说：“系统学的建立也会有助于明确系统的概念，即系统观”(142页)。这话的意思是，作为系统科学哲学分论的系统论，它的学科任务在于“明确系统的概念”，系统学对此能够提供帮助。明确系统概念就是诠释系统概念，这里说的当然是哲学层次上的诠释，用哲学语言来诠释。10.5 节所引他的话都是对系统概念的哲学诠释，即从不同角度揭示系统概念内蕴的对立统一，也就是系统概念所反映的现实世界存在的系统所内蕴的对立统一。正因为如此，钱学森才强调建立系统论绝不能不用《矛盾论》。按照作者的理解，哲学地论述系统概念，就是揭示系统内蕴的对立统一。

钱学森还在其他场合针对不同问题论述过系统概念，虽然是零星的议论，却颇为深刻而精彩。这里列举几点，从中可以领会他如何从哲学上理解系统概念：

(1) “辩证唯物主义认为，客观世界都是系统”(72页)这里说的是系统的普遍性，亦即系统概念的普遍适用性。

(2) “辩证唯物主义体现的物质世界的普遍联系及其整体性的思想，也就是系统思想”(39页)。这里说的是系统概念是用来把握物质世界的普遍联系及其整体思想的。

(3) “局部与全局的辩证统一，事物内部矛盾的发展与演变等，本来是辩证唯物主义的常理；而这就是‘系统’概念的精髓”(92页)。这里更直接点出了系统概念的“精髓”。由此可以理解，钱学森为什么对研究系统哲学而拒斥《矛盾论》的做法十分反感。

(4) “我们说系统的概念、系统论的概念是把整体论跟还原论结合起来，是辩证的统一。巨系统、超巨系统这些概念就是整体论跟还原论，也就是宏观的跟微观的统一起来，辩证地统一起来看问题”①。这里说的是方法论和认识论意义上的系统概念。从本体论上看，矛盾方面的对立统一就是系统，系统就是矛盾方面的对立统一，达到辩证统一的是有序系统，否则为无序的系统。

乌杰倡导差异协同律②，有众多支持者。有人主张以此取代对立统一规律，作

---

① 钱学森．论人体科学．北京：人民军医出版社，1988：132.

② 乌杰．系统辩证学．北京：中国财政经济出版社，2003：84—103.

为系统哲学的基本规律，实为一种误解。差异协同是科学技术层次上的提法，不能用来对系统概念作哲学诠释。从科技层次看，系统是一种多元集，系统的诸多元素（组分）之间、分系统之间应该强调协同，而非相互斗狠。这当然是对的，却无法取代给系统以哲学的诠释。若从哲学上考察，系统是局部（部分）与全局（整体）、开放与封闭、静态与动态、过去与未来、短期与长期、存续与演化、产生与消灭等对立面的统一，以及虚与实、软与硬、优与劣等的对立统一，不辩证地把握这些矛盾，就不能深刻地理解系统的哲学本质。而所有这些矛盾对立面，用差异协同概念是无法把握的，甚至根本考虑不到这些问题。所谓系统就是对立统一，并非讲系统组分之间、分系统之间要通过对立达到统一，而是指部分与整体等对立面的统一。钱学森说局部与全局的辩证关系是系统概念的精髓，此说千真万确，差异协同律无法给这些对立面的统一以有意义的说明。

第 12 章 钱学森论系统思维

从国内现有的资料看，最先提到系统思维的是贝塔朗菲(1968)，如他说“系统思维方式在广阔的范围内起着显著的作用”，又讲“按照‘系统’去思考”，但没有给出具体论述[①]。切克兰德第一次正面论述过系统思维，彼得·圣吉结合经营管理问题详细论述过系统思维，剖析非系统思维的种种表现[②]。钱学森正面谈到系统思维的是这样一段话：“人类在知道系统思想、系统工程之前，就已在进行辩证的系统思维了，这正如恩格斯所说，‘人们远在知道什么是辩证法以前，就已经辩证地思考了’”[(37页)]。他对系统思维也没作过展开论述，但由于同时进行系统科学和思维科学的研究，两者不断在他的头脑中交汇、碰撞，就不可避免地会自发形成一些对系统思维的独特认识，在不同场合、针对不同问题有意或无意地有所论述。本章分别就以下几个方面加以简要的梳理，不做展开论述。

12.1 什么是系统思维

上引钱学森的那段话是在论述系统概念古已有之时说的，紧接着这段话之前说的是，古人多方面的成就“都在不同程度上反映了朴素的系统概念的自发应用”[(37页)]。剖析这些论述可得出几个观点，大体反映了钱学森对系统思维的基本理解：

(1) 系统思维属于辩证思维，或者说是辩证思维的一种表现形式；

(2) 系统思维在古代已经自发地产生出来，被古人自发地应用着，在现代科学基础上才转化为自觉的思维方式；

(3) 系统思维就是应用系统概念进行的思维，自发应用朴素系统概念的是朴素的系统思维，自觉应用现代系统概念的是科学的系统思维。

钱学森还有一个说法：“科学技术是客观世界在人脑中的映像，而组织这个映像靠思维”[(114页)]。思维的功能是组织人脑中的映像，用系统观点、系统概念去组织头脑中的映像的思维方式，就是系统思维。

这些看法与切克兰德定义的系统思维比较接近。切克兰德说：“‘系统思维’这个短语意指对外在世界的思维，并且是借助于‘系统’概念”，或者说“系统思维乃是

---

① 冯·贝塔朗菲．一般系统论：基础、发展和应用．林康义等译．北京：清华大学出版社，1987：1.

② 彼得·圣吉．第五项修炼：学习型组织的艺术与实务．郭进隆译．上海：上海三联书店，1999.

有意识地运用了'系统'一词所把握的这种特殊的整体性概念以整理我们的思想的"①。他们两位对于系统思维的理解有深刻的一致性,关键就是强调用系统概念整理思维者的思想。不过,这样理解的系统思维也有局限性。其一,这样的系统思维属于概念性思维,亦即抽象思维,不能反映形象思维,而形象思维也应该有其系统思维与非系统思维的差别。其二,这样的系统思维属于言表思维,因为概念是用词语表达的,不能反映意会思维,而意会思维也应该有其系统思维与非系统思维的差别。

用更学术性的语言讲,所谓系统思维,或者它的对立面非系统思维,都包含两个不同层面的内容②。从思维对象的层面看,系统思维就是把思维对象当成系统去识物想事的思维方式,非系统思维就是把思维对象当成非系统去识物想事的思维方式。从思维主体的思维过程这一层面看,把思维过程作为系统来规范和运作的是系统思维,否则为非系统思维。钱学森谈论较多的是前一种,但有时也涉及第二种,只是表述得比较隐晦一些。或许他自己并未意识到他是在讲系统思维,但仔细捉摸还是可以发现他讲的是如何用系统观点规范思维活动,即第二种系统思维。钱学森的有关论述涉及面很广,为凑个整数,我们就下面九个题目进行梳理和评析。

12.2 从整体上认识和解决问题

钱学森认为:"系统科学里一个核心的观点,是一个整体的作用,不是哪一个单独的一部分的作用"③。系统思维的第一要义是从整体上把握对象,把握对象作为系统的整体的结构、整体的形态、整体的属性、整体的行为、整体的功能、整体的演化,它们都是把组分整合为系统时产生的整体涌现性,不能还原到部分去理解。钱学森对这种思维方式进行总结概括,得出"从整体上认识和解决问题"的命题,给整体性思维以准确而凝练的表述。

所谓从整体上认识和解决问题,关键是把握系统的整体涌现性。系统整体有多方面的性质和特征,贝塔朗菲把它们划分为两类,一类是加和式的,另一类是非加和式的。加和式整体性不反映系统的质性,非系统的存在物也有加和式整体性。非加和式整体性,更准确的称谓是整体涌现性,才是系统独有的质性。钱学森不喜欢涌现这个词,但对涌现性概念的内涵不仅不否认,而且十分强调。他有许多有关这方面的论述,如说:"最重要的是系统论,整个系统是由各个部分所组成的,各部

---

① P.切克兰德.系统论的思想与实践.左晓斯,史然译.北京:华夏出版社,1990:1,2.

② 苗东升.系统思维与复杂性研究.系统辩证学学报,2004:1.

③ 钱学森.人体科学与现代科技发展纵横观.北京:人民出版社,1996:303.

分又有自己的作用,但结合到一起,就表现出各个部分所没有的作用。要抓住这个要害,这是我们研究问题的一个很重要的一点”①。他的话显然是没有使用涌现一词去表述的系统整体涌现性,重要的是指明了把握整体涌现性才是系统论的“要害”。不讲整体涌现性,对系统的一切描述就成为俗话所说的“捡了芝麻,丢了西瓜”,属于非系统思维常见的表现方式。

12.3 全面讲系统

整体性不等于全面性。非系统思维的一种表现是看问题的片面性,用钱学森的说法:“抓住一点,不及其余”。系统思维提倡全面地看问题,反对片面性。这原本是辩证思维历来强调的原则。据罗沛霖回忆,钱学森早在 1950 年就对他说:“辩证法的一个要点就是要人全面地看问题”②。这也表明,学习辩证法是钱学森树立系统观点的重要途径之一,首先从哲学上懂得要全面性看问题,这有助于他后来顺利走向系统科学。在全面转向研究系统科学的 20 世纪 80 年代,尽管没有用系统科学的语言表达,钱学森实际上认为片面看问题是非系统思维,全面看问题是系统思维。最终明确提出“要全面讲系统”的命题,把片面的讲系统看做非系统思维的一种表现,反对“抓住一点,不及其余”。

全面看问题是中国古代系统思维固有的内容,《孙子兵法》体现得最明显,强调全知、尽知、全利、全争、全胜等。毛泽东继承和发展了这种思想,并且以十分接近现代系统科学的语言加以论述,提出全要素(“全部基本要素,不是残缺不全的片段”)、“全过程”、全环境(“系统地周密地研究周围环境”)等概念③,在思想上超越了迄今为止的系统科学家。钱学森完全接受从孙武子到毛泽东的这些理论遗产,并融入他的系统理论中。

从哲学上说,全面看问题的关键是全面地认识两个矛盾方面的对立统一,只讲其中一方面而不讲它的对立面,是非系统思维的一种重要表现方式。钱学森就是在批评这类非系统思维(如只讲相似、不讲相异)时提出要“全面讲系统”(8-228),反对只讲其中的一面,而不讲另一面,强调必须把系统看成对立面的统一。现实生活表明,不赞同、不懂得这样做,甚至歪曲为“斗争哲学”而加以拒斥,是非系统思维的基本表现形式之一。

任何人(包括公认的辩证法大师)在复杂的现实生活中也难免犯片面性错误。

---

① 钱学森．人体科学与现代科技发展纵横观．北京:人民出版社,1996:407.

② 罗沛霖．为许国志主编《系统研究——祝贺钱学森同志 85 寿辰论文集》一书写的序．杭州:浙江教育出版社,1996.

③ 毛泽东．毛泽东选集(一卷本).北京:人民出版社,1966:302,440,802.

“要全面讲系统”命题的提出也是钱学森总结新中国建设过程中正反两方面经验的结果。“你想我们有时候犯错误、失误，就是不够全面地考虑问题，有时候也没法全面，那么多的意见怎么集中？”①现实生活本身太复杂，有时难免出现“没法全面”的情形，只能要求尽量全面。从定性到定量综合集成法就是为解决如何集中意见的问题而制定的，是钱学森系统思维理论的独创成分。

12.4 还原到适可而止

系统思维不等于整体思维，系统思维主张把对整体的把握建立在对构成系统的那些部分的精细了解之上，排除还原思维或分析思维的整体思维是古代人无法避免的局限性，却不是现代科学讲的系统思维。钱学森在强调从整体上认识和解决问题的同时，反复说明：“我们不能丢掉分割、分析的科学方法”[2-150]。整体是由局部构成的，不考察构成整体的局部，不认识局整关系，仅仅就整体论整体，不是系统思维，而是古代的整体思维。

还原论（分析思维）的基础是认定系统是具有层次结构的整体，相信高层次的问题可以完全归结为低层次的问题去认识和解决。还原论的畅行有其客观根据，因为最简单的系统也有两个层次，即组分层次和系统整体层次；整体是高层次，局部是低层次。稍微复杂的系统都是多层次结构，有不同层次的组分，在整体层次与最基础层次的组分（元素）之间，还有居间的分系统层次，而且往往有不同层次的分系统，形成从元素到整体、由低到高的层次序列。对于简单系统和简单巨系统，还原论思维是有效的，认识了低层次，总有办法把它们综合起来获得对系统整体的认识。现有的数学为此提供了极为有效的工具。

但这只是问题的一个方面，钱学森说得好：“从科学的整体来说，彻底的还原论是不可能的，物质结构的层次是无穷无尽的，总还有下一个层次。我们实际都在妥协，还原到适可而止”。他的话揭示出一个重要的系统观点，可以称之为层次分析的适可还原法则，或适可下索法原则（还原分解即向下求索）。非线性的一种常见类型是过犹不及，还原论方法的使用中也存在过犹不及，还原不足和还原过头都不利于把握整体涌现性，都会走向非系统思维。系统思维要求还原到适可而止。

涌现概念与层次概念有不可分离的联系，涌现说阐释的是层次之间的一种特殊因果关系。从现有文献看，谈论涌现通常涉及两个层次，一个是涌现性发生的基础，即相互作用的诸多部分代表的低层次；另一个是涌现的结果，即可以观察到非加和特性的高层次。谈论层次也必定涉及涌现，层次划分是涌现的产物，高层次是

① 姜璐．钱学森论系统科学．北京：科学出版社，2011：50.

从低层次涌现出来的。每个较高层次上的非加和特性都是从它下面的层次涌现出来的总结果，但关键是跟它直接相邻的那个低层次，相邻而较低层次上所有事物之间相互作用涌现出相邻而较高层次上的非加和性，至于与该层次相距较远的那些低层次的关系则是次要的，相距越远关系越少，有些则可以完全不予考虑。设系统有多个层次，从低到高顺序记作…，$k-2$，$k-1$，k，$k+1$，$k+2$，…。欲考察 k 层次上的系统特性，关注的焦点应放在 $k-1$ 层次上的事物，这些事物的相互作用是在 k 层次上看到的整体涌现性赖以产生的直接原因，而 $k-2$ 层或更低层次往往关系不大，甚至没有关系。

讨论两个具体问题。欧阳莹之认为："固体的刚性和液体的湍流涌现于基本粒子难以捉摸的量子态；而刚性和湍流却与基本粒子毫不相干，就像信念和欲望与神经元无关一样"①。说"毫不相干"或许有点绝对化，但她的话道出涌现论的重要原理。从基本粒子层次到宏观的固体和液体系统须经过原子、分子等中间层次，多次发生导致层次提升的涌现，即物理性质的多次质变。但刚性和湍流这类系统整体涌现性是直接由分子层次的相互作用涌现出来的，欲按照科学方法描述刚性和湍流，从分子的性质(原子层次的整合所产生的涌现性)着手足以解决问题，无须再深入(还原)到原子核甚至基本粒子层次。同样，揭示信念和欲望的本质和形成机制无须还原到神经元层次。

人体是多层次结构系统，从细胞算起，至少有五个层次；若从生物大分子算起，层次更多。从每个较低层次到与它相邻的较高层次都有涌现性的产生。人体作为一种系统，健康与否是其宏观整体特性，由脏、腑这些一级子系统相互作用而直接涌现出来。对于一般疾病，如发烧感冒、伤口止血等病，欲寻找病因、阐释病理、确定治则治法，一般还原到这一层次就足以解决问题，无须深入到细胞层次，更不必到基因层次。中医就是这样认识和处理问题的，把人体还原到五脏、六腑、奇经、八脉、筋骨、皮肉等一级分系统，通过"望闻问切"获取信息，依据这些分系统之间的相生相克关系，即可相当有效地处理问题。

当然，并不是 k 层次上的所有问题还原到 $k-1$ 层次就可以完全解决，许多情况下还需要还原到更深层次去研究；还原得不够深，问题就不足以彻底解决。但是，给定一个对象，是否所还原到的层次越低(深)，对其整体涌现性的认识就越深刻，问题解决得就越彻底？系统论的回答是否定的。从低层次向高层次的涌现构成一个序列，由于高层次对低层次的制约，对于给定层次 k 上的系统来说，能够直接影响它的是 $k-1$ 层次，相邻的更低层次，离 k 层次越远的低层次的影响越小。人的社会性是人作为系统的整体涌现性，需要还原到人的生理、心理、职业、社会交往、文化素养等方面加以考察，但用不着还原到脏腑、器官，甚至细胞

① 欧阳莹之．复杂系统理论基础．田宝国等译．上海：上海科技教育出版社，2002：2.

层次，这些低层次对人的社会性基本没有影响。有人用遗传基因解释人的社会性，实属荒唐。

“还原到适可而止”原则的合理性，还在于人类的还原能力和手段总是有限度的，不可能无限地还原下去，足以解决问题就行了。还有一种情形，技术手段上虽然能够还原到更深层次，但那样做的效果：费用值太小，很不合算，也就不必还原到那个层次了。至于止于何处算“适可”，那只能具体问题具体分析，还要看思维者的思维能力如何。总之，无论是从必要性看，还是从可能性看，都是还原到适可而止。

12.5 扩展到适可而止

上节说的是如果要认识呈现在 k 层次上的涌现现象，需要向下求索到 $k-1$ 或更低层次，即系统思维包含分析思维。但科学理论和实践经验都告诉我们，对于一个认识对象，仅仅向低层次求索是不够的，只从低层次谈论涌现往往会产生不容忽视的片面性。欲全面了解 k 层次上的整体涌现性，至少还需要顾及高于 k 层次的 $k+1$ 层次。因为 $k+1$ 层次一旦形成，就对 k 层次上的系统产生特定的约束、限制甚至支配作用，显著影响 k 层次上的涌现性。撇开高于 k 层次的作用，无法全面准确地理解 k 层次上事物的整体涌现性。以治病来说，通常医生谈论的只是人体的生理现象，但人体作为系统在生理层次之上还存在心理层次，心理活动对生理现象有特殊的影响和制约，撇开心理因素仅仅考察生理现象，许多情况下不能正确全面地解决寻找病因、阐释病理、确定治则治法的问题。古代中医已经注意到这一问题，重视同时从生理和心理上诊断、施治。西医长期忽视心理层次，直到近几十年才开始有所扭转。复杂巨系统的实践迫使还原论者认识到还原论的局限性，系统思维应该像钱学森所讲的那样，还要向上求索，扩展考察的范围。

钱学森没有用我们这里使用的语言谈论过向上求索或扩展的问题，但这个思想他是有的。作者最初是从他的论述中悟出这样一个道理：认识一个系统，必须把眼界扩展到比该系统更广阔的范围去。在谈到每个具体的对象系统时，钱学森总要提到从它所“从属的更大系统”来考虑该系统的问题。例如，研究发动机自动调节系统，必须从整个发动机研制来考虑，研制发动机必须考虑使用该发动机的飞行器，研制这个飞行器必须考虑该部门的整个研制任务，等等。换个说法，就是要扩展眼界，把作为研究对象的系统放在更大的系统去考虑。这也是系统思维的一个方面。

一般地说，如果研究对象属于 k 层次，就一定要把眼界扩展到相邻的 $k+1$ 层次；否则，思维的系统性仍然不够，甚至可能滑向非系统思维。有时候，扩展到 $k+1$ 层次还不够，还需要扩展或上索到更高的层次。但这里同样存在过犹不及的非线性机制，不可无节制地扩展，扩展或上索也要适可而止。因为离 k 层次越远的高层次，对 k 层次的影响越小，而扩展的代价越大，到一定程度，扩展所付出的代价远大于所得到的收益。人体也是物质系统，相互接触的两个人之间无疑存在万有引力作用，但万有引力对人的社会性这种整体涌现性的形成完全没有作用，考察人的社会性用不着考虑地球的引力。

上索和下索是两个相互联系又相互制约的思维方向。概括起来说，当选定了某个系统作为研究对象时，为了认识和处理它的整体涌现性，必须将目光投向三个层次，一是对象所属的 k 层次，二是与它相邻的低层次 $k-1$，三是与它相邻的高层次 $k+1$，将这三个层次联系起来作总体的考虑，以便揭示出对象系统的整体特性是如何涌现出来的（揭示它的机制或机理），有什么规律性，有哪些必须遵循的原理，进而引出适当的工作方法和程序。一般来说，考虑这三个相邻层次即可解决所面临的问题，无须顾及低于 $k-1$ 的其他层次和高于 $k+1$ 的其他层次。我们将此称为层次研究的三级关照原理。

涌现现象的研究者常常强调涌现的不可还原性，这样说既有重要意义，又有一定的片面性。科学的说法是涌现性是可还原性与不可还原性的统一。没有不可还原性就不成其为涌现，强调这一点乃系统思想的核心观点，十分重要。但不可一概否定可还原性，不具有任何可还原性的系统是不存在的。简单系统的涌现也有不可还原的一面，只是非常微弱，可以忽略不计，用还原论方法可以给涌现现象以足够有效的描述。所以，从方法论上区分，用还原论方法可以基本解决问题的对象是简单系统，还原论方法不足以解决问题的对象，即必须以整体论和还原论辩证统一的系统论方法才能解决问题的对象，是复杂系统。

三级关照是层次研究中的一种简化方法，所得出的结论是对真实的整体涌现性的一级近似。在有些情况下，一级近似足以解决问题；在另一些情况下一级近似太粗略，需要进一步“上索”[①]到高于 $k+1$ 的 $k+2$ 层次，甚至更高的层次；同时应该还原（“下索”）到低于 $k-1$ 的 $k-2$ 层次，甚至更深的层次，以求得到二级近似或三级近似。例如，医生看病向上求索到心理层次有时还不够，还需要考虑社会层次的因素对病人的影响。中医自古就有这种思想，现代西医也开始接受这种思想，倡导从单纯的生物医学转变为生物—心理—社会医学。而不能向细胞或更微观的层次还原是中医的重大缺陷。如矫正先天性生理缺陷的问题，只有深入到基因层次才可能真正找到解决办法，西医在这方面极具优势。

---

① 颜泽贤，范冬萍，张华夏．系统科学导论——复杂性探索．北京：人民出版社，2006：162.

12.6 跳出系统看系统

非系统思维的一种表现是:就X看X,不能跳出X看X。即使自觉地把X作为系统来思考,也不懂得跳出系统看系统,只能算一种不完整的系统思维。作为其具体表现,钱学森提到过现实生活中常见的现象:就水利讲水利,就交通讲交通,就救灾讲救灾,等等,都是非系统思维。

作为系统思维的一种表现方式,跳出系统看系统的理论根据在于系统论的一个重要原理:系统与其环境互塑共生。系统的具体质性不完全由它的组分和结构来规定,同时也由它的环境所规定。不了解环境,不了解系统与其环境如何互动互应,就不能全面准确地理解系统。具体言之,为了把握X,就要跳出X,联系、对照X之外那些跟X有关的事物W、Y等来看X,站在包括W、X、Y等在内的更大系统(即环境)的全局和高度来看X。不能这样做也是非系统思维在作怪。

作为一个具体事例,钱学森在研究人体系统时一再倡导"人和环境一致的观点",强调"人体是一个巨系统。而人体这个巨系统又在整个环境里面,整个宇宙的超巨系统里面,又受整个环境的各种作用。用这样一个观点去了解人"①。也就是说,要跳出人体系统看人体系统,跳出人体科学看人体科学。如果像西医理论那样,撇开环境看人体,只关注人体内的细胞、器官、细菌、病灶,就是一种非系统思维。

跳出系统看系统的思维方式,在领导科学中极为重要。一个部门的领导,只有对该部门的工作有足够精深、细致的了解,才能成为好的领导。所谓精深、细致的了解,就是对系统的组分、结构、特性等的了解。但如果仅限于这样做,不能跳出本部门看本部门,那也是非系统思维,不可能成为好的领导。在此意义上说,外行领导内行之说也有一定意义,外行的眼界就是从外部环境看行内(系统)的眼界,有内行所不及之处。总之,既要深入系统内部精细地了解系统,又要跳出系统看系统,才是完整的系统思维。

从更广泛的视角看,跳出系统看系统就是开放性思维。世界是开放的,学问也是开放的,做学问特别需要用开放性思维。从自己搞的某一门学问中走出去,到更广阔的天地中去探索,并且参照、对比外部世界回头看那一门学问,就会有全新的感受。这也是系统思维,即开放性思维。钱学森没有明确讲过这样的话,但在他的思想上这一点很明确。在他的学术生涯中有过多次走出去的经历,走出自然科学、进入控制科学,走出系统工程、进入系统学,最后走出具体科学、进入哲学,等等。至于学术研究以外的工作,由于世界一体化的深入发展,不论干哪一行,都必须跳

① 钱学森.人体科学与现代科技发展纵横观.北京:人民出版社,1996:169,187.

出那一行，跳出自己的国家范围，从世界系统化、一体化的大趋势中认识问题，才会有大的作为。

系统思维的环境观点包含丰富的内容，钱学森有许多零星论述，这里列举几点：

(1) “环境又是一个宏观的东西，它影响的是集体的、整体的东西，这里边的关系绝不是一对一的”①。

(2) 钱学森在谈论事理学时讲过，做事情要学会利用环境。俗话所谓审时度势，趋利避害，等等，都包含系统思想，系统思维要求善于利用环境。

(3) 复杂系统的环境往往也是复杂的，常常给人们呈现出种种假象，造成迷惑，应该像毛泽东提醒的那样，防止被环境迷惑，甚至被环境控制，失去自主性和主动性。做不到这一些，就会陷入另一种非系统思维。

12.7　要有非线性头脑

思维方式的一种分类是线性思维和非线性思维，都有两层含义。其一，把思维对象作为线性系统或线性过程来识物想事，属于线性思维；把思维对象作为非线性系统或非线性过程来识物想事，属于非线性思维。其二，把主体的思维活动作为线性系统或线性过程来运作的是线性思维，把主体的思维活动作为非线性系统或非线性过程来运作的是非线性思维。还原论科学所应用的主要是线性思维，特别是第一层面上的线性思维。系统科学和复杂性科学倡导非线性思维，线性思维只适用于对象为简单系统的领域。如此主张的理论根据，是相信客观世界和人的主观世界本质上是非线性的，一般不能作线性化处理。毛泽东对此有一个深刻而形象的说法：“事物是往返曲折的，不是径情直遂的”②。用科学语言讲，他断言现实世界本质上是非线性的，“往返”即非线性系统的回归性，“曲折”即非光滑这种非线性，而且是本质非线性的特点；所谓“径情直遂”是线性过程的特点，即路径的直线性。毛泽东没有线性与非线性这样的数学概念，他的这个认识并非来源于科学技术。由于他对辩证思维的深邃理解，特别是长期处于变革社会这种复杂巨系统的实践风浪的中心，积累了异常丰富的经验，使他对线性思维和非线性思维的利弊得失获得了过人的深刻理解，今日的系统科学家少有能够同他比肩的。

考察普利高津特别是哈肯的系统理论，又联系人体科学研究，钱学森得出这样一个认识：“以前人们的思想都是线性的，到了非线性就吃不准了。而他们给我们研究人体的非线性功能提供了很有参考价值的理论、思想和方法。当然，应该说，

---

① 钱学森．人体科学与现代科技发展纵横观．北京：人民出版社，1996：361.

② 毛泽东．毛泽东选集(一卷本)．北京：人民出版社，1966：498.

对于研究人体现象，他们的理论也还是远远不够的。用线性头脑就更理不出头绪来”[①]。就本书主题看，这段话的价值在于：

(1) 提出线性思想和线性头脑的概念。线性头脑是线性思维的形象说法。线性头脑是相对于非线性头脑说的，线性思维是相对于非线性思维说的。所以说，最重要的是钱学森在这里实际上提出了非线性思维的概念。

(2) 断言以往科学发展的主导思维方式是线性思维，它不能解决非线性问题。例如，对于研究人体科学，线性思维理不出头绪，必须用非线性思维。

(3) 他在不同场合下反复提到“换脑筋”的问题，即转变思维方式的问题，从线性思维转变到非线性思维无疑是换脑筋的重要内涵。

(4) 耗散结构论和协同学提供了非线性思维的一些内容，但用来研究人体现象还远远不够，说明非线性思维还有待大发展。

20世纪80年代，受国外高度并行计算机研制的启发，钱学森提出：“人的神经系统是高度并行的。所谓人的创造性——智能，最主要的恐怕就是这个。我们常常说一个人想问题简单，就是单线地想问题。如果这个人聪明，他不是单线地，是好多线地想问题。这就是说人的智能是高度并行”[②]。他多次说过类似的想法，主要是提醒我国人工智能研究者注意这个有重大意义的研究方向，但也包含着有关非线性思维的重要观点。多线并行在数学上的表现一般是用多值函数描述的，而多值性是非线性的一种特殊表现形式。反映在思维方式上，就是多线并行思维，此乃非线性思维的一种表现形式，是创造性思维不可缺少的一种机制，但我们现在所知甚少。

毛泽东还有一个深刻而精彩的说法：“道路是曲折的……要准备走曲折的路，不要贪便宜”[③]。他告诉我们，非线性思维的思想基础是要有“准备曲折的走路”的自觉意识，而线性思维之所以通行，其心理基础就是人们遇事总想贪便宜，抄近路。线性思维常常跟机会主义相联系，非线性思维常常跟坚持原则、艰苦奋斗的思想品质相联系。钱学森也说过：“人认识客观世界是曲折的道路，现在认为是错的当时也有贡献”[④]。他讲出一个很有用处的道理，既是系统思维，也是辩证思维。对于前人和他人的认识和行为，我们不要轻易下简单化的结论。在一定条件下被时贤们“公认为”错误的东西，未必一定是错误的，有可能随着时迁事易而重新被发现为正确的，时贤们趋之若鹜的东西倒是错误的。这是因为人认识客观世界的道路是曲折的，重大真理常常掌握在少数人手里。即使真是错误的，也应该看到它在当时

① 钱学森．人体科学与现代科技发展纵横观．北京：人民出版社，1996：153.

② 钱学森．人体科学与现代科技发展纵横观．北京：人民出版社，1996：488.

③ 毛泽东．毛泽东选集(一卷本)．北京：人民出版社，1966：1162.

④ 钱学森．人体科学与现代科技发展纵横观．北京：人民出版社，1996：492.

可能是获得正确认识必须付出的代价，这也是贡献。

12.8　切忌把复杂问题简单化

系统观点不限于整体观点，还包括结构观点、环境观点、全面观点、涌现观点、动态观点、非线性观点等。把这些观点运用于思维活动，包括客观的思维对象和主观的思维过程，才是完整的系统思维。

在面对复杂系统时，非系统思维的一种常见的表现方式是自觉或不自觉地把对象人为地简单化，习惯于用对简单系统行之有效的那套概念和方法去认识和处理复杂系统问题。在还原论当旺的时代，这种简单化的思维方式被罩上科学的面纱，人们习惯于把科学倡导的简化描述与简单化描述混为一谈，以为一切系统都可以转化为简单系统。此乃时代造成的、历史的局限性，谁都无法完全避免。"人认识一个客观的东西，总是开始把它简单化，碰了钉子，或者根据需要，然后逐步的才认识"①。钱学森就坦率地承认："我自己也是从简单化的认识，逐步得到教训，改正自己"②。走出简单化的误区，把复杂性当成复杂性对待，是从非系统思维进步到系统思维的必由之路，只是许多人至今还不觉悟。

钱学森是在科学研究的实践中逐步认识到这一点的。他首先是在研究人体这样的复杂系统过程中发现："在研究这么一个对象时简单化怎么能行呢？这里要提一个哲学的名词，就是我从前常讲的'还原论'，不要犯'还原论'的毛病，那是没有系统观点的。外国人研究问题，过去他们常常简单化。我们现在要坚持系统论的观点，从这个观点出发去看待外国人的工作，去评价它，要一分为二，好的吸取，不那么正确的我们不能跟着跑"③。提高到哲学层次看，"既然复杂，你不能简单化，你简单化就不是唯物主义者，就不是实事求是"④。问题提得很尖锐，却也告诉我们，在方法错误的背后往往隐藏着宇宙观的错误，即主义方面的错误，不可轻视。钱学森在讨论建筑哲学时（见13.9节）十分明确地指出，哲学上最根本的是"主义"问题：是唯心主义，还是唯物主义？是形而上学，还是辩证唯物主义？这个看法同样适用于其他十架桥梁（哲学分论），只是他没有明确地进行表述。钱学森还有一种说法："实事求是，不简单化，这是符合马克思主义哲学的"(6-432)。若用格言方式表达，就是"切莫简单化！"

钱学森说这些话的时候是1984年，还没有区分简单巨系统和复杂巨系统，实

① 姜璐．钱学森论系统科学（讲话篇）．北京：科学出版社，2011：41.

② 钱学森．人体科学与现代科技发展纵横观．北京：人民出版社，1996：430.

③ 钱学森．人体科学与现代科技发展纵横观．北京：人民出版社，1996：149.

④ 钱学森．论人体科学．北京：人民军医出版社，1988：167.

际上把复杂巨系统当成简单巨系统甚至简单系统对待，还是非系统思维的一种常见的表现方式。他在1987年年底的那次讲话等于是自我检讨，1978年以来大约十年时间内，包括系统学讨论班的头几年，他没有发现自己也存在把复杂性简单化的错误。所以当他意识到巨系统有简单的与复杂的两类时，心里特别高兴，意识到得出了“惊人之论”。从此把研究重点转向开放复杂巨系统。他后来对从西方输入的系统动力学、定量社会学、数量经济学等理论的批评，都指向它们把复杂问题简单化的毛病。

12.9 框 架 法

框架法是钱学森概括出来的一种系统思维的具体运用方式，其实践依据主要是两个成功的历史事件，或者说是两次“死知识的活化”事例。19世纪普法战争之前，恩格斯著文做出预见，很快就被事实证明“战争的情况、进展，以至于结果都与恩格斯的预见完全一致。那么，恩格斯有什么特殊情报渠道呢？没有，只是靠报纸发表的消息。但是他有马克思主义哲学、军事学，建立了事物的系统的框架，只要把报纸上发表的一些事实填到框架中，那么，战争的进程、结果就一目了然了。报纸上发表的消息是一种死知识，恩格斯对这些死知识进行分析加工，把它放到一个系统的框架中去，就是死知识的活化过程”(229页)。钱学森告诉我们，框架法的作用是把死知识活化，也是一种系统化所产生的整体涌现性。钱学森在另一处又给以进一步的分析说明：恩格斯“运用这些知识先建立一个战场发展的理论框架，然后把报纸等公开消息中的点滴素材，安放在框架相应的位置上，这也就明确了其相互关系。如果因果关系在框架中不十分合适，再进行调整。最后整个框架包含的内容都形成一个完整的总体，战斗的结果也就显示出来了”(303页)。报刊上有关那场战争的材料是以非系统方式存在的知识，用一个正确的框架把它们整合起来，形成一个完整的总体，即观念系统，关于那场战争的发展进程及其可能的结果就涌现出来了。

另一个事例发生在第二次世界大战前的1935年，德国记者雅各布写了一本小册子，具体的记载了当时德军的组织机构、参谋部人员、各军区情况、指挥人员，列举了168个指挥员的姓名和简历。希特勒把他抓起来审问，发现每一条消息报纸上都有。“这又说明雅各布用的也是‘框架法’，他知道德军的组织模型，然后把零碎分散的点滴资料、消息往框架中放，各就各位，最后全局就豁然呈现出来了”(303页)。德军的组织模型就是框架，按照框架对报纸上的材料进行取舍、整理、安放，“各就各位”就是有序化，形成一个有序的系统，系统的全局特征就涌现出来了。

钱学森后来又找到第三个例子，即彭昆仑的《红楼梦》研究。林黛玉几岁到贾府，红学家一直无定论。原因是线索太多，手工操作无法做到一条不漏。“这里框架或模型并不很复杂，复杂就复杂在条理非常多”。彭昆仑“把模型方法与电子计算机结合起来使用”，证明林黛玉到贾府的年龄应是 9 岁。由于彭昆仑在研究工作中使用了电子计算机，钱学森认为“‘框架法’有了发展”，实现了现代化(303页)。

通过对这三个事例的阐述，钱学森实际上把框架法的要点讲清楚了。钱学森还以中医理论的现代科学解释为例，对框架法作了补充：“把这些资料都收集起来，就形成了一个框架，然后用你现在实践的东西充实进去，填入框架中去。填满了即形成了新的理论。”他还以自己的科研经历来说明框架法，即 20 世纪 50 年代他“把自动控制的理论收集起来，纳入到控制论的模型框架里去，写了一本《工程控制论》”①。

的确，这种框架法是广泛有效的。当对某个问题收集到足够丰富的但还显得零散的材料（知识、事实）时，为了揭示其内在规律性，即上升为理性认识，首先要通过思维（逻辑的和非逻辑的）形成（构筑）一个关于那个问题的理论框架，也就是逻辑模型。再按照这个理论框架去整理那些材料，把它们安置在框架的适当位置上，从而明确了这些材料或事实的相互关系（即逻辑联系），也就是揭示出问题的本质特性和演变规律。整理材料也是检验、修正框架的过程。一般情况下，理论框架不会一次构筑就会完善的，而是在往框架中安置材料的过程中，会发现有些材料无法合乎逻辑地安置，表明框架有不完善甚至不合理之处；就需要对框架作适当修改，再用修改后的框架去整理材料；如此反复进行，直到问题获得满意的解决。可见，框架法的实际应用过程也遵循实践、认识、再实践、再认识的辩证唯物主义认识论原理。

框架法的成效取决于框架是否科学、合理、完善。就钱学森本人的经历看，用框架法建立工程控制论是成功的，因为那个框架具备充分的科学性和可行性。而用框架法建立系统学是不成功的，因为那个框架的科学性和可行性不够，前后采用个的几个提纲都无法实现把控制论、运筹学、耗散结构论、协同学、突变论、超循环论等“融会贯通，综合起来”。1988 年以后钱学森才认识到，无法用一个框架把这些学科提供的知识合乎逻辑地安置好，也就是无法用一个框架把简单系统、简单巨系统和复杂巨系统的基本规律和原理表述出来，简单巨系统学和复杂巨系统学需用两种不同的框架来建立。至于最后提出的由繁到简的思路，仅仅是一个大思路，没有具体化为一个可以试行的框架。而钱学森年事日高，没有精力做如此艰巨复杂的事，又没有学术接班人代劳，建立系统学的宏愿便不了了之，只能等待后人了。

---

① 钱学森．人体科学与现代科技发展纵横观．北京：人民出版社，1996：183，256.

12.10 集大成思维

近三十年来，作者在追随钱学森学习和研究系统科学的同时，也花费不少精力学习他关于思维科学的论述，思考思维规律、方法的问题。作者以为，钱学森关于系统思维的认识在不断深化和泛化，所达到的最高境界就是“集大成，得智慧”。按照我对钱学森有关论述的体会，权且称之为集大成思维。思维是智慧的呈现过程，思维一停止，智慧便处于潜隐状态。无论思维主体是个人，还是社会，系统思维的最高境界都是集大成思维。用钱学森的话说：“那就是能站在高处，远眺信息大洋，能观察到洋流状况，察觉大势，作出预见。这就需要智慧了，需要‘大成智慧’了”[7-312]。大成智慧的呈现过程就是集大成思维。

集大成思维也表现在两个层面上。其一，无论个体，还是群体，思维主体在思维过程中都要自觉地去集他人、前人智慧之大成。这一点，钱学森有明确的论述，他关于综合集成研讨厅的设想，目的是为集大成思维提供一种组织方式、一个平台。其二，从哲学上看，更为根本的是集各种思维方式的大成，特别是集各种相互对立的思维方式的大成，达到相反相成的效果。思维科学目前对思维方式的分类几乎都是二分法，收敛思维与发散思维，求同思维与求异思维，分析思维与综合思维，精确思维与模糊思维，正向思维与逆向思维，等等。这恰好表明思维活动中充满对立统一，十分突出，只有运用对立统一规律方能从根本上掌握系统思维。这两方面又是相互联系的，不把相互对立的思维方式统一起来，就不可能做到集他人、前人智慧之大成。

根据我的学习体会，最要紧的是把两种相互对立的思维方式结合起来。一种是逻辑思维与直觉思维(非逻辑抽象思维)。钱学森常常把逻辑思维与形象思维作为对立面，把逻辑思维和抽象思维等同起来，似乎不妥。逻辑思维是抽象思维的一类，抽象思维包含逻辑思维而不等于逻辑思维。抽象思维是概念思维、命题思维，概念和命题的形成有两种方式，一种是通过逻辑思维形成，一种是通过非逻辑的直觉思维形成，后者更为根本。产生新概念和新命题的思维活动当然是抽象思维，但许多新概念和新命题都是思维者顿悟的产物，顿悟是非逻辑的抽象思维。真正具有创新性的新概念、新命题几乎都是非逻辑抽象思维的产物，通过逻辑推理直接得到的新概念、新命题一般都没有革命性的意义。但非逻辑思维也不能离开逻辑思维去单独发挥作用，非逻辑思维是在逻辑思维长期准备的基础上产生出来的，是逻辑思维在反复运行中向自己的对立面转化。“作诗火急追亡逋，清景一失后难摹”(苏轼)。一旦有了顿悟和灵感，思维者必须立即召唤回逻辑思维，对顿悟和灵感作逻辑加工，才能真正完成从感性认识到理性认识的飞跃。

另一种对立的思维方式是抽象思维和形象思维，集大成思维必须把这两者整合起来，才能产生集大成的思维效应。在这方面，钱学森有大量深刻的论述。例如，钱学森在谈及创新思维的道路时说："从事物整体关系的'形象'上抓事物的机理，这是科学研究中创新的老道理，英文称 heuristic reasoning，以别于逻辑推理"(8-030)。只有非逻辑的抽象思维还不够，还要善于从事物关系的"形象"上抓事物的机理。有重大创新意义的新概念、新命题并非单纯的非逻辑抽象思维的产物，一定要同时有形象思维参与其间。可惜作者对其深层次机理缺乏研究，目前还谈不出意见。

第 13 章 钱学森谈系统科学的应用(一)

钱学森的一生主要是应用科学家,成为系统科学家之后,他又十分重视系统科学的应用。钱学森指出:“以前在科学技术中不注意系统概念的运用,正是受了科学技术早年历史的影响”(92页)。所谓早年历史的影响,就是还原论科学盛行的影响。今天,“实际上,许多自然现象、社会现象,都是有系统的、分层次的,你要分析研究这些现象,就要用系统的观点”①。相反,如果“不用这样一个观点,可以说任何科学技术都很难向前发展”(393页)。特别地,“我们今天研究宇宙、社会、环境、人体、人脑都应从开放的复杂巨系统的理论出发”(8-190)。他把这些观点应用于现代科学技术体系中的其他十个大部门,针对各大部门的具体情况发表了许多零星而颇具价值的看法。为客观条件所限,本章只汇集他的部分论述,略加梳理、评析,给读者提供一些线索。

13.1 在自然科学中的应用

还原论是在自然科学的发展中确立起来的,自然科学是还原论的大本营,还原方法至今仍然是自然科学的主要方法。所以,在十个大部门中,最难的是把系统科学应用于自然科学。钱学森既然相信不用系统观点任何科学技术都很难向前发展,自然科学当然不能例外。在此问题上,钱学森至少考虑过以下几方面:

(1) 整体观点。整体观是还原观的对立面,还原意味着解构整体,它的盛行使数百年来的自然科学不讲整体性。但事情也在发生变化,物理学家李政道认为:“我猜想 21 世纪的方向要整体统一,微观的基本粒子要和宏观的真空构造、大型量子态结合起来,这些很可能是 21 世纪的研究目标”②。李先生的意思是,系统科学的整体观、宏观与微观相结合的思想要进入物理学,进入自然科学了。其实,这种思想在物理学中早已有之,英国物理学家玻姆就是代表人物,写过名著《整体性与隐缠序》一书,整体性一词出现在书名中,足见他对系统论的整体性观点的重视。钱学森赞同玻姆的意见,在多处引用和发挥他的观点,讨论物理学如何进一步发展的问题。

(2) 层次观点。从事物的层次结构入手认识事物,是系统论的重要观点。认

---

① 钱学森. 科学的艺术与艺术的科学. 钱学敏编. 北京:人民文学出版社,1994:118.

② 李政道. 新世纪:微观与宏观的统一. 科学世界,2000:1.

识一个系统一定要弄清它的层次结构，了解不同层次之间的差别、联系和转化(过渡)。自然科学在 20 世纪深入认识了宇宙巨系统的宇观、宏观、微观三大层次，但渐渐发现这已经不够了。玻姆提出宇宙还存在比微观更深的层次，钱学森表示赞同，命名为渺观。他又提出还存在比宇观更高的层次，命名为胀观，由此形成渺观、微观、宏观、宇观、胀观的宇宙五观说。他希望中国物理学家要用五观说研究大宇宙："我们中国的天文学家不同于一般的国外同行，我们有马克思主义哲学的指导，有辩证唯物主义引路，'大宇宙学'的概念就源于此"(7-095)。他建议把这种研究列入国家攀登计划，并以"中华儿女雄今古"来激励中国物理学家。由此还引出一句颇有哲理的话："科学发展史中，不乏先例，细节处有大道理"。这也是对强调大处着眼的系统思想(全局观)的一个必要的补充，相反相成嘛。

(3) 动力学观点。经典动力学主要是物理学建立起来的，但发展到 20 世纪，动力学方法成为系统科学描述非物理的、非自然界的动力学系统的强有力工具，控制论、自组织理论、简单巨系统学的成功，使动力学观点成为系统论的又一重要观点。混沌学、微分动力体系的提出和发展，显著丰富了简单巨系统学的内容。而系统科学发展了的动力学，必将反馈回到自然科学，促进它的发展。

(4) 自组织观点。从自然科学中发展起来的现代自组织理论，被钱学森作为系统学的核心内容，他主张把系统学的自组织理论再应用到自然科学，对基本粒子的运动作更深入的研究。他这样评论玻姆："玻姆他大概可能对系统学不太熟悉，所以他没有用这个'自组织现象'，但他有这个意思……他说在渺观里头来看，这些粒子实际上就跟一个生物是一样的。因此这些粒子也有一个生命现象"①。钱学森的意思是用渺观的自组织运动来揭示微观层次出现的不确定性，把量子力学引向深入。

(5) 复杂性观点。钱学森主张把开放复杂巨系统概念应用于物理学研究。他提到引人关注的冷聚变问题，认为这是"物理中的'特异功能'。所谓'特异功能'，是说要用开放的复杂巨系统的观点来研究，不能用科学中的老一套思维"(8-069)。受物理学家陈能宽的启示，钱学森提出："设想常温核聚变是一项开放的复杂巨系统现象，其出现是由于一种巨系统的'共振'"(8-104)。他建议中国自然科学基金会把常温核聚变作为专门课题，给以支持。这些具体设想是否合理，应由专家评论，但关注在自然科学中应用系统科学的用意是鲜明的。

钱学森也关心生物学应用系统科学的问题。鉴于"分子生物学已经发展到研究生物大分子(巨分子)形成的高层次结构的动态特性及功能，那就实际上步入系统科学的领域。例如：①结构域的形成及功能；②更上层次结构的形成及功能，处

① 钱学森．人体科学与现代科技发展纵横观．北京：人民出版社，1996：222.

理这些问题都应该用系统科学"①。而"生命学的哲学基础是系统论(系统科学的哲学),其理论基础是系统学,特别是自组织理论"(8-127)。

历史地看,系统科学的产生和发展在很大程度上受惠于自然科学的成果;展望未来,系统科学已经发展到这样一个水平,它的许多思想、概念和方法能够回馈自然科学,帮助自然科学也走向还原论与整体论的辩证统一,必将给自然科学带来新的面貌。

13.2 在社会科学中的应用

在十大部门中,钱学森最重视的是在社会科学中应用系统科学,研究历史最长,成果也最多。1957 年写的《论技术科学》可以说是钱学森研究社会现象的处女作,这是一篇别开生面的科学学论文,而科学学被他划归社会科学。这应是他研究社会科学的起点。在创建中国航天系统工程的二十多年中,他的主要精力放在研究和应用管理科学技术上,不能不大量涉及社会科学,实践引导他向社会科学靠拢。1978 年的那篇开创性文章明显地涉及社会科学,反映了钱学森二十多年学习社会科学的收获。从《社会工程》一文(1979)起,钱学森不断发表以社会系统为对象的研究成果,而 90 年代系统学研究结束后,他和他的团队更把主要精力放在社会科学方面,始终在努力应用系统科学研究社会问题。

晚年钱学森越来越重视社会科学,原因在于他"从自己工作中体会到社会科学对我国社会主义建设的重要性绝不次于自然科学工程技术"(8-079)。作为科学家,钱学森一向是着重从科技方面为国家尽心尽力的,高科技更使他找到施展杰出才干的舞台。但新中国曲折复杂的发展历程,使钱学森越来越认识到社会科学对中国社会主义建设的重要性:"看来在许多重大问题的解决非社会科学不可,连什么'高技术'也无能为力!"(3-392)要为国家建设和改革开放献计献策,就必须懂得社会科学。这一认识促使钱学森下决心研究社会科学,力求在新的方向上"给社会科学做一个起步"②。

怎样研究社会科学?现有的社会科学存在什么问题?钱学森对中国社会科学发展状况的总体估计是:"我们搞社会系统,实际上是我们在 20 世纪的 90 年代要重建科学的社会学,他们那些都不行的,因为这个社会系统那么复杂,那些做法绝不能获得成功,他们的方法论根本是错误的,是唯心主义"③。此话说得有些过头,学界难以接受,但也包含着中的之论,"重建科学的社会学"的命题尤其值得重视。

---

① 钱学森. 人体科学与现代科技发展纵横观. 北京:人民出版社,1996:387.

② 姜璐. 钱学森论系统科学. 北京:科学出版社,2011:34.

③ 姜璐. 钱学森论系统科学. 北京:科学出版社,2011:38.

为什么要重建？因为我们要搞的是马克思主义的社会学，而社会科学研究中确实存在唯心论和机械唯物论，缺乏系统观点和方法，所以需要重建。如何重建？除了这段话，钱学森还有一个回答："今天我们国家的社会科学一个大问题，恐怕就是没用系统科学方法，简单化了"①。两段话道出了钱学森那些年的一大用心：用系统科学来促进社会科学的变革，使我国的社会科学研究现代化。具体言之，要明确社会科学研究的是系统，要把社会看成系统；社会系统是复杂的，不要简单化，以往的问题就在于简单化；从方法论上说，重建社会学的关键是引入系统科学，在他看来，系统科学的作用在于能够使社会科学避免简单化。

要强调整体论。钱学森确认为，科学的社会学要把社会作为一个系统来思考，要研究整个社会的问题。"我们的理论是整体论，首先要看全局"，要"从中国今天社会的整体上考虑"，不要满足于归纳、汇集各方面的局部情况(7-251)。钱学森说得对，现在的社会科学也不可避免受到了还原论的侵蚀，不重视从整体上思考问题。

要引入动力学观点。实际的社会是动力学系统，什么经济周期，什么长波、短波，什么正负反馈，什么平衡、不平衡，等等，都是社会系统的动力学现象，而且是非线性动力学现象。"我们研究社会系统要指出这些东西来，是动力学的。我们要顺利地高速地发展，必须是动力学的"②。现在的社会科学要么是静力学的，要么用线性动力学模型去描述，不能把握社会系统真正的运动规律。这次世界范围的金融危机没有被预测到，又一次表明表面上发达的西方经济学没有掌握经济系统的非线性动力学规律。

用社会形态概念研究社会。一切历史地演化着的复杂系统都有不同的历史形态，系统的历史就是新形态形成并取代旧形态的过程史。马克思和恩格斯最先用这种观点研究人类社会，提出社会形态的概念，用五种社会形态前行后续的新陈代谢来论述人类社会发展的过去和未来。钱学森主张社会科学研究要应用社会形态的概念，把社会看成由物质的社会形态、政治的社会形态、意识的社会形态组成的复杂巨系统，给社会主义文明建设以新的理论解释，颇有新意。

定性定量相结合。传统的社会科学侧重于定性研究，受到钱学森多次批评："过去搞社会科学，都是定性的认识，所以还不是真正意义上的科学"③。在中国，他第一个把系统工程的概念和方法引入社会科学，提出社会工程概念，倡导定性定量相结合地研究社会系统。钱学森与他人合作探讨过历史研究定量化的理论问题。他更关心经济发展中定性定量相结合的方法论，"从我们的认识出发，宏观经

① 钱学森．创建系统学(新世纪版)．上海：上海交通大学出版社，2007：164．

② 姜璐．钱学森论系统科学．北京：科学出版社，2011：37．

③ 钱学森．创建系统学(新世纪版)．上海：上海交通大学出版社，2007：42．

济预测必须依靠对社会经济这一开放的复杂巨系统的知识,要定性到定量,用大系统模型。这是理想的方法”(9-050)。他还认为,现代数学理论和电子计算机技术,通过一大类新的工程技术——各类系统工程,为社会科学研究添加了极为有用的定量方法、模型方法、模拟实验方法和优化方法。

钱学森把系统科学引入社会科学研究,经过十多年的探索,最后的成果是认识到社会属于特殊的开放复杂巨系统。“社会科学要改革,要用社会系统的观点——特殊复杂巨系统这个观点来改革我们的社会科学”①。“另一个十分肯定的方面是我国自己创立的,综合国外系统科学技术成就和我国古代哲学中的整体观——开放的复杂巨系统技术、从定性到定量综合集成技术,我们要开发它作为社会主义市场经济宏观调控的技术”(8-519)。实际上,这不仅是一项技术,更是处理社会这种特殊复杂巨系统的方法论,钱学森给予极高的评价:“这是文艺复兴以来又一次科学的飞跃”,“这是科学史上一件大事”,“我们走上一条科学新时代的道路”②。钱学森的这些评价是否准确,需要等待历史的审查,但他如此郑重其事,值得我们认真思考。

钱学森应用系统科学研究社会系统尽管系统性不够,但涉及范围极广,而且都提出一些发人深省的论点,本节再举一例。科学革命、技术革命、产业革命和社会革命是社会系统可能出现的四种革命,社会科学界常常分别考察它们,实际上是一种非系统思维。钱学森认为:“整个人类社会的发展,有四种革命是相互作用、相互关联的。这是一门大学问,怎么来研究?这应该是我们现在社会科学方面的一大任务”③。他提出一个方法论思想:“总结人类历史,按照马克思创立的历史唯物主义,树立科学革命、技术革命、产业革命、社会革命的系统观念”(7-030)。他认为,这四种革命不是同时发生的,却有着内在的、历史的联系,首先有科学革命,然后引起技术革命,再引起产业革命,最后导致社会革命,形成一种革命链,一种非线性动态系统。他运用并发展了库恩的科学革命论,又明显超出库恩学说的解释范围,为科学哲学指明一个有待开发的领域。

13.3 在数学科学中的应用

跟其他九大部门相比,如何把系统科学应用于数学,钱学森议论得最少。按照作者的理解,大体上有以下几点。

有一种说法,认为系统科学是关于事物结构的科学。此说有一定片面性,也有

---

① 钱学森. 创建系统学(新世纪版). 上海:上海交通大学出版社,2007:43.

② 姜璐. 钱学森论系统科学. 北京:科学出版社,2011:42.

③ 钱学森. 人体科学与现代科技发展纵横观. 北京:人民出版社,1996:134.

部分真理:探索系统结构规律是系统科学的重要内容。这就告诉人们,系统科学与数学有内在的联系。钱学森赞同美国数学家 Maclane 的观点:“数学在于形式结构的不断发现”(3-106)。钱学森又加以发挥:“数学是人在实践活动后不断提炼出来的反映客观世界某一方面具有广泛应用和深刻涵义的结构规律”(4-162)。这就是说,在研究事物结构规律这一点上,系统科学和数学有共同性,可以相互为用。两者的区别何在? 粗略地说,系统科学研究的是非形式结构,数学可以从中发现、提炼形式结构。这是系统科学对数学的重要贡献。事实上,运筹学、控制论常常被视为应用数学的分支,它们是用系统观点(用整体、决策、控制、信息反馈等概念描述)定量地研究系统问题,体现了系统科学对数学的影响和推动。

新兴的模糊数学或许更能说明问题。它的创建者札德是著名控制论学者(钱学森称赞他是大学者),对运筹学也颇有研究。札德在系统科学研究和应用中遇到模糊性与复杂性的关系问题,发现“系统之复杂排除了对其运行过程进行精确计算的可能”①。为了寻找描述系统模糊性的数学方法,他把康托集合论推广为模糊集合论,开创了模糊数学,以及在模糊集基础上建立的系统理论,国外学界统称为“模糊集与系统理论”。在国内,张锦文把这一研究领域称为模糊学,钱学森有时称为模糊科学,还有学者称为模糊性科学,都有一定道理。中国模糊学的研究与“三论热”大体同步,其实也是这股系统热的组成部分。

钱学森对模糊数学相当重视,发表过许多看法,给以很高评价。与札德有所不同,钱学森重视从思维的角度思考模糊数学:“要不要发展模糊数学? 我是积极的,因为人的思维包括专家的意见,都有模糊的方面,不重视模糊数学的研究怎么行呢?”(388页)作为控制论大家,钱学森对模糊控制情有独钟,认为“这是处理复杂系统的一个非常重要的优点”(7-500)。汪培庄是当时国内模糊数学的代表人物之一,钱学森与他经常通信,给他们出主意,鼓干劲。“软科学对作为数学新的发展的模糊数学是要注意的;要发展软科学,应该支持一下模糊数学的工作。这个问题在我们国家是有争论的。要不要发展模糊数学? 我是积极的,因为人的思维包括专家的意见,都有模糊的方面,不重视模糊数学的研究怎么行呢?”(388页)模糊数学在中国取得较大发展,钱学森的推动作用不可忽视。

模糊数学是从降低数学模型精确性的角度对付复杂性的一种工具,要处理开放复杂巨系统问题,仍然力不从心。系统科学前沿在呼唤新的数学。钱学森说得好:“系统科学需要什么数学? 这不能空谈,只有从事系统问题的实际工作,从实践中发现;我现在就不敢告诉您是什么数学理论,因为我也不知道。”这是实事求是之论,但也是从认识论上指点迷津:要从实践中发现新的数学。具体地说:“要学大系统所需要的理论,最好先做大系统的工作;从工作中发现数学理论的需要”(6-127)。

① Zadeh L A. 模糊集与模糊信息粒理论. 阮达,黄崇福译. 北京:北京师范大学出版社,2000:20.

更一般地说，要发现开放复杂巨系统需要的数学理论，那就得先做这类系统的工作，从中发现适用的数学理论。概言之，从开放复杂巨系统的实践中发现处理开放复杂巨系统的数学工具。这显然是应用马克思主义哲学认识论的结果。

更为根本的是，系统科学是关于整体涌现性的科学，关键是把整体涌现性的思想应用到数学中，创造能够描述整体涌现性的数学原理和方法。钱学森似有这方面的考虑，如讲“要从宏观上认识问题的数学性质”[4-312]。对于简单系统和简单巨系统，问题原则上已经解决，微分方程理论提供了非常有效的工具。关键是开放复杂巨系统，这是一个世纪性的难题，现在还不得其门而入，短期内恐怕也难有突破。

13.4 在思维科学中的应用

为构筑现代科学技术体系，在已有的自然科学、社会科学、数学科学之外，钱学森逐步增加新的科学大部门，而思维科学是在系统科学之后、人体科学之前放入体系中的。在20世纪80年代前后，他对这三门科学的研究几乎同时交叉进行，因而也相互为用。钱学森后来更有“搞系统科学的人与搞思维科学的人结合在一起”的说法①，始终坚持把系统科学应用于思维研究中。

钱学森主张区分思维科学和国外搞的认知科学，反对用认知科学取代思维科学，认为这是不能退让的原则问题。在钱学森看来，方法论的不同是二者的重要分野：思维科学以系统论为方法论，着重从宏观上研究人脑的思维活动；认知科学仍然以还原论为主，看重的是揭示人脑认知活动的微观机制。钱学森的整体观还体现在他的思维科学定义上：“思维科学是从人脑通过思维认识整个客观世界这个角度去开展研究的”[285页]，“思维联系到整个客观世界”[162页]。认知科学不接受这个观点。

思维是一种过程系统，而且是动力学过程，存在各种各样的非线性特性，人们在自己的思维实践中对此都有切身感受。所以，思维学本质上应该是一种非线性动力学，非线性、动力学特性是思维复杂性的主要根源。但国内思维科学的研究至今仍然基本属于思维静力学。钱学森注意到这种情况，明确地指出：“思维科学也是动态的科学，不是静态的科学：我们要创立思维动力学，而以前我们说的只是思维静力学”[6-286]。这应该是思维科学发展的主攻方向。当然，由于非线性动力学理论上的艰深、难懂，以及人脑的特殊复杂性，建立思维动力学还需等待。钱学森自己也没有深入探讨如何描述思维过程的动力学特性。不过，他注意到《实践论》对认识过程动力学特性的哲学分析，把从定性到定量综合集成法视为思维动力学

① 姜璐．钱学森论系统科学．北京：科学出版社，2011：50.

的内容。钱学森提出“思维科学的任务是从思维的角度找出思维能力发展的途径，并付诸实施”，又指出“我们要研制的从定性到定量综合集成研讨厅体系就是为完成这一任务的一个建议”(6-286)，并希望系统科学家和思维科学家合作“来突破、来改进、来扩大从定性到定量综合集成法，不但对于系统学是个大事，将来对于思维科学、思维学也是个大事”①。这是钱学森生前对思维科学如何搞的一个学术交代，有待思维科学界落实。而要做到“突破、改进、扩大”，就不能绕开研究思维过程的非线性动力学特性这一关。

钱学森特别钟情于形象思维研究，视之为思维科学的突破口。他试图把自己熟悉的自然科学和系统科学知识应用于形象思维研究，有大量零星的议论，由于极富启发性，在学界广泛传播。这里提及两点。一个是理论方面的。钱学森把逻辑思维与形象思维作为一对矛盾概念，从不同角度对两种思维方式进行对比研究，还试图从学理上加以区分。逻辑思维是线型(一维)的，这一点易于理解。钱学森的一个创新性观点是指出：形象思维“不是线型的，是多路并进的；不是流水加工，而是多路网络加工，所以形象思维是面型的。”还特别指明：“多了一维，难呀！”②有人以为钱学森此处指明形象思维是非线性思维，乃是误解。线型与面型是系统维数的差别，线型是一维的，面型是二维的，两者都可能有线性或非线性的不同。形象思维无疑是非线性系统，但钱学森此处说的是形象思维属于面型系统，即二维非线性系统，只是他没有明确提及线性与非线性的区别。

另一点涉及思维科学的实际应用。钱学森一再讲，形象思维的特点是“有材料，但无结构。思维的任务是找形象，即结构。相反，不也相成吗?”(8-375)作为一个具体运用，他几次提到中国文学中的对对联，剖析它的思维结构。“从思维学角度看，对联的过程是：出联的上联给出一个结构，请应联的下联人按此给定结构去找零件，字、词填入这个结构，思维就在于搜索思想库找材料。这就是对联答对联的思维学——搜索入结构”(8-375)。这是成功应用系统论的结构观点分析文艺现象的一个范例。不过我们要指出，钱学森的说法也有片面之处。形象思维要研究的首先是人脑中如何产生形象，以及形象的储存，然后才是到形象库中搜索；没有产生形象，或者没有把形象储存于大脑中，何以去谈搜索？比较而言，形象的搜索是简单易行的，形象的形成和存储才是关键的，也是困难的。

思维动力学必定是非线性动力学。钱学森不用非线性思维这个词，但对思维过程的非线性特性深有领悟。前面说的多路交叉并行是思维非线性的一种表现形式，灵感是另一种表现形式。古人描述灵感“来不可遏，去不可止”(《文赋》)，说的就是灵感特有的非线性动力学特征。钱学森十分重视灵感思维，一度

---

① 姜璐．钱学森论系统科学．北京：科学出版社，2011：50.

② 杨春鼎．形象思维学．合肥：中国科学技术大学出版社，1997：185.

把它作为思维的一种基本方式，有许多精彩的论述。后来把灵感思维归入创造性思维，指出创新的关键是提出新的科学设想，而科学设想的提出仍然是思维系统的非线性动力学特性使然，而线性思维无法产生真正创新的科学设想。灵感思维、创造性思维的研究必须基于非线性动力学理论和方法，思维科学界似乎至今未认识到这一点。

钱学森也试图把自组织观点引入思维研究。在阅读《逻辑悖论和自组织系统》一文后，钱学森表示："这个就比较有意思了，就是说人的逻辑推理，也就是思维跟巨系统里面的自组织现象是有关系的。"人自觉地从事逻辑推理属于思维过程的他组织，自我意识是他组织者；但其基础是人脑系统的微观自组织，宏观的他组织意向(指令)必须转化为心脑系统的微观自组织，才能够实现逻辑推理(这里特别需要从认知科学吸取营养)。形象思维、灵感思维等也如此。其机制是什么？钱学森也有所探讨："人脑这么复杂，它形成一个系统，就好像产生激光一样，有序化了，而这个有序化就是人的智能。如果没有这个复杂程度，不可能有智能，不可能出现特殊的有序化"①。我们从这里看到与哈肯《大脑工作原理》一书类似的观点，指出一条研究思维现象的重要路径。从系统复杂性和有序化的角度解释智能的产生，也颇有新意，可惜至今无人把它深入下去。

应用系统科学于思维研究，钱学森提出社会思维的概念。把思维主体从个人推广到群体，这个群体就有一个如何组织和运作的问题，组织方式、运行方式的优劣取决于群体作为系统的组分、结构、规模，思维能力、思维成果的品位、优劣、大小，体现着这个系统的整体涌现性。群体作为思维主体也是在一定的社会环境中开展思维活动的，环境建设、系统和环境的互动方式，对思维有很大影响。钱学森推崇恩师卡门主持的 seminar，倡导建立研讨厅体系，都是把它们作为社会思维赖以进行的物质平台来考虑的。

钱学森不赞同模糊思维的提法，却主张应用模糊系统理论于思维科学研究。札德有言："比起随机性，模糊性在人类认识过程的机制里，有着重要得多的作用"②。钱学森或许没有看到札德的这一说法，但他内心里相信模糊性与人的思维有关，认为"模糊性来源于人的思维和意识"[3-107]。当然，此话有片面性，模糊性也有客观来源，客观世界有大量亦此亦彼现象，都是模糊事物。但钱学森对模糊性确有独到的理解，所以才能说出："形象思维是活的，不能'死心眼儿'，活就是模糊，模糊了才能活"③。这是超越了札德的新认识，值得深入挖掘。在 20 世纪 80 年代，他同汪培庄多次通信，鼓励模糊数学界关注思维科学，讨论用模糊学解释人脑思维

① 钱学森．人体科学与现代科技发展纵横观．北京：人民出版社，1996：282.
② Zadeh L A. 模糊集．任平译．自然科学哲学问题译丛，1981：5.
③ 钱学森．科学的艺术与艺术的科学．钱学敏编．北京：人民文学出版社，1994：150.

过程,特别是形象思维。钱学森赞同汪教授《网状推理的动态描述及其稳定性》一文的观点,如“把思维过程作为动态过程”,“把探索的终点归结于网的稳定点”,认为汪教授的工作“把模糊推理向前推进了一大步,从‘树’回到‘网’”(2-475)。联系模糊性问题,钱学森还提出很多猜想。如说:“人对一件事的认识过程就是从猜想(很模糊)到坚信不疑”,“即从模糊到最大的不模糊”(2-476)。他还不时提出一些极有启发性的科学猜想:“形象的认识可能是拓扑的”(3-215);批评一些研究形象思维的著作“没有网络的概念,即没有系统学的概念”(3-229)。这些零金碎玉尚有待梳理。

钱学森还有一个很有启发意义的“体会”:“形象直感思维跟抽象的逻辑思维不一样的地方是网络性的、并联处理的;而且这里面有一种模糊性在里头,人的形象直感思维都是从许多方面同时进行,开始的时候是很模糊的,所谓得到结果就是在这个网络里头的某一部分忽然出现一个很清晰的形象,好,这个问题就解决了,那么人的创造过程就是这么一个过程”①。他认为,欲这样研究形象思维,必须用系统学、网络理论和模糊数学。

13.5　在人体科学中的应用

人体科学是钱学森倡导建立的又一门新科学,一直在强调要应用系统科学。如说:“只有用系统的观点和系统科学的方法才能将人体科学置于现代科学的基础上”,“把系统科学、系统论的方法用于研究我们人体是唯一的,不用这个是不行的”②。又说“不用系统论的观点,不用系统科学的观点来考虑生命现象,特别是考虑人,是很困难的”③。还说:“一定要把人本身作为一个系统,把人和环境作为一个系统,所以系统科学和思维科学的研究成果也一定会促进人体科学的研究”(139页)。类似的言论还有许多。比较而言,在系统科学以外的十个大部门中,钱学森谈论系统观点、系统方法最多的是社会科学和人体科学;反过来看,从社会科学和人体科学中提炼系统思想也最多、最深刻。钱学森如何把系统科学应用于人体科学,可以粗略归纳为以下几方面:

(1) 整体性观点。宣传系统论就要揭露还原论的局限性,张扬整体性观点。钱学森对还原论的批判大多数是结合人体科学研究给出的,因为正是在人体系统中,还原论的局限性暴露得最充分。用他的话来讲,你把人体一分解,要紧的东西都跑了。“人的复杂程度远远超过从前科学研究的对象。以前科学研究的对象总可以分解得简单一点。针对人,你就办不到,因为把人一分解,那就不是人了。所

① 钱学森. 人体科学与现代科技发展纵横观. 北京:人民出版社,1996:413.

② 钱学森,等. 论人体科学. 北京:人民军医出版社,1988:69,87.

③ 钱学森. 人体科学与现代科技发展纵横观. 北京:人民出版社,1996:474.

以，就是整体地研究它”。还讲：“人体科学特别要抓住人的整体这个层次，特别是在神经系统和人脑控制下的这个体系。至于下面的层次我们可以借助生物学”①。他对中医的充分肯定，对西医理论（临床医学除外）的批评，都着眼于是否把人体当成一个完整的有机整体。

(2) 全面讲系统的观点。钱学森概括出“全面讲系统”这一命题，跟他对人体系统的研究分不开。人体不仅是物质性的存在，而且是意识性的存在；不仅是自然的存在，而且是社会的存在；不仅是生理的存在，而且是心理的存在。只有这样看问题，才算是全面讲人体系统。在这一点上，中医明显优于西医。所以，钱学森强调建立人体科学必须借重中医学。基于这样的认识，他才主张人体科学、包括医学不仅要研究人体的防病保健和治病康复，还要研究挖掘人体的潜力，承认气功的科学性。而且，从全面性观点出发，他才给出这样的定义：“人体科学是通过人体这个着眼点或角度去考察整个客观世界”(163页)，“人体科学是从人体结构和功能在受整个客观世界的影响和相互作用的角度去开展研究的”(285页)。全面讲系统全面到要看整个客观世界，是钱学森系统思想的一大特点。

(3) 开放性观点。西医在相当程度上把人体看成封闭系统，一心向体内求索。中医把人体看成开放系统，人体的健病关系对环境的强烈依赖达到必须考虑季节、昼夜和时辰的变化，主张人天相应、法天则地。钱学森完全接受中医的开放性观点，强调“不能把人体和外界隔离开来考虑”(163页)。他建立人体科学的基本理念为：“人是个开放的巨系统，这是人天观的基本思想”(1-246)。还特别提醒人们注意系统一词前面的“开放的”这三个字。关于人体科学哲学分论的命名，钱学森坚持称为人天观，而不是人体观，就在于人体观概念的语言表达中没有“天”字，表现出轻视甚至无视人体对外界的开放性，近似于西医的哲学观点。他则坚定地相信：“人天观的核心是人体的开放性，人体巨系统和宇宙环境形成一个超巨系统”(1-359)。所以，一定要使“天”字出现在人体哲学的语言表达中。

(4) 动力学观点。对于建立人体学，用静态观点有助于了解系统的层次结构，了解空间结构。但研究人体系统“光用静态的观点，那是不够的”。静力学不能代表客观事物的全貌，人体研究要像物理学那样从静态到动态，就是说一定“要考虑时间的因素，动态的因素，这就是人体动力学”。动力学系统的特点是状态为时间的函数，随时间展开而变化。系统状态有暂态与定态、稳定定态与不稳定定态之分，只有稳定定态才是系统的目的态。只有在稳定定态上系统才能正常发挥它的功能，故钱学森喜欢讲功能态概念。钱学森认为，中医讲的证就是人体系统的功能态。“病是人体的功能状态不正常，证就是把不正常的功能状态再调回来，调到正

---

① 钱学森．人体科学与现代科技发展纵横观．北京：人民出版社，1996：81，276.

常就行了"①。这里说到治病过程的他组织,即医生采取医疗手段把不正常的功能态调回正常的功能态。

(5) 自组织观点。钱学森研究人体系统的一个基本概念是人体的功能态,包括苏醒态、睡眠态、健康态、疾病态、气功态以及其他特异功能态等。他认为:人体巨系统的"自组织表现为人体的功能态"。就人体病愈过程看,"人这个巨系统在一个超巨系统里不断受到各种各样的干扰,人就要起来自卫,排除这些干扰。所谓人害病,不正常了,那就是人从一个正常的功能状态走到了一个不正常的功能状态"②。自愈是人体系统的自组织,看医生就有了他组织作用,医生是他组织者,但他组织作用还须通过人体系统的自组织来实现。练气功是在意念这种他组织作用下进行的,但必须转化为人体系统内部的自组织运动,才能进入所谓气功态。

钱学森对人体系统的认识,最终归结为人体是开放复杂巨系统的概念。这是一个大概念,目前对它的了解还比较空,有待深入研究。"我看研究人体科学、研究脑科学,的确像您讲的,我们有个从经典的科学还原论逐渐进入开放的复杂巨系统学的过程"(8-197)。应该说,人们至今还没有真正地"进入"。而在方法论上,"人体是一个开放的复杂巨系统,我们过去直到现在都未能从此认识去找线索。要么只讲整体,要么只抓一点。这都不是人体科学应该用的方法"(7-025)。"在研究人这个问题上的最根本的一个观点就是不要全部都是还原论的,而要有整体论,最好是还原论和整体论辩证统一的系统论,要从整个系统来看人,而且还不够,还要根据人一机一环境这么一个大的系统去考虑问题"③。至于如何从科学技术上实现这种辩证统一,也有待深入研究。

13.6　在军事科学中的应用

钱学森既穿过美国军队的军装,又穿过中国人民解放军的军装。有如此奇特经历的大科学家,在世界上绝无仅有。一生从事科学研究、又善于从哲学上思考问题的人,这种特殊经历必定会反映在他的学术思想中,形成对军事科学的独特认识。而这种认识又必定与他从事的系统科学研究密切相关。这就决定了并非军事科学家的钱学森关心并善于把系统科学应用于军事科学中。而他的奇特经历使他对美军、尤其是美军发展军事科技的指导思想有特殊的了解。美国已把中国视为它的战略对手,正在紧锣密鼓地部署对华包围圈。认真研究钱学森的军事思想,对今天的中国军事家理解美军的战略思想是有好处的。

---

① 钱学森. 人体科学与现代科技发展纵横观. 北京:人民出版社,1996:197,198,241.

② 钱学森. 人体科学与现代科技发展纵横观. 北京:人民出版社,1996:285.

③ 钱学森. 人体科学与现代科技发展纵横观. 北京:人民出版社,1996:428.

钱学森的战争系统观集中体现在这样一段话中："战争是由许多部分构成的不可分离的有机整体。在人类全部的社会实践活动中，没有比指导战争更强调全局观念、整体观念，更强调从全局出发、合理地使用局部力量，最终求得全局最佳效果的了。这正是系统工程的精华所在"(20页)。我们可以从这段话中解读出这样一些思想：

（1）战争是一种系统现象，即由许多部分构成的整体。

（2）战争是一种实践系统，过程系统。

（3）是系统就强调全局观念、整体观念，而在人类的实践活动中，最强调全局观念、整体观念的莫过于战争。

（4）战争是典型的他组织系统，最重视组织性、纪律性，强调服从命令听指挥；而战争的他组织观集中体现在从全局出发、合理地使用局部力量，最终求得全局最佳效果；在现代条件下，这就要求战争指挥要充分利用现代科学技术。

（5）现代战争离不开军事系统工程，其精华是应用现代科技做到合理使用局部，求得全局最佳效果。

钱学森作为解放军的一员，又正在构筑以军事科学为一个大部门的现代科学技术体系，自然也关心系统科学在军事科学中的应用。一个表现就是用系统观点解读毛泽东军事思想。首先是按照"三个层次，一座桥梁"的学科体系给毛泽东军事思想定位。钱学森说："毛泽东军事思想就是军事哲学加上军事基础科学"①。讲到毛泽东军事思想，人们往往把它与哲学联系起来，认为它属于一种哲学思想，而不是科学思想。在潜意识中，无非是觉得毛泽东军事思想没有数学模型，没有使用自然科学的概念，属于前科学。钱学森的独特解读是把毛泽东军事思想中非哲学的东西定位成军事科学的基础科学，高于军事运筹学，更高于军事系统工程。他做如此论断的学理依据，主要是对毛泽东军事思想中精深的系统思想的把握。系统科学思想的第一原理就是整体性原理，强调从整体上认识和解决问题。而"毛泽东思想的核心部分就是从整体上来认识问题，把握住它的要害"②。这种系统观点在毛泽东军事著作和军事实践中获得最充分的体现，是古今中外所有军事家都比不上的。钱学森对毛泽东军事思想的理解，有许多胜于专职军事科学家之处。

现代科学把战争视为一种博弈行为，用博弈论来分析战争。博弈论研究的是策略性竞争，隐含的一个假设是博弈双方实力相当，胜负取决于策略的优劣。对于在战争研究中应用博弈论，钱学森的兴趣不大。毛泽东一生所指挥和研究的都是非对称战争，而且非对称性十分突出，现在的博弈论用处也不大。这里存在两种不对称性，一是强弱悬殊，二是战争性质不同，正义与非正义、侵略与被侵略是战争性

---

① 糜振玉．钱学森现代军事科学思想．北京：科学出版社，2011：89.

② 钱学森．创建系统学(新世纪版)．上海：上海交通大学出版社，2007：133.

质上的非对称性。毛泽东的非对称性战争理论有两个要点，一是充分发挥战争正义性所规定的社会的、心理的优势，最大限度地动员广大人民群众支持和参加战争；二是以弱胜强的作战策略，他概括为“你打你的，我打我的；打得赢就打，打不赢就走”。这一切都富含系统思想，是其他军事家、博弈论权威至今没有领会的。系统科学家钱学森真正读懂了毛泽东，甚为赞赏这一原则，并且加以发挥，提出在和平时期的国防建设上也坚持这一原则：“装备、作战这一套东西，我们搞我们的”①。

毛泽东以弱胜强打赢正义战争的军事理论，核心是人民战争理论。有历史记载的人类战争主要是一种他组织的系统行为，强调军人的天职是服从命令，自组织因素被压制到微不足道的程度。毛泽东大力倡导的人民战争则是一种以自组织为主的战争行为，但又不是单纯的自组织，而是重视先进社会力量对人民战争的鼓动、发动、帮助、指导。从学理性上说，人民战争是自组织与他组织辩证统一的战争样式，是军事思想的重大发展。钱学森没有亲身参加过这种战争，但他凭自己对历史唯物主义和系统科学的精深把握，完全理解了毛泽东的人民战争理论，在新的时期坚持人民战争，丰富了毛泽东军事思想。

在军事科学中，作为系统工程大家，钱学森更擅长军事系统工程。他对系统科学在军事科学中的应用，关注最早、论述最多的就是军事系统工程。除了已经提到的《军事系统工程》一文，钱学森还在别的场合从不同视角讨论军事系统工程。如在肯定利用计算机对简单军事战斗集体(如排对排)行动的研究工作后，钱学森提出军事系统工程中的一个大问题：“如何把理论用于结构复杂、成员众多的对阵集团，问题太复杂，就连电子计算机也不行了”(146页)。他主张把博弈论和系统学结合起来，寻找解决问题的途径。

与毛泽东一样，钱学森考察战争问题也注意应用系统论的环境观点，因为环境在相当程度上规定着系统的质性。战争作为一类特殊系统，是以社会这个大得多的系统为环境而发生和演变的，这个环境的方方面面都会影响战争系统。毛泽东主要关注的是社会的政治、经济、人心向背等环境因素对战争的影响，力求用好环境。作为科技专家，钱学森更关心、也更熟悉科学技术作为环境因素对战争的影响。就战争的决定因素而言，历史唯物主义在战争观上的体现是认定战争胜负的决定性因素是人而不是物；就作战的式样而言，历史唯物主义在战争观上的体现是认定战争式样决定于武器的式样，有什么武器打什么仗。而武器的变化是科学技术发展的结果，系统演化理论给考察这种演变提供了最有力的理论武器。以研制新式武器而同军事结下不解之缘的钱学森在这方面有独到的理解。

20 世纪中期以降，科学技术发展带来武器形态的重大变化，预示着战争样式即战争作为系统的历史形态正在发生新的转变。未来学家托夫勒最先看到这一趋

① 糜振玉．钱学森现代军事科学思想．北京：科学出版社，2011：88.

势,写出《未来的战争》一书,讨论战争形态(他用的词是模式)的变化。钱学森受他的启发,也在思考战争模式转变的问题。但钱学森胜于托夫勒之处在于,他按照历史唯物主义原理考察战争形态的历史演变。以产业革命为自变量,以战争形态(他用的词也是模式)为因变量,钱学森给出二者的对应关系[9-004],如表 13.1 所示,为马克思主义的军事理论谱写了新的篇章。

表 13.1 产业革命与战争形态的函数关系

产业革命	第一次	第二次	第三次	第四次	第五次
战争形态	徒手战	冷兵器战	热兵器战	机械化部队战	信息化部队战

钱学森从这一分析中引出一个极具理论和实际意义的结论:“21 世纪的战争将是核威慑条件下的陆、海、空、天、信息战部队的一体化战争”[10-398]。中国的国防建设应该以打赢这场一体化战争为中心来规划和实施。并非专职军事科学家的钱学森能够提出这一系列深刻的军事思想,表现出系统科学对军事科学的巨大价值。

钱学森在 20 世纪对 21 世纪的战争问题做过多次分析和预测,从中可以看出他对马克思主义战争观的理解和坚持。钱学森早在 1989 年就指出:“20 世纪末 21 世纪初我们注意南面是对的。这个地方不稳,力量参差不齐。谁都想沾一点。中国南海要特别注意。今后几十年,中国的南海是矛盾的焦点。”近年来的事态发展证明他的远见,在霸权主义的支持和暗中怂恿下,一些外国势力不择手段地妄想抢占中国的南海国土,我们必须挫败这种阴谋。

13.7 在行为科学中的应用

钱学森把行为科学作为一个独立大部门,出于两方面考虑,其中都贯穿着系统观点。一是学科建设的理论需要:“重组学科体系,‘理顺关系’”[4-466]。重组体系就是重组系统,关系就是结构,理顺关系就是使系统结构有序化。国外行为科学的内容基本属于技术科学和工程技术层次,没有相应的基础科学,其哲学思想则是非马克思主义的,甚至是反马克思主义的。钱学森要求建立完整的行为科学体系,特别强调以马克思主义哲学为指导,决不能照搬国外那一套。二是中国社会实践发展的需要。他认为邓小平“要两手硬”的主张很有远见,但学界“领会不够深,没有从理论上和从手段措施上下工夫!”为了补上这一课,他提出要完善行为科学的体系[9-354],使它更好地发挥学科系统的整体涌现性。

在行为科学体系中,钱学森最关心的是它的桥梁学科。不论称为社会论或人学,还是称为行为哲学,他都坚持辩证唯物主义的基本原理。从哲学上看,系统就是对立面的统一,对立方面的辩证统一才是有序的系统。从人类文明史看,解决人与社会之矛盾的手段无非是法律和道德,或者说法治和德治。这也是一对矛盾,学界常常把它们对立起来,抑此扬彼。记得 20 世纪 90 年代在中国政法大学参加的一次学术会议上,几个年轻法学家就对法治与德治并重的主张表示不赞同,他们只看重法治,对德治不以为然。这正是一种非系统观点,不懂得对立统一才是有生命力的系统,法治与德治实现辩证统一才能有效治理社会。钱学森深悉这种哲学系统观,有针对性地提出:“研究人在社会中的行为科学是现代科学技术九大部门中之一,非常重要,也就是‘冲突学’”,其“桥梁是‘冲突学’的哲学概括,人与社会的矛盾的对立统一”(2-334)。钱学森深知法学界一时难以接受“把全部法学移到行为科学”的主张,意识到这样做有“‘革命性’变革”的味道(2-330),但他自信这样做在哲学上和学理上都站得住脚。

钱学森也从科学技术层次上界定行为科学:“马克思主义的行为科学是研究在社会系统(开放的特殊复杂巨系统)中人的行为及按社会目的控制、调节人的行为的科学”(5-130)。这段话以及相关的其他论述清楚地揭示了行为科学与系统科学的紧密联系:

(1) 行为主体(个人或群体)是复杂系统;

(2) 作为行为环境的社会是开放的特殊复杂巨系统;

(3) 行为科学研究这两个复杂系统的相互作用,即人在社会系统中的行为,核心是行为主体的自主性与社会集体利益之间的矛盾;

(4) 人的行为是需要而且能够控制、调节的,合理而有效的控制、调节需要科学理论的指导;

(5) 行为科学主要是一种他组织理论和方法,目的是“为了国家和集体的利益管好人”(247页),“管好人”无疑是他组织,要“管好人”就需要现代科学技术的支持,这就是行为科学;

(6) 行为科学“总的来说是两大任务:教育与法治,教育还不行,则绳之以法”(9-354);

(7)为完成两大任务,行为科学也要有自己的系统工程,钱学森对此曾做过专题论述。

这段话容易使人误以为钱学森的行为科学只讲他组织:管理者管好被管理者。联系他有关行为科学的全部论述看,尽管没有明确提及,实际上包含着自组织的思想,或者说给自组织留下发挥作用的空间。对一个法治社会而言,行为主体的自主性是社会系统自组织的客观基础,主体的行为具有自发性、局域性、盲目性、并行性,这就是系统自组织的基本特征。教育,特别是法治,属于社会他组织的手段,是社会这个环境系统施加给行为主体的。但如果社会系统健全、健康、有生命力,道德和法律意识深入人心,行为主体能够以道德规范和法律要求自己,做到自律,甚至把遵纪守法变成一种习惯,一种自发行为,就能使教育和法治这种他组织建立在良好的自组织基础上。他组织与自组织辩证统一,他律与自律的辩证统一,才是一种健康的社会。所以，行为科学一定要讲他组织与自组织的辩证统一。

13.8 在地理科学中的应用

并非地理学家的钱学森，在晚年发表了许多令地理学家深受启发的地理科学观点，原因何在？钱学森自己说："我的基本思想都是受系统科学、系统学、系统论哲学观点的影响，要没有这种系统观点，我不会有地理科学的想法"。又说："我这个外行完全是从系统的概念出发，认为整个人类存在的环境是一个系统，并认为从一个侧面(或者是气象问题，或者是生态问题)去考虑都是不够的"①。这些话说明，钱学森相信在地理科学中应用系统科学是大有作为的。地理环境作为系统有多个侧面，系统思维要求考虑所有的侧面。

按照钱学森的看法，在地理科学中应用系统科学，首先体现在"要'换脑筋'"。他认为地理学界存在的问题是："地理界同志受几百年来旧观念、旧思想束缚太深，地理科学的新观念、新思想难于理解、接受"。因此，"这里面有一个观念的转变，即从零散到整体，从局部到系统"②。这也就是思维方式的转变：从非系统思维转向系统思维。为此他有意向地理学界宣传系统科学。

钱学森应用系统观点于地理科学的成果之一，是厘清地学与地理科学的关系。地学的研究对象是纯粹的地球系统，属于自然科学。地理科学的研究对象则包含人类活动，是由地理环境和人类一起构成的系统，即人地系统。而在人地系统中，人是主动的、能动的因素。所以地理科学要重视人对地的能动性，人可能破坏地理环境，也可能改造、优化地理环境。由此缘故，钱学森认为地理哲学的总精神是强调人在人地系统中的能动性。

钱学森应用系统观点于地理科学的成果之二，是构建了地理科学的体系结构，即"三个层次一座桥梁"的结构模式在地理科学中的表现。特别有创建的在两个方面：一是明确地理科学的研究对象是地球表层系统，而非整个地球系统；它的基础科学就是地球表层学。钱学森坚信："要建立地球表层学这门理论科学，我们一定要运用系统科学的理论"③。他特别强调这个系统的开放性："地球表层环境是受地外的天的影响的，也受内部地球的影响。这是地理科学的根本"(10-005)。内部地球属于人地系统的环境，是自然科学的研究对象。二是提出建立地理哲学的学科任务，给出地理哲学是地理科学的"体系之首"的命题，申明我们要建立的是"马克思列宁主义毛泽东思想的地理科学"(6-484)，所以一再强调要继承、发展、深化马克

① 钱学森．创建系统学(新世纪版)．上海：上海交通大学出版社，2007：138，139.

② 钱学森，等．论地理科学．杭州：浙江教育出版社，1994：274，281.

③ 钱学森，等．论地理科学．杭州：浙江教育出版社，1994：42.

思主义导师们有关地理环境的哲学思想。

钱学森应用系统观点于地理科学的成果之三，是扩展了地理科学的研究范围，把生态环境问题划归地理科学。“大家如果能将天地生的研究与系统学的研究两者结合起来，我觉得那将是一件了不起的事情”。他的观点很明确，天地生的研究都属于地理科学。对于地理系统工程，特别是地球表层学，“系统学要研究什么呢？恐怕要用生态学的观点，就是不要制造矛盾。要形成良性循环，避免恶性循环”①。又说：“生物的指示实是整体地理环境系统的表现；严格说应从生物个性与地理环境系统的相互作用中去认识”(8-310)。要注意系统的整体表现和“整体地理环境”，是此处提出的一个新说法。

钱学森应用系统观点于地理科学的成果之四，是阐明地理系统层次复杂多变、内部关系错综复杂，属于典型的开放复杂巨系统。他认为中国地理科学界的“困难在于大家对系统的概念认识不深，对地理环境是开放的复杂巨系统，其研究方法只能是从定性到定量综合集成法，更是不理解”②。所谓“换脑筋”之说就是由此引发的。他也批评原苏联学者的书“由于没有开放的复杂巨系统的概念，所以一直努力在‘分析’、‘解剖’上下工夫，实际是肢解整体系统”(7-057)。还原论和非系统思维的一种表现方式，就是“肢解整体系统”。

钱学森应用系统观点于地理科学的成果之五，是倡导按照系统观点搞地理环境建设。他认为，地理系统或地理建设这“两个词是从系统科学的总概念推导出来的”，而地理建设方面的管理、政策都要用系统工程这一科学方法(8-102)。钱学森指出，地理建设的范围很广，包括水利建设、水土保持、地震预报及防治、交通建设、信息建设、港口海岸建设等，“必须从复杂巨系统的观点及方法考虑才能解决”(8-116)。

钱学森应用系统观点于地理科学的成果之六，是把地理环境建设放在中国社会主义建设这个更大系统中，作为它的一个分系统来考察，并且得出一个重要命题：地理环境“是社会主义建设的基础”(5-109)。由此而在物质、政治、精神三大文明建设之外，又增加了地理环境文明建设，形成社会主义四大文明建设的理论。

钱学森应用系统观点于地理科学的成果之七，是把中国地理环境建设与社会形态、世界形势联系起来：“研究地理系统涉及研究社会形态、文明建设的环境条件以至世界形势”③。前者是说，搞好地理环境建设有助于巩固和完善社会主义制度，从而有助于向共产主义社会形态的过渡。后者是说，地理环境建设涉及周边国家，要注意世界形势；搞好中国的地理环境建设，有助于推动世界形势向有利于人类进步的方向发展。这就把我们的地理环境建设跟整个世界的形势及其未来发展

---

① 钱学森．创建系统学(新世纪版)．上海：上海交通大学出版社，2007：18，36.

② 钱学森，等．论地理科学．杭州：浙江教育出版社，1994：281.

③ 钱学森，等．论地理科学．杭州：浙江教育出版社，1994：87.

联系起来了。

13.9 在建筑科学中的应用

钱学森对建筑问题的研究是从园林建设开始的，最初关注的主要是园林的建筑美问题。20 世纪 80 年代末开始全面关注建筑科学技术发展，90 年代达到高潮，发表一系列见解，在中国建筑界引起轰动。今天回头看去，他有关建筑问题的思考都体现出系统思维。这大体可分为五个方面来评介：

(1) 园林建设。1957 年发表的《不到园林，怎知春色如许?》已经体现出鲜明的系统观点。钱学森以颐和园为例，说明中国园林艺术讲究整体美和综合性美，追求规则与不规则、对称与非对称、动与静的平衡协调。20 世纪 80 年代以降，更以明确的系统观点梳理中国园林艺术遗产，指明中国园林是景观、园技和园艺三者的综合，把园林分为盆景、窗景、庭院园林和宫苑四个层次，思考如何用园林艺术来美化农村地区正在兴起的小城镇，强调园林建筑的中国特色。

(2) 城市学。随着改革开放的发展，中国开始出现城市化趋势，把钱学森对建筑事业的关注从园林扩展到城市建筑。他由此提出城市学概念，倡导用系统科学的观点研究城市，使“系统热”烧向建筑界。“我想的城市学是：①以马克思主义哲学为指导的；②用系统科学的观点和方法的”(3-277)。应用系统科学被他作为城市学的两大特点之一。如何把系统科学应用于城市建设? 钱学森在一封信中写道：“城市建设要有规划、要搞城市学的研究，都是说整体考虑的重要性。城市也是一个大系统，没有系统的整体的考虑怎么行? 这里要满足一个城市系统的特殊要求，即城市整体景观。这就涉及艺术了”(8-297)。他使用了“城市系统”的概念，而且定位成大系统，强调城市规划的整体观和整体景观。在同一封信中，钱学森还考察城市建设观念的历史变迁，指出古代帝京的建筑讲究整体布局，资本主义兴起使建筑业和城市业分家，“建筑师们不考虑城市、城区的整体景观，只顾一座建筑的美”(8-928)。他认为城市建设上的这种非系统思维，是资本主义制度的后遗症，也是还原论科学在建筑领域的反映。他要求现代中国的建筑师反其道而行之，“既讲究单座建筑的美，更讲城市、城区的整体景观、整体美”(8-299)。这是在倡导城市建筑中做到局部美与整体美的辩证统一，也就是还原论与整体论在建筑美问题上的辩证统一。

城市化产生了城市体系，对在城市学中应用系统科学提出更高的要求。钱学森注意到这种发展趋势，告诫建筑界：“不是只讲一个城市的内部结构，兼及与周围的关系，而是首先讲一个国家的城市体系，小到几户的居民点，大到千万人口的城市。而且要研究这个体系的动态变化，随着生产力发展、文化进步而产生的变化”(3-277)。这实际上指出城市科学的两大任务，一是研究“一个城市、集镇内部的组织管理”(3-278)，兼及与周围的关系；二是研究城市体系的规划、建设及其动态变化。总之，从系统观点出发，他呼吁城市学研究要站得高些，看得远些。

(3) 山水城市。钱学森在建筑科学技术上最引人注意的新思想，是提出山水城市的学说。系统是差异的整合，或多样性的统一。差异的事物经过合理的整合，多样性被科学地统一起来，就会产生意想不到的整体涌现性。系统科学大师钱学森处处想着把差异整合为系统，以产生新的涌现性，建筑科学也不例外。这里的一个突出问题是把科学技术和文学艺术整合起来。1990 年，他在给建筑学家吴良镛(中国建筑科学的领军人物之一)的信中提出：“我近年来一直在想一个问题：能不能把中国的山水诗词、中国古典园林建筑和中国的山水画溶合在一起，创立‘山水城市’的概念。人离开自然又要返回自然”(5-317)。由此而在建筑科学史上出现了山水城市这个概念，经过多年讨论，初步形成一种新的建筑思想、建筑学说。它是中国文化与建筑科学相结合的产物，是文学艺术与科学技术相结合的产物，为系统科学开辟了又一个用武之地。

(4) 建筑科学技术的体系。在提出山水城市概念之初，钱学森申明它不是建筑科学，而是城市学的新发展。一方面是山水城市的大讨论和城市建设实践的推动，另一方面是对现代科学技术体系学的深入思考，1996 年钱学森决定将体系学思想贯彻于有关建筑问题的科学研究中，把建筑科学作为一个大部门，更自觉地应用体系学的系统观点研究建筑问题。直接促使这一思想产生的一个原因，是意识到以往分开考虑的科技和艺术应该也能够在建筑问题中整合起来，形成一个独立的科学大部门。“这一大部门学问是把艺术和科学糅在一起，建筑是科学的艺术，也是艺术的科学”①。

(5) 建筑哲学。系统科学在哲学思想上带来的变革之一，是从实体中心论转变为关系中心论。体现在建筑哲学上，就是“真正的建筑哲学应该研究建筑与人、建筑与社会的关系”。这两大关系既需要从科学技术上研究，也要从哲学上研究。建筑科学是自然科学、社会科学、文艺科学交叉的产物，人的社会性必然在建筑中反映出来。建筑是人为的，又是为人的，人是有地域性、民族性、阶级性的社会存在，这些特性必然反映在建筑中，要从哲学高度来回答。钱学森认为，为了回答这些问题，建筑科学“应该有个总的概括：对建筑用什么指导思想，唯心主义？唯物主义？辩证唯物主义？历史唯心主义？历史唯物主义？这门学问才是真正的建筑哲学”②。问题提得十分尖锐，却抓住了根本，这在我国建筑业的实际情况中也看得分明，值得建筑界深思。

作为辩证唯物论者，钱学森相信建筑事业充满种种对立统一，“全面讲系统”的

---

① 鲍世行，等．论宏观建筑与微观建筑．杭州：杭州出版社，2001：296.

② 鲍世行，等．论宏观建筑与微观建筑．杭州：杭州出版社，2001：295，337.

要害是全面认识这些矛盾，反对只讲一面而不讲另一面的非系统思维。所以，建筑中聚和散的矛盾、变和不变的矛盾、当下和将来的矛盾、科技和艺术的矛盾、保护传统和创新的矛盾等，都受到钱学森的关注。对于如何坚持全面讲建筑系统，如何坚持在建筑科学中做到这些矛盾的辩证统一，钱学森都有论述。

按照钱学森的理论，中国建筑科学另一个领军人物周干峙把城市及其区域看成典型的开放复杂巨系统，指出它的八个特点：①系统结构具有相互联系的层次和系列；②系统的作用大于系统各部分的简单总和；③巨系统中，总是上一层次的大系统决定性地影响下一层次的小系统；④系统有边界，并总是和更大的系统、旁系统进行交换；⑤系统的非匀质性和相互作用；⑥系统的自组织和自适应性；⑦系统的复杂性；⑧系统运行的非定常性规律。周先生说："系统思想对人居科学的思想影响远不止以上八点，但仅此，我们已可以看到系统科学的规律是放之四海而皆准的"①。由此可以看出钱学森的系统科学和建筑科学思想在建筑科学界产生了怎样的影响。

13.10　在文艺科学中的应用

主要由于家庭教育，加上个人天赋，钱学森从小就爱好文艺，不仅多才多艺，而且喜欢从理论上思考文艺问题，爱读文艺理论著作。应该说，从文学艺术中吸取系统观点，是钱学森系统思想的来源之一。在从自然科学家走向系统科学家的过程中，他也逐步开始自觉地应用系统观点来认识文艺现象及其发展演变。20 世纪 80 年代初，在讨论"运用系统论来建立精神财富的体系"问题时，针对自己有关文学艺术问题的思考，钱学森作了这样的自我表白："这也是系统，大的系统。我考虑这个大系统，也是用了系统的思想，用了系统论里的一些东西，用了系统科学里的一些东西"(372页)。他究竟运用了哪些系统观点？本节对此略加梳理。

(1) 体系观。20 世纪 80 年代初，钱学森尚未把文艺理论归属于科学技术体系，但已经认识到文学艺术作为精神财富是以系统方式存在和发展的，形成了一定的体系。他认为，有关文学艺术的研究有四个方面：美学研究、文艺理论研究、文艺学研究和社会主义文化学研究，主张"这些研究要形成一个体系"。又提出文学艺术可以分为六大部门，每个部门也有不同层次。毛泽东论述过文艺普及与提高的相互关系。受他的影响，钱学森提出所谓"阳春白雪"和"下里巴人"就代表文艺的两个不同层次。他当时还说不出文艺的所有层次，但肯定不止两个层次，还特别指出文艺最高的台阶是表达哲理的。由此形成了"文艺体系学"概念，最终决定把文艺理论作为现代科学技术体系中的一个独立大部门②。

---

① 鲍世行，顾孟潮．钱学森建筑科学思想探微．北京：中国建筑工业出版社，2009：前言．

② 钱学森．科学的艺术与艺术的科学．钱学敏编．北京：人民文学出版社，1994：131，158．

(2) 整体观。钱学森把整体观引入文艺研究，主要体现在两方面：一是文艺作品描述(反映)的对象问题。为了与其他大部门相区别，他指明文艺理论是“从美的角度去研究”整个客观世界的[285页]。又说：文艺学“也是对人与客观世界的关系的整体性认识。你不能说，文艺就许描述这个，不许描述那个，整个客观世界都可以做它的描写对象”。系统科学有可能性空间的概念，钱学森的这段话事实上使用了这个概念。这就把文学艺术的整体观极大地扩展了。他告诫文艺工作者，不要局限在观察和描写我们直观感受的这个世界，要放眼于各种可能世界，他相信“科学技术人员心目中还有十几个二十个世界可以描述”。他以诗一般的语言写道：“这里的文学艺术中，含有的不是幻想，但像是幻想；不是神奇，但很神奇；不是惊险故事，但很惊险。它将把我们引向远处，引向高处，引向深处，使我们中华民族的精神境界有所发扬提高”①。要通过对各种可能性空间的艺术描写，把人们的思想引向远处、高处、深处，这个观点大大发展了传统的现实主义文艺理论，丰富了毛泽东文艺思想。二是文艺科学作为一个大部门，要对它作整体把握，这就得构筑它的完整体系。既然最终把它作为现代科学技术体系中的一个大部门，文艺科学也应当有四个层次，有不同的分系统，如提出文艺技术科学。当然，文艺科学的完整体系钱学森生前未能构建成功，也不应该苛求他来完成此项任务，重要的是他向文艺理论界指明了这个方向。

(3) 结构观点。结构是系统科学的基本概念之一，结构分析是系统分析的基本内容之一。钱学森认为：“科学系统论的运用，什么事情都是一个系统，而且有一个结构，而这个结构中存在着相互作用”[378页]。西方学界在 20 世纪早期已把结构概念引入文艺理论和文艺批评，对作品做结构分析是文艺评论的重点之一。结构观点至晚于 20 世纪 40 年代开始进入中国学界，如李辰冬的红楼梦研究明确应用了结构概念，专题讨论过“《红楼梦》的结构”②。钱学森构筑文艺科学的体系，重点就是厘清它的结构。这段话告诉人们，要用系统观点考察文学艺术现象，就要考察它的结构，考察其中的相互作用。

(4) 层次观。层次是厘清系统结构的基本概念之一，复杂系统都是多层次的，多层次性是系统复杂性的重要内涵。钱学森非常重视文学艺术的层次性问题。“文学艺术不能单调、划一，要有层次”，只有一个层次是不行的。至于有哪些层次，他赞赏毛泽东关于文艺有普及型和提高型的划分，“下里巴人”和“阳春白雪”都要有。他反复强调的是文艺“还有一个最高层次，即表达哲理性的世界观的层次。属于这一层次的文艺作品的美感在于它与你的世界观合拍，你就感到好、感到美”③。

---

① 钱学森．科学的艺术与艺术的科学．钱学敏编．北京：人民文学出版社，1994：104，191.

② 李辰冬．知味红楼．北京：中国档案出版社，2006：112.

③ 钱学森．科学的艺术与艺术的科学．钱学敏编．北京：人民文学出版社，1994：152，153.

(5) 复杂性观点。钱学森指出:"文学艺术的问题,比经济问题还要复杂,规律也还要复杂,这就要大家去研究"。多样性或多样化是复杂性的内涵之一,钱学森认为:"文艺创作要反映生活,就有一个多样化问题"[①]。尽管这些论述语焉不详,却代表着未来文艺理论研究的重要方向,文艺界应该关注复杂性科学的动向。《红楼梦》的艺术性高超绝妙,一个表现就是"在生活现实中,人具有何等的复杂性,他就写得他(她)何等得复杂"[②]。读懂《红楼梦》必须摆脱还原论科学对文艺理论的影响。为什么许多文艺作品对读者缺乏吸引力?原因之一是作者深受西方文论的线性思维影响,不能把握实际生活的复杂性。由西方传入的文艺理论带有不少简单性科学的色彩,有待文艺理论界认真清理。文艺理论的进一步发展,应当引入复杂性科学的观点和方法。

(6) 文艺管理工作中的自组织与他组织。一个复杂系统要能够正常高效地运行,最大限度地发挥其功能,必须做到自组织与他组织的辩证统一。我国经济改革中提出的"微观放活,宏观控制、调节",就是这种思想的反映。钱学森把它引入文艺科学中,并且以"引导"取代"控制"。他说,"我认为文艺工作应是'微观放活,宏观引导、调节'"。微观放活是发挥自组织的作用,让文艺家能够充分自由地创作,包括业余文艺活动的自由发展。宏观引导、调节是发挥他组织的作用,"国家放手不管也不行,那不是坚持四项基本原则";各种文艺团体、机构都要发挥自己的组织功能,既不可乱作为,也不可不作为。自组织与他组织两方面真正辩证地结合起来,才能保证文学艺术蓬勃发展。如何管理?精通系统工程的钱学森态度很明确:"文艺工作的宏观管理要用系统工程的方法",指出文艺工作中系统工程方法的三个要素。他建议"高等院校里应该有组织管理文艺事业的专业,也可以称作是文艺系统工程专业"[③]。

(7) 系统科学也是关于如何预测系统行为、状态变化的科学。为使对文艺事业的管理做到科学、有效,钱学森还提出文艺预测问题。作为科学家,钱学森相信文学艺术的发展也有规律性,也可以进行预测。他认为,对于文学艺术问题的预测,有两个实质性的东西,一是预测者所了解的文艺情况是否真实?二是预测者对文艺发展规律掌握了没有?"预测首先是了解情况,掌握规律,而方法不是决定性的东西"[④]。

作为文艺科学通向辩证唯物主义的桥梁,钱学森称之为美学,也是他关注的重点之一。在这里,钱学森同样坚持运用系统观点考察美学问题。其中,特别精彩的

---

① 钱学森. 科学的艺术与艺术的科学. 钱学敏编. 北京:人民文学出版社,1994:107,109.
② 周汝昌. 红楼小讲. 北京:北京出版社,2002:63.
③ 钱学森. 科学的艺术与艺术的科学. 钱学敏编. 北京:人民文学出版社,1994:166,169,170.
④ 钱学森. 科学的艺术与艺术的科学. 钱学敏编. 北京:人民文学出版社,1994:127.

是论美的本质，揭示出美的普遍性、社会性、历史性、系统性、层次性等，我们曾给出简要的评析①。

对于钱学森的这一套思想，文艺界如何评价？不妨听听文艺理论家李准给钱学森信中所说的话："您以马克思主义哲学为指导，提出的把整个人类科学发展作为一个大的系统工程(包括九个桥梁，九大学科)，进行研究的总体构想，是您把文艺理论、社会主义文艺学放到这个大系统工程中加以把握的主张和示范。这是一般文艺理论家和社会科学家很难做到的。"李先生还做了这样的发挥："在一个更大的系统联系中把握当代我国文艺发展的趋势和要求"②。我们认为，这样的评价是公允的。

我们从李准的评论中得到一个启发：在系统科学之外的十大部门中，钱学森都提出了一些各大部门专家学者很难做到的关于那个部门的"总体构想"。这就是系统思维的威力。

---

① 苗东升．钱学森哲学思想研究．北京：科学出版社，2011：191～194.

② 钱学森．科学的艺术与艺术的科学．钱学敏编．北京：人民文学出版社，1994：174.

第14章 钱学森谈系统科学的应用(二)

晚年钱学森还提出若干新学科，都有重要的理论和实际意义，但一时又难以确定它们隶属于11大部门中的哪个大部门。本章拟就五个论题，对钱学森有关在这些新学科中如何应用系统科学的观点作简略的评介。

14.1 系统科学与现代科学技术体系学

传统观点把科学技术看成所有学科的集合，即一种非系统的总和，不注意也无法整体地把握之。但20世纪的实际情形却日益向人们显示，科学技术的发展正在经历着系统化的过程，需要用系统观点去考察。青年时期就惯于跳出本专业思考问题的钱学森，在逐步接受系统观点的同时，开始用系统观点考察整个科学技术的发展，逐渐萌发了现代科学技术体系的思想。“现代科学技术是一个整体，不是分割的。整体在哪里？整体在研究对象是一个客观世界”，“整个客观世界是一个整体”，各大部门科学技术“从不同的角度，不同的观点去研究客观世界”(373页)。这是钱学森在科学学上的一个基本观点，许多看法都是由此生发出来的，值得深思。

起先，钱学森只是构筑自然科学的体系，重点在梳理它的层次结构。后来认识到现代科学早已不限于自然科学，也不限于自然科学、社会科学和数学科学，已经产生出不止一门新的科学大部门，因而正在形成一个庞大的知识体系、一个整体，需要从整体上把握。他由此产生了建立现代科学技术体系学的设想。在回顾自己的这种学术思想形成发展时，钱学森说(1984)：“从我个人思想发展过程来说，我大约在十年前，因为看到新学科群起，老的自然科学、社会科学、哲学三大件是不够用了，所以从系统思想的概念提出现代科学技术体系的想法”(8-156)。钱学森明确告诉世人，他的科学技术体系学原本是研究和应用系统科学的一项副产品，在明确提出科学技术体系学之后，更自觉而全面地运用系统科学来研究这个体系学。

钱学森用系统科学的基本概念来理解科技体系，得出的结论是：“现代科学技术体系是一个有序的、动态的开放系统，这个开放系统的环境就是‘前科学的海洋’”(3-248)。这个认识也是他研究体系学的方法论思想。钱学森花费不少精力确定有哪些大部门，划分各部门的层次，确定不同层次上的分系统，就是要揭示和提高这个体系的有序性。科技体系的动态性使他注意到新学科的不断出现，有些学科则变得过时,特别是新的大部门还可能出现,如对信息科学是否算一个独立的大部门,他持开放性态度。这个体系具有开放性,一是体现在该系统对其环境——前科学海洋的开放,要不断把前科学转化为科学;二是体现在 11 个大部门并非最后结论。这里他的思路又超出科学技术体系学,指向包括前科学在内的知识论研究,或者说是现代科学技术体系的环境研究。

由于把科技体系学研究划归科学学范畴,钱学森自己也用一定精力研究科学学,发表过多篇文章,提出一些很有特色的观点,都鲜明地体现着系统思想。自从还原论成为科学方法论的主流以来,学科的分化空前加速,越来越庞大的学术研究,越来越庞大的教育体系,都是按照学科划分来组织和运行的,甚至社会职业分工也与学科划分深有关系。这种发展趋势导致学科划分也成为科学研究的对象,“学科学”成为科学学的重要内容之一。钱学森更进一步,把系统观点和方法应用于学科问题上,提出“学科‘系统’观点”(7-042)的概念。此乃钱学森科学学研究的独特内容,其要点如下:

(1) 用系统观点看人类全部知识,形成现代科学技术体系学和知识论的概念,人类知识由现代科学技术体系及其外围组成,全部人类知识也是一种系统;

(2) 一种学问是否构成一个学科,学科如何命名,都要“从整个现代科学技术体系看其合理性”(2-056),用知识的系统观点来审视;

(3) 凡称得上一门学科的学问,都有它的概念群、命题群、论证群,它们按照一定的逻辑关系组织起来,形成一定的系统,有自己的学科体系,都应该作为系统来认识,了解它的结构体系,发挥它作为系统的认知功能;

(4) 宏观的学科都由应用技术、技术科学、基础科学三个层次组成,不同层次之间相互依存、相互促进,这是学科作为系统的有序性;

(5) 学科是不断发展的动态系统,新学科的出现、逐步完善,老学科的衰落,就是学科作为系统的动态性;

(6) 每个学科都要接受马克思主义哲学的指导,应该有相应的哲学概括;

(7) 对于中国科学界来说,每一个学科都要结合中国社会主义建设的实际来考虑。

钱学森自觉地按照他的“学科系统观点”重新认识已有的学科,审视新出现的知识领域,努力把它们提高到现代科学的水平。例如,有学者提出旅游学学科体系问题,钱学森表示赞同,并就一般原则发表了他的看法:“我想,无论是旅游中介业问题,还是旅游学学科体系,都要用马克思主义哲学原理,要联系实际,要结合我国是社会主义国家的实际”(9-468)。凡是涉及国计民生、人民衣食住行、娱乐保健等领域的新知识,他都试图用学科系统观点加以分析、规范,争取纳入中国社会主义建设的科学技术体系中。

钱学森的科学技术体系学研究不是纯理论研究,而是为了解决中国科学技术如何发展的问题，为制定科技发展规划提供理论根据。科技发展规划必须认识到："现代科学技术是一个整体，没有哪个学科可以独立于这个体系的"①。已建立了哪些学科，归属于哪个大部门，在该大部门中又归属于哪个层次，这些都需要按照系统科学观点来确定。既然构成一个体系，不同大部门之间就是有机联系在一起的，通过相互影响、相互作用，发挥系统的整体效应。例如，"系统科学体系的成立也必将影响其他现代科学技术的发展"(142页)。

科技发展的基础是庞大的科技领域的自组织，要让科学家有充分的自主性、自主权；但同时也要发挥各级科研机构的他组织作用，特别是国家制度、法令等他组织作用，"科学技术又必须有全国统一领导"。而实际情况是，"现在部门分隔，机关林立，该统的统不起来"。这些都是属于非系统现象。为改变这种状况，钱学森建议科技发展要有国家规模的组织管理，要有法律保障，为此还建议"要修改《中华人民共和国宪法》"(7-050)。在这里我们又一次看到，钱学森的科学研究既追求理论上站得住，又追求有可操作性，而其学理依据就是系统科学。

14.2　系统科学与社会主义建设的国家学说

按照钱学森的系统科学论，每一门系统工程都有相应的专业理论。社会工程要在国家规模上应用系统工程，它仍然是一种组织管理的技术，需要相应的科学为其提供理论根据。在提出社会工程概念后，钱学森的思想又在向前推进："现在这门学问似乎还没有建立。要建立这一学问，还要建立相应的基础理论，我给它设想了一个名字，叫社会主义国家学"(190页)。这里用词有不准确之处，容易引起混淆。社会主义国家学是社会工程的理论基础，这样讲是正确的。我们知道，航空工程的理论基础之一是空气动力学，属于技术科学。类似地，社会主义国家学也应该是一门技术科学，而非基础科学。不过，把基础理论四字换成理论基础，表达就准确了。高于社会主义国家学的基础科学又是什么？钱学森没有提及，不过从他的全部著述看，应该是以特殊复杂巨系统为核心概念建立起来的社会学。

钱学森的这一思想是在1983年新春学术座谈会上，作为对中国系统工程学会的建议而提出来的。他希望学会执行的任务是："我们一定要把系统工程运用到国家规模的管理，社会主义现代化的建设上"(191页)。如此复杂的系统工程尤其需要理论基础，它就是社会主义国家学。为什么在"国家学"之前要加上限制词"社会主义"呢？因为只有社会主义制度才能够在国家规模上应用系统工程，也才需要有它的理论基础。问题是能不能办到。钱学森的态度极为明确："在我们国家完全可能"。他同时指出，资本主义国家办不到，因为它们是私有制，不可能运用系统工程

① 钱学森．论人体科学．北京：人民军医出版社，1988：90.

管理国家，也就没有相应的科学理论(191页)。

凡系统都有特定的功能，技术科学所关注的中心问题就是系统的功能。社会主义国家作为系统，其基本功能是什么？钱学森认为大致有八个方面：①物质财富的生产；②精神财富的生产；③服务事业；④国家的行政管理；⑤社会主义法治；⑥国际交往；⑦国防；⑧环境管理。这八个方面都要建立各自的系统工程，综合起来就是社会工程。他由此而指出这门学问的意义："如果这些工程建立了，相应的理论基础——社会主义国家学建立了，并且完善了，则我们就能科学地制定政策，决策也就更有科学依据了"(190页)。

经济是社会系统的基础，社会主义建设的中心是经济建设，钱学森称之为物质文明建设。他在晚年花费很多精力思考如何把系统科学应用于经济发展，这也是他的研究团队关注的问题之一。钱学森提出这样一个观点：社会主义国家学说的"一个理论大问题是如何搞好计划经济与市场调节相结合"(5-225)。这实际上讲的是经济发展作为系统的自组织与他组织的关系，确实是一个理论大问题。钱学森赞同"微观放活，宏观控制、调节"的提法，说的就是经济发展中的自组织与他组织相结合，"微观放活"是自组织，"宏观控制、调节"是他组织。钱学森还谈论过国民经济核算体系的问题，指出"国民经济核算体系是能正确反映国家社会系统经济功能状态的统计(即宏观的)参量体系"。并认为建立新的国民经济核算体系，应该有系统科学、系统工程的专家参加①。

社会主义国家学作为一种科学理论，需要在社会工程的实践基础上求得发展。所以，钱学森十分重视社会工程的研究和应用，他关于社会科学的研究都与社会工程问题有联系。"我国社会主义建设是一项极为复杂的社会系统工程……研究这样复杂的对象必须以马克思主义哲学为指导"(7-024)。此乃钱学森研究社会主义国家学的指导原则。

国家建设涉及社会系统的方方面面，钱学森差不多都有论述，都贯穿着系统思维。如说"农业生产是多因素组合的系统工程，而不是研究工作中的单因素试验"(7-485)。社会主义国家学说的重要内容是综合国力论，钱学森对此也有专门思考，强调要独立自主地研究综合国力论(7-161)。尽管是只言片语，对于建立社会主义国家学都有启发。

钱学森说："一个国家的社会集体是一个开放的、与世界有交往的复杂巨系统"②。按照系统与环境互塑共生原理，中国的社会主义事业与其所处的世界系统息息相关，故建立社会主义国家学必须与 14.3 节讨论的世界学联系起来，用世界社会形态的观点考察中国的社会主义建设。

所有这些理论思考和具体问题的研究，促使钱学森形成一个高度概括的观点：

---

①② 钱学森．创建系统学(新世纪版)．上海：上海交通大学出版社，2007：44.

“系统科学真是社会主义治国之本。”(5-226) 应该把这一判断作为社会主义国家学在方法论上的基本指导思想。

14.3 系统科学与世界学

现代系统思想的一个必要而重要的内容是环境观点:现实的系统必定存续运行于一个特定的环境中,系统与环境互动互应,互塑共生,了解系统一定要了解它的环境,也要了解系统存续、运行、演化对环境的影响。中国社会主义建设是在现代世界这个大环境中进行的,一向称为“国际环境”。把一个国家的问题放在国际环境中考察,是马克思主义的一个方法论原则。但钱学森认为,历史发展到 20 世纪后期,世界各国联系如此紧密,世界局势变化如此巨大而快速,继续沿用“国际环境”这一概念已经不够用了。“今日的世界已不是一国范围内可以决定命运的世界,而是世界各国密切相关的世界社会形态”(8-034)。中国是当今世界的中国,不是过去的中国;美国是当今世界的美国,不是过去的美国;等等,今天必须这样认识问题。如何从理论上表述这种变化? 钱学森说:“我认为根据马克思用的有关名词类推,应是‘世界社会形态’”(8-415)。今天的中国是世界社会形态中的中国,今天的美国是世界社会形态中的美国,等等。沿着这一思路,钱学森最终形成了世界学的概念。粗略地说,世界社会形态形成的历史条件及其意义,世界社会形态的基本特征,它自身如何运行、演化,与未来的共产主义社会的关系,它对中国的社会主义建设有何影响,等等,研究这些重大问题所形成的学问,就是钱学森所说的世界学。

首先看钱学森如何论述世界社会形态形成的历史过程。在历史上,地球人类一直是以非系统方式存在着的。资本主义的兴起和发展,通过开拓和争夺殖民地把世界连接成为一个系统,即世界系统。《共产党宣言》第一次对世界系统化这一历史趋势做出理论概括,《帝国主义是资本主义的最高阶段》又给出进一步的概括。再经过半个多世纪的演化,系统化了的世界进入经济一体化的发展阶段。在这一新的历史条件下,钱学森承续马克思、恩格斯、列宁的思路,指出“19 世纪末到 20 世纪中叶是这个世界经济一体化的过渡时期。经济是社会的基础,所以这个时期又是世界社会的形成期”,“今天又加上第五次产业革命,世界社会已形成。我们进入了社会形态的新阶段:世界社会”(7-120)。

用历史唯物主义基本原理看,世界经济一体化要求并推动了钱学森所说的“世界社会形态”的出现。钱学森决定采用世界社会形态这个概念,有两方面的考虑:一是与马克思的用词相衔接。马克思恩格斯提出社会形态的概念,对社会系统的运行演化做出科学的描述,构成历史唯物主义的核心内容。系统化了的世界仍然是一种社会系统,也有不同的历史形态。作为马克思主义者,钱学森认为新的概念应该是马克思主义概念的逻辑延伸，故称为世界社会形态。二是“概念重在历史的新阶段”(7-268)，世界社会形态的形成标志着世界历史进入一个新阶段。或者说，这个概念反映了“当今世界发展的主流”，表达了世界作为系统“发展的一种模式，从分到合，合中又有矛盾斗争”(7-384)。

世界社会形态的基本特征是什么？钱学森给出这样的判断：世界社会形态“是资本主义社会之后的社会形态”(7-121)。这是一个极为新颖的提法，有待深入研究。世界社会形态的前身是资本主义的一统天下，而“当今世界的现实：世界已逐渐形成一个大社会了，哪个国家也不能闭关自守，闭关自守只会落后。世界一体化，经济、文化交往频繁。但这只是事物的一个方面；另一方面，国家制度不同：有资本主义、国家垄断资本主义，还有资本主义制度以前的国家，但又有社会主义国家的中国等。国家又分发达国家与发展中国家，即‘南’与‘北’之分。是世界一体，又多极分割，矛盾斗争激烈”①。“今天的社会虽然以一国为界，但各国又处于整个世界的世界社会中。所以现在不是什么奴隶社会形态、封建社会形态、资本主义社会形态，而是多种政治制度并存的世界社会形态。这是向将来人类大同的共产主义社会的过渡”(8-238)。钱学森所讲的世界社会形态，从空间上看，是多种社会制度并存的世界；从时间上看，是介于资本主义社会和共产主义社会之间的一种世界社会系统的历史形态，属于人类历史上前所未有的新事物。

一切处于过渡形态的系统都是动力学现象极为发达的系统，是它的一个特定的历史时期。“这个世界社会充满了矛盾与斗争。各种政治制度、各种民族和信仰、各种集团利害的矛盾斗争是一刻也没有停止过”(7-160)。“今天的世界就是这样，是动荡的、变化的。可以说每个小时都有变化，要研究我们中国在这么一个动荡变化的世界当中如何发展，这个问题要不用系统科学的观点，我想是一定搞不好的”(394页)。就是说，研究世界社会形态特别需要系统科学，要把当今世界看成一个非线性的、动态的、开放的复杂巨系统去研究。这个历史时期的矛盾斗争表现在社会的各方面，即政治、经济、工业、科技、农业、民族、宗教、文化各方面，钱学森的著述中或多或少都有所涉及。例如，他认为宗教和科学的关系“是当今世界的重大问题，即反动政治势力总是要利用宗教为他们服务。这是世界动荡不安，人民包括信教人民受害的重要原因之一”(7-081)。钱学森关于战争问题的论述实际上也同世界社会形态问题紧密联系着。

世界学是一种理论科学，它的实际应用也要采取系统工程的方法。很自然，这种系统工程不同于在一个国家内部的社会工程，更不同于部门或企业应用的系统工程。钱学森把它命名为世界系统工程，并认为所谓地缘政治学、地缘经济学所研究的就是世界系统工程，它涉及地理科学、自然科学、社会科学、军事科学等。还提

① 钱学森．创建系统学(新世纪版)．上海：上海交通大学出版社，2007：185.

醒人们:“通过世界系统工程制定的国家战略是有国家特色的”,“国与国不同,特别是社会主义与资本主义不同”(5-468)。处于世界社会形态中的中国人,不可忘记自己国家的政治属性,所制定的国家战略必须是社会主义的,是为过渡到共产主义社会服务的。

研究世界社会形态的重大意义,集中体现在钱学森的这样一个判断上:“今后一段历史是以世界社会形态培育世界大同,即共产主义”(7-268)。世界学是研究世界系统的学问,当然要大量应用系统科学,关键是阐述“培育”二字。从现在起,就要自觉地培育,但一定要按照系统科学的科学原理来培育。钱学森在这里的一个新思想,是提出大宏观概念。“所谓大宏观即从全世界的角度看问题”(8-437)。他赞许袁嘉新“把一个国家看作是一个生产单位或生产集团”的观点,因为这符合世界社会形态的思想。钱学森强调:“在世界社会形态中,现阶段的斗争是必须考虑的;世界大同还是几百年以后的事”(8-438)。大宏观概念是系统思想的整体观、全局观的发展,即世界一体化时代的整体观、全局观。马克思主义者要善于从全世界的角度看问题,还需要自觉地学习和培养大宏观思想。

14.4 系统科学与复杂性科学

与国外的复杂性研究不同,钱学森是从系统学研究走向复杂性研究的。把复杂性作为系统的一种特性是他从事复杂性研究的一个基本出发点。也就是说,钱学森明确肯定复杂性研究必须应用系统科学的概念、原理、方法。同国外复杂性研究的诸多学派相比较,此乃钱学森学派的一个鲜明的特色。

钱学森不太讲复杂性科学,他讲的是复杂性研究,但他的研究事实上形成了复杂性科学的一个重要学派。构成复杂性科学独特学派的一个特征是,他研究复杂性的基本概念是复杂巨系统,或者开放复杂巨系统,根本方法是从定性到定量综合集成法。这种研究在系统科学中的成果,就是他要建立的开放复杂巨系统学,或开放复杂巨系统理论。鉴于这种理论短期内建立不起来,他断定实际能做的是用开放复杂巨系统概念去研究一个个具体的开放复杂巨系统,积累经验和实际材料,为将来建立复杂巨系统学做准备。基于这一判断,他在 20 世纪 90 年代放弃建立系统学的努力,把讨论班的中心任务转向复杂性研究,指导他的团队研究物质文明建设、政治文明建设、精神文明建设、地理环境建设、人体科学、思维科学等,还研究第五次产业革命、第二次文艺复兴、马克思主义哲学体系等。这些工作已经不是系统科学的研究,而属于复杂性科学的内容。所以应该说,钱学森主张应用系统科学研究复杂性科学,或者说应用系统科学来建立复杂性科学。

钱学森的复杂性研究是全方位的,经济、政治、文化、社会、地理、人体、思维等,都在他的研究对象范围内。不同论题涉及不同的专业知识,研究成果属于不同的学科领域。但方法论上有共同性,就是运用开放复杂巨系统概念,而且作为核心概念。所以,这里再介绍钱学森有关这个概念的三段论述:

(1)“什么叫复杂巨系统?第一,我们要研究这个系统,一定要从定性知识出发,除此之外我们没有太多东西,这是我们对于这个问题的感性认识,不能脱离这个实际……第二,光定性还不够,不能停留在感性认识上,我们要上升到理性认识,要努力达到定量……现在的问题是怎样才能把这两方面联系起来,只有这样才能做到从定性到定量,从感性认识上升到理性认识。这是辩证统一的认识论,是最难的”①。可以说这个别开生面的概念诠释,给出钱学森对复杂科学方法论最完整的表述,也是从方法论上给出的复杂巨系统定义。

(2)“系统里面最困难的一种,叫做‘开放的复杂巨系统’”。他以地理系统为例指出:“这个‘开放的复杂巨系统’的内部层次、结构多变,而且我们很难分清、确定,今天你看是这样,再过一天又不是这样……所以这是一个层次复杂多变、内部关系非常错综复杂的系统”②。这当然不限于地理系统,组分多变、结构多变、环境多变、质性多变,是开放复杂巨系统的普遍特征,亦即系统复杂性的根本来源。

(3)“至于从学术上来讲这个问题,实际上我们研究的是定性定量相结合的综合集成法,这个方法还不是系统科学的。系统科学、系统学要在这个方法用了多少年以后,我们悟出有什么大道理后才行,现在还是我们借用的、想用的方法”③。这个说法深有内涵,也有点令人迷惑之处,有必要仔细推敲。其一,说从定性到定量不是系统科学的内容,是否意味着钱学森把它归属于思维科学?但它形成于系统学讨论班,是为处理开放复杂巨系统问题而制定的,为什么不是系统科学的?尚需深究。其二,这从另一个角度说明钱学森后来为什么放弃继续搞系统学研究,因为条件尚不成熟,还需要等待。其三,先应用此方法研究各种具体的开放复杂巨系统,也就是研究复杂性科学,以便从中悟出复杂巨系统学的大道理,条件成熟后再研究系统学。这样做直接从事的是复杂性科学研究,间接的是为建立复杂巨系统学做准备。作为战略科学家,如此部署是务实的,也是科学的。

14.5　系统科学与大成智慧学

人生是有限的,学问却是无限的。每个大学问家都在人类文化这块无垠的大地上竖起一个学术高峰,有他(她)的最高点,或最后一站。现在要问:在几十年的

---

① 钱学森. 创建系统学(新世纪版). 上海:上海交通大学出版社,2007:143.

② 钱学森. 创建系统学(新世纪版). 上海:上海交通大学出版社,2007:141.

③ 姜璐. 钱学森论系统科学(讲话篇). 北京:科学出版社,2011:50.

学术研究中，钱学森的系统思想，或者说整个学术思想，达到的最高点或最后一站在哪里？这应该是一个令人感兴趣的问题。

系统演化理论认为，系统要演化发展，离不开评价机制，包括外部环境给出的评价(他组织的评价，主要体现于环境选择机制上)和系统的自我评价(自组织的评价)。自我评价就是总结经验教训，明确前进方向，调整路径，改进方式方法。大学问家都是这样的，他们不但时刻经受着学界的评价，而且常常做自我评价。留心钱学森的著述不难发现，他经常进行自我评价，盘点自己已经发表的见解，区分正误、精粗、深浅，估价它的意义。对于本节提出的问题，他也有所思考，有一些文字记载，可供我们思索。

在5.5节所引钱学森关于中国系统科学起点的那段话之后，他紧接着又说了这样一段话："后来嘛，到了你们那里(指710所)，一下子大突破，就是马宾把大家的意见收集起来。马宾的这个功劳绝不能忘，我们后来把他的办法又系统化，跟现代科学技术结合起来考虑，才提出开放的复杂巨系统这一套东西。现在钱学敏又把它提高了，成了大成智慧，其实它的来源就是这么一个很渺小的来源"①。经济学家马宾是系统科学中国学派的一位重要人物，对于从定性到定量综合集成法的产生发挥了不可替代的作用，受到钱学森的充分肯定。钱学森的话是在告诫我们，了解和评析系统科学的中国学派，不能忘记马宾的贡献。钱学森也肯定了钱学敏对他提出大成智慧学思想的贡献。

这段话有重要的历史价值。近六十年前钱、许二人在太平洋轮船上的议论，原本是一件"很渺小的"事，但从它起步，经过航天系统工程、系统工程理论、系统学、开放的复杂巨系统研究、从定性到定量综合集成法，最后到大成智慧学，真个是"一道道青山紧相连"。我们说过，系统生成论的基本原理是"有生于微"。中国系统科学的产生提供了一个活生生的事例。这段话更重要的学术价值有待挖掘。钱学森自己认为，他毕生学术探索的最后走向是大成智慧学这个主峰，而不是系统学，更不是工程控制论。也就是说，提出大成智慧和大成智慧学才是钱学森系统科学思想和整个学术思想发展的最高境界。

如何评价钱学森的这个自我评价，学界颇有分歧。有人对钱学森的说法不以为然，批评他提出的新概念"大而无当"②。的确，乍一看去，钱学森提出建立系统学、思维学、人体学、大成智慧学等，都是特大的题目，又都没有建成，岂非"大而无当"吗？但深入思考就会发现，这种评说是肤浅的，含有还原论的偏见。这些大题目都是关乎人类命运的大学问，存在决定意识，需要产生科学。这些学科终究是要建立的，中国人不去搞，迟早会有外国人去搞。但攀登这一座座科学

① 姜璐．钱学森论系统科学(讲话篇)．北京：科学出版社，2011：143.

② 郝柏林．复杂性的刻画与"复杂性科学"．科学，1999：3.

高峰是全世界科学界共同的事,一个人至多攀登上其中某个高峰,绝不可能攀登上所有的高峰。当然,钱学森也想在自己的有生之年尽可能攀登得高一点,多做些探索,多留点智慧之果,留下教训也是非常可贵的。但钱学森是战略科学家,是谋划科技发展战略的科学家,他把攀登这些高峰看做 21 世纪科学共同体的事业,他自己要做的主要是指出有哪些高峰,它们位于何处,有何特征,从何处上路,可以用什么方法,等等。历史地看,这样做是“大而有当”的,钱学森做出无人可以替代的贡献。

辩证地看,“大而无当”说也有积极意义。黑格尔讲过,同样一句话,从饱经沧桑的老年人口中说出,或从涉世不深的年轻人口中说出,含义是不同的。钱学森的许多新概念、新命题产生于他的悟性(意会思维),一时还难以用语言准确、全面地表述出来,容易被人挑出一些毛病。但他是以自己深厚的科技实践功底和知识积累为底蕴而提出来的,因而是可以信赖的。而我们一般人没有他那样的底蕴,如不严肃对待,就可能真的变为大而无当的东西。讲的是钱学森的词汇,想的却不是钱学森的思想,从目前中国学术界看,这种情况是存在的。“大而无当”的批评给我们提了个醒,有意义。

这样说绝不意味着我们认为钱学森对大成智慧学的论述已经基本完善。钱学森有个著名论断:“我们的从定性到定量综合集成法,或称大成智慧工程,就要把众人的‘举重若轻’和‘举轻若重’结合统一起来;在定方针时居高远望,统揽全局,抓住关键;在制订行动计划时又注意到一切因素,重视细节。这可能是马克思主义哲学了,是大成智慧学了”(7-360)。这段话的睿智一眼就可以看到,无须细说。但仔细琢磨又有令人迷惘之处:他明确地把大成智慧学界定为哲学,却又把大成智慧工程包含于其中,难道哲学中还有工程技术?从工程技术到哲学之间还隔着两个层次,岂不混淆了不同层次?按照作者的理解,不可简单地说大成智慧学是哲学,它应该是打通现代科学技术所有层次的产物,既是哲学又是科学技术,既是科学技术又是哲学。大成智慧学也是打通现代科学技术体系中 11 个大部门的产物,而不仅仅是某一部门的成果。所谓“集大成,得智慧”,“集”的是 11 个大部门、所有知识层次的“大成”,得到的智慧也不是传统所理解的哲学智慧。

钱学森说过:“我们的开放复杂巨系统学和大成智慧工程要十几年后才能为人们所接受,太新奇了嘛”(7-154)。对如此“太新奇”的东西,存在学术歧见是正常的,各抒己见,相互争论,才能求得真知灼见。钱学森也是人,而不是神,绝不会句句是真理。但对于追随钱学森学术思想的后来者,要紧的是认真思索钱学森留下的学术遗产,把握其精神实质,不要轻易地视为错误而简单地抛弃,也不要死记硬背,当做教条。像钱学森这样的大学者,即使看起来是错误的东西,也都隐藏着某些可以启示我们的智慧,应当严肃认真地对待,要开动脑筋,深入思考,努力挖掘。

研究大成智慧学当然要用系统科学。钱学森说得清楚:"我们要走向大成智慧,最核心的概念是现代科学技术体系的整体结构,不是零碎的知识瓦片、木椽、窗格!"在社会建立起信息网络的今天,做到这一点的关键是"掌握知识体系结构,能跨学科、全领域看问题,不在于非把细节都埋在头脑中"。要明确目的,抓住中心,让周围的事物、细节围绕中心转动起来,一切有用的材料就都能够为我所用[9-062]。这显然也是一种系统思维。

第 15 章　结束语:顾后与瞻前

本书行文至此已接近尾声,但瞻前顾后还有两点要说。第一点属于顾后,第二点属于瞻前,瞻前需要顾后,顾后为了瞻前。

15.1　钱学森系统科学研究的薄弱环节

钱学森对系统科学的探索是全方位的,每个层次、每个学科都有超常的贡献。但钱学森也是人,他的精力同样是有限的,而系统科学还处在发展的早期。钱学森没有也不可能结束系统科学的探索,而是开辟了进一步研究的道路。跟他的前行者贝塔朗菲等一样,钱学森的系统科学研究必然存在自己的欠缺之处,有待他的后继者弥补。我们拟就以下几点做些讨论,希望有助于把中国系统科学的研究引向深入。

1. 涌现问题

把涌现概念引入系统科学的是艾什比,特别是贝塔朗菲,但在很长时间内未得到进一步的阐释,因而未引起系统科学界的重视。中国则是"系统热"掀起后,最早由自然辩证法学者翻译介绍国外文献(特别是系统哲学家邦格的著作)时引入的,却并不理解其深刻的意义。受贝塔朗菲片面认识的影响,他们把"emergence"译为突现,误以为涌现现象都是突然发生的。用"突现"一词,意在指明系统的非加和式整体性是突然呈现出来的。但事实上,大量的系统非加和式整体性是"渐现"的,即逐渐呈现出来。应该把系统呈现出非加和式整体性称为涌现,它的具体呈现方式有突现和渐现两种。

在整个 20 世纪 80 年代,涌现问题也未引起中国系统科学界的重视。应该说,这与钱学森有关。作为系统科学大家,钱学森对涌现的本质有深刻的理解,做出多方面的论述,前面已多有所评介。此处再介绍一个说法:"一个复杂的系统的整体的性质、功能可以大大地不相同于每一个组成部分的性质和功能……复杂的系统它的整体的功能常常会出乎于你意料之外,你不可能先想到有这种功能,但是它有。"这段话把涌现的基本特征表述得全面而清晰。但钱学森坚持不用涌现和涌现性这样的概念,原因在于历史上涌现一词常常与目的论之类唯心主义观点相联系。所以,唯物主义立场异常坚定的钱学森公开反对讲涌现:"邦格所谓的'突现'是不对的”,“意识涌现论是不对的”①。鉴于钱学森处于中国系统科学导师的地位,他的态度必然影响系统科学界,长期回避研究涌现问题就是表现。我本人就受到影响,一直吃不准,不敢正面谈论涌现现象。直到美国圣塔菲学派把涌现作为他们的基本理念之一,受其影响,中国系统科学界主流才于20世纪90年代开始使用涌现概念,研究涌现现象。后来,钱学森的高足戴汝为论述开放复杂巨系统的文章中也使用了涌现一词,钱学森对文章表示赞赏,未对运用涌现一词提出异议,我理解他改变了看法。

其实,“涌现”一词既可以作唯心论的解释,也可以作唯物论的解释。目的论给它以唯心论的解释,科学技术则需要、也能够给涌现以辩证唯物主义的解释。而这个概念的重要性在于,系统最本质的特征是它的整体涌现性,整体呈现出在组成部分中看不到、也无法从组分质性预测的质性,高层次出现低层次看不到、也无法依据低层次质性预测的质性。这里所说的质性是多方面的,包括系统的结构、形态、属性、行为模式、功能等。从系统哲学层次看,同还原论相对立的是涌现论。客观世界的奥秘存在于两个相反的方向,一个是低层次的还原释放性,一个是高层次的整体涌现性。还原论引导研究者寻找组分或低层次的还原释放性,它们在组分整合为系统后就被屏蔽起来,只有解构整体才能发现之。涌现论引导研究者寻找整体或高层次的涌现性,只有整合组分或跃升到高层次才能发现它们;整体一旦被分解,这些特性就荡然无存了。所以,系统科学是研究事物整体涌现性的科学,系统学是关于整体涌现性的基础理论,只有如此理解方能把握问题的实质。在基础科学层次上,人们关心的主要是系统整体的形态、特性、运行演化规律,而不是它的功能和用途。对于把握系统的质性,涌现比功能更为根本,涌现涵盖了功能,功能绝不能涵盖涌现;涌现首先是系统的内在质性,功能则是系统质性的外在表现。由于不认识系统科学是关于整体涌现性的科学,涌现问题在很长时期内没有引起系统科学界的足够重视。但直到现在,我们对涌现的研究仍然很肤浅,处于如此状态是难以建立系统学的。

系统的功能无疑是系统的一种整体涌现性,一般情形下整体功能都跟组分的功能有性质上的区别,即质的非加和性。这叫做非平庸的整体涌现性。平庸的涌现性表现为整体与部分有同质的功能,不过整体的功能一定不等于组分功能之和(或大于,或小于)。这仅仅是量的非加和性,故属于平庸的涌现性。把功能当成根本概念去抓,对系统质性的理解很难达到基础科学的层次。不强调功能问题,抓住整体涌现性这个根本,致力于描述整体涌现性,揭示其形成的条件、机制、规律,是系统学的核心内容。涌现有哲学意义,或者说涌现也是哲学概念;功能不是哲学概念,从功能的角度提不出有深刻意义的哲学问题。名正才能言顺。尽管钱学森对

① 钱学森.人体科学与现代科技发展纵横观.北京:人民出版社,1996:61,115,121.

系统的整体涌现性有深刻的理解,但拒绝使用涌现概念,始终围绕着系统功能做文章,是系统学没有建立起来的深层次原因。

2. 信息问题

从建立系统学的角度看,涌现和信息是一个问题的两方面。无论是还原释放,还是整体涌现,改变的不是物质和能量,因为物质不灭、能量守恒。但系统的信息却改变了,信息有生有灭,因为信息不守恒。钱学森非常重视信息理论和技术,但他坚持申农的信息观,不接受维纳的命题“信息就是信息,不是物质,也不是能量”①,说维纳“好像是开玩笑讲的”②。钱学森对信息的认识属于技术科学和工程技术层次,这在讨论通信科学技术问题时完全没有问题,对于建立系统学却转化为障碍。在基础科学层次上,系统的整体涌现性不能用物质运动、能量转换来说明,需要用信息的创生、运动、存取、转化和消失来解释。但这里的信息不应该是技术科学层次上的概念,而应该是基础科学层次上的概念。在创建系统学探索的前期,钱学森曾试图把信息概念引入系统学,没有成功,决定暂时不考虑信息问题,这样做是务实的。在提出从定性到定量综合集成发概念后,他经常谈论信息的重要性,却都属于工程技术层次,重在收集和利用信息。钱学森构筑起现代科学技术体系的大框架,却始终没有把信息科学当成一个独立的大部门,这与他对信息的认识有关。他发现申农没有回答信息是什么的问题,又不同意维纳关于信息是什么的否定性回答(维纳只讲了信息不是什么),自己试图给出肯定性的回答,实际上没有给出。但作者认为,他的信息观存在原则性的不当之处,不改变这种状况,很难建立系统学。我们略加评析。

他说:“我觉得要用辩证唯物主义的看法看信息的概念,信息还是物质的,物质的运动”③。坚持辩证唯物主义当然是对的,但从辩证唯物主义得不出“信息还是物质的”这一结论。信息反映、表现物质的运动,不等于信息就是物质的。说“信息是物质运动”有点含糊,确切的说法为“信息是物质运动的表征”。表征物质运动的东西,未必一定是物质的。

他说:“信息传递的这个过程实质上就是物质运动。但是在一种物质运动的过程当中我们注意的不是像力学里面讲的那些东西了,像速度啊、动量啊、能量啊,这些东西。而是从另外一个角度,从它的相互的关系,从它的结果,改变了什么东西,改变了什么功能,从这个角度。我们把这种东西呢,这种概念,把它提炼出来,我们说这是信息,这是信息的传递。所以信息,信息的传递这种概念,实质上是人为的。

---

① 维纳. 控制论(第二版). 郝季仁译. 北京:科学出版社,1963:133.

② 钱学森. 关于思维科学. 上海:上海人民出版社,1986:145.

③ 钱学森. 人体科学与现代科技发展纵横观. 北京:人民出版社,1996:231.

就是我们在认识客观世界的过程当中对某一现象我们加以提炼、概括，把这种东西叫做信息，信息的传递”①。这段话含义很丰富，也有一些歧义，值得讨论：

（1）信息传递是通过传递它的物质载体而实现的，载体的传递过程确实是一种物质运动，但不能由此而断言寓居于载体上的信息也是物质的；信息借其物质载体的传递而得以传递，不能由此断定信息同其载体一样也是物质的。人的言语过程当然是一种物质运动，但语言所表达的思想内容即信息不是物质的，也不是某种物质的运动，而是物质运动的某种观念形态的反映，一种非物质的东西。

（2）人们谈论信息，看问题的角度不同于描述物质运动，关注的是运动着的物质的相互关系；信息是表征不同事物相互关系的东西，信息的创生、变换、消失意味着改变了什么东西。这个思想是深刻的，有新意。但人的提炼、认识是主观反映客观的过程，提炼、认识的结果是观念形态的存在，不再是物质的东西，而是非物质的东西。信息概念是人为的，物质概念也是人为的。而被反映的对象是客观的，不是人为的。

（3）这段话表明钱学森试图与机械唯物论的信息观划清界限，指出信息不同于速度、动量、能量这些典型的物质特性；却与维纳类似，不正面说信息是什么。他看到了信息不同于物质的一些特点，却力图把它说成仍然是物质的，这是一个矛盾。

钱学森还说：“我认为它总是一种物质的运动。但是它又是一个发生点、发生者，也有一个接收者，中间有个信息道。那么，从发生者和接收者来看，它是有含义的，有信息含义。那么他就把这个消息通道里面的物质运动解释为一种信息。很重要的就是有送信息的和接信息的，他们要有个默契。没有这个默契，就没有信息”②。这段话有新意，指出信息发生在由发送者、通道、接收者构成的系统中，而且相互之间要有默契。就是说，信息是一种系统现象，不能用非系统观点去理解。但他所考虑的主要是信息的交流和传输（通信），而不关心信息的产生、处理、存取、消除等运作。而系统科学不能只关心通信，必须关心所有的信息运作，信息的产生、处理、存取、变换和消除更重要。钱学森在此处给出一个我们不能同意的信息定义：“信息是消息通道里面的物质运动”。信道中直接传递的电流、声音、符号等仍然是载体，是物质的，载体在信道中传递是物质运动；但这些载体运动（传递）的含义才是信息，它们是非物质的。不承认这一点，永远无法说清楚信息是什么。

贝塔朗菲、普利高津、哈肯、艾根和圣塔菲都考虑过把信息概念引入他们的系统理论中，后三者都有值得称道的贡献，但都没有真正解决问题。目前，国内外的信息研究都处于低潮，短期内还找不到突破口。这对系统科学的发展十分不利，我们需要花力气研究信息科学，也必须等待。

---

① 钱学森．人体科学与现代科技发展纵横观．北京：人民出版社，1996：230.

② 钱学森．创建系统学（新世纪版）．上海：上海交通大学出版社，2007：12.

3. 自组织问题

无论工程控制论,还是系统工程,都是关于他组织的科学理论和技术。《工程控制论》一书涉及自组织控制的某些内容,如自寻最优点、自镇定、自适应控制等。但控制论学者讲的自组织实际上是在人造控制系统中增加某些自组织成分,原则上还是他组织系统,是系统设计者(他组织者)赋予被组织的机器以一定的自寻找、自镇定、自适应能力。从控制论学习自组织理论,有点像从康德那里学习辩证法一样,不得要领。

"用好局部"是钱学森系统思想的重要内容,具有强烈的他组织特征,属于技术科学层次的他组织理论的基本原理。他给出的系统定义是典型的他组织理论讲的系统(见 11.1 节,研制者是研制对象的外在组织者),不能用于研究自组织。跟欧洲学派相比,缺乏对自组织的独立研究是钱学森学派的一个显著的缺点。用钱学森自己的话说,直到 20 世纪 70 年代末,"我们那时考虑的系统,还只限于人为的系统。自然界的系统,我们没有考虑进去"①。视野局限于人为事物不会产生自组织概念,只有把视野扩大到自然界,思考自然界各种系统的产生和演变,才可能建立自组织概念。或者说,耗散结构论等从自然科学中产生出来的自组织理论,使钱学森的系统科学视野从人工世界扩大到自然界,接受了自组织概念。

钱学森主要是从欧洲自组织学派那里接受自组织理论的,首先是普利高津,接着是哈肯,然后是艾根,他对后两者的评价更高。自组织理论是系统科学中十分诱人的内容,能够深刻揭示系统何以生成、存续、演化、消亡的内在机制,解释千奇百怪的自然现象是如何发生和演变的。钱学森赞赏自组织理论,曾经说过自组织理论是系统学的核心。对于建立系统学,这一认识十分重要。关于自组织问题,他在不同场合发表过一些极有启发性的见解。如说:"微观的粒子是渺观场的自组织,就如宏观的物体(包括生物、人)是微观原子、分子的自组织"[2-076]。用自组织来解释层次关系,是他的一个创见。但总的来说,钱学森本人没有对自组织问题做过专题论述,也没有布置他的研究团队进行探讨,他的理论创新中没有关于自组织的内容。特别地,他没有谈论过社会系统中的自组织现象。确认自组织理论是系统学的核心,把研究重点转向社会科学,却没有花力气专题研究社会系统的自组织,应该是系统学没有建立起来的重要原因。另一方面,普利高津、哈肯、艾根的自组织理论各有自己的体系,无法简单地汇集在一起,需要有更高的视野,创造一套新的框架,才能够把它们融会贯通,形成一个有机的理论体系,作为系统学的核心部分。从欧洲自组织学派的几种理论中跳出来,独立地开展自组织研究,形成自己的理论框架,才可能做到把耗散结构论、协同学、超循环论等融会贯通,建立作为系统学核

① 钱学森. 创建系统学(新世纪版). 上海:上海交通大学出版社,2007:7.

心内容的、钱学森学派的自组织理论。由此观之，20 世纪 80 年代的两个提纲都不可能把这三种自组织理论融会贯通，即使写出来，实质上还是三者的“拼盘”。

作为自组织理论的代表人物之一，普利高津在其晚年著作中一再提到“以‘自发的自组织世界’这一观点为中心的中国传统”，“中国的关于自然界中的自组织与和谐的传统观点”①，给以很高的评价，中国学人深受鼓舞。估计钱学森读过普利高津的这些论断，这同他提倡从中国传统文化中提炼系统科学思想的主张是一致的，应该会引起他的注意。但我们始终未见钱学森对普利高津观点有何评论，更未见他对此做出过回应。钱学森有一个极有见地的看法：“中国古代哲学提出阴阳五行的相生相克理论。我们要把这相互促进的相生、相互克制的相克关系用到巨系统成员子系统之间的相互作用”[9-012]。这应该是钱学森对中国传统文化中自组织思想的独特解读。他启示我们，巨系统成员之间的相互作用是巨系统出现自组织的内在根源，中医讲的相生相克比西方科学讲的非线性相互作用更深刻，更为基本。但是，钱学森并未把这样的思考深入进行下去，更未使之系统化。关于应用中国文化来丰富发展系统科学，他曾说过：“此事我说了多年，我自己做的只一小点，即把整体观引入开放的复杂巨系统研究，并提出要把整体论与还原论结合起来的从定性到定量综合集成。还能做什么？就不清楚了”[8-495]。这表明在发掘中国文化的系统思想时，钱学森关注的焦点仍然是他组织问题，是他的综合集成法，而不是自组织理论。“不清楚”从中国文化中提炼自组织理论本应该是他“还能做”的事，这始终是钱学森学术思想的一个盲点。

对于普利高津对中国文化包含自组织观点的赞扬，国内其他学者也没有做出应有的回应。刘长林的《中国系统思维》是一本有影响的著作，内容丰富，涉及面很广，可惜没有从自组织方面下工夫。另外几本有关自组织的著作，作者都出身于理工科，基本上是按照普利高津、哈肯、艾根的理论写出的，都没有着意挖掘中国传统文化中这方面的宝藏。作者本人曾经有过这方面的想法，但怯于自己传统文化底子太差，始终不敢问津。系统科学中国学派的此种表现，实在是愧对祖宗。这表明，发掘中国传统文化极其丰厚的系统思想，还有艰巨的工作要做。

4. 他组织问题

在接受普利高津等的自组织理论后，中国学术界不自觉地形成一种观点，认为自组织是好的，他组织是不好的。吴彤另有说法：自组织优于他组织（讨论会上发言）。基于这种认识，学界或隐或现地总是抑他组织而扬自组织。更极端的观点认为，中国社会存在的问题和弊病都来自轻视自组织、看重他组织，只要做到以自组织取代他组织，一切问题就都解决了。从理论上说，这是一种新的片面性，一种非

① 伊·普利高津．从存在到演化．上海：上海科学技术出版社，1986：中译本序．

科学观点;在实践中,这种观点相当有害。

支持上述看法的是这样一种观点:自然界的演化完全是自组织的,耗散结构论、协同学、超循环论都是纯粹的自组织理论。这实在是一种误解。世界上没有纯粹的自组织,也没有纯粹的他组织。跟一切矛盾一样,自组织与他组织也是相比较而存在,相对立而演变、发展,彼此既相互肯定,又相互否定,以否定的形式肯定对方,激励对方的发展,制约对方的独大。一切系统的演化都是自组织与他组织矛盾统一的过程,而达成统一的质性、式样、紧密程度千差万别。如果自组织与他组织不能达成辩证统一,系统就会解体。哈肯和艾根都把环境选择作为其理论体系中必不可缺少的原理,普利高津也不反对这一点。而环境选择就是他组织作用,环境的选择力就是他组织力。系统必须遵循环境的选择原则来组织自我、发展自我,这就是"指挥棒",就是"组织指令",不能被外在环境选择的系统注定被淘汰。从数学模型看,其中若有强迫作用项,那就是典型的他组织力。即使没有强迫作用项,模型中的控制参量也反映外在环境对系统行为、状态的影响和制约,所表现的也是他组织作用。当然,欧洲学派自己没有意识到,他们所谓的自组织系统,其中都有他组织成分。哈肯的哲学思想略胜一筹,明确承认自组织过程中可能产生出居支配地位的集体运动模式,即序参量,它能够支配或役使(他组织理论的典型用语)其他参量,并且公然命名为支配(役使)原理。这就告诉我们,自组织过程会不以人的意志为转移地产生出他组织因素。自然界如此,社会领域也如此。在社会问题中,不重视自组织与他组织这对矛盾,不能使二者达到辩证统一,社会系统就会处于病态。高度集中的计划经济是病态,不用社会主义原则去管理的"社会主义市场经济"也是病态。这次世界经济危机的起源,就是美国放弃对金融系统监督和管制(他组织),任凭金融资本家自由行事的结果,马克思当年对在资本主义市场经济的批判又一次得到历史的验证。

建立起协同学(被钱学森称誉为系统学)之后,哈肯的学术思想有何发展?从他的这样一段话中可以看出端倪:"我们就两个极端的情形一起来考虑,一个是组织,一个是自组织。我个人认为,这里需要一个新的控制论,以便用一个更全局的方式来支配或推动复杂系统"①。需注意,哈肯著作中讲的组织,这里讲的控制,就是我们讲的他组织。始终把自组织与他组织看成一对对等的概念,即矛盾的两极,是哈肯思想的高明之处。作为协同学的进一步发展,他设想一起来考虑这矛盾的两极,寻找更全局的方式,建立一种更综合的系统理论,以对付系统的复杂性。这一思想在哲学上极为深刻,可惜未能实现目标。欲以所谓"新的控制论"来统一自组织理论和他组织理论,不是一条有效的途径。

从哲学上看,他组织与自组织是两个矛盾对立面,相互制约又相互促进。用中

① 哈肯. 协同学讲座. 西安:陕西科学技术出版社,1987:161.

国传统文化的说法，自组织与他组织相生相克、互根互用。欲深刻把握自组织，必须研究和阐释他组织；反之，欲深刻把握他组织，必须研究和阐释自组织。反映到科学发展中，自组织理论和他组织理论也是一对矛盾，相生又相克，互根又互用，相互否定，又相互规定。系统学的理论体系应该由两个有机联系的部分组成，一个是自组织理论，另一个是他组织理论。需要在辩证逻辑指导下，把两者融为一体，形成一个内在联系紧密、逻辑上自洽的框架。而未能辩证地处理好这对矛盾，也是系统学没有建立起来的哲学原因。

钱学森最初设想的系统理论的基础科学是理论控制论和理论事理学，都属于基础科学层次的他组织系统理论。有了系统学概念后，他认为这两者都属于系统学。后来又提出系统学的核心是自组织理论。可见，他思想上考虑过系统学的三个分支学科，即自组织理论、理论控制论和理论事理学，他的系统学事实上也是由自组织理论和他组织理论共同组成的。不过，理论控制论或理论事理学都不是自组织理论的对等概念，他组织理论和自组织理论才是逻辑上对等的概念。但钱学森没有采用他组织概念，他的自组织概念没有自己的对立面。不用他组织作为总概念去概括管理学、运筹学、事理学、控制论等技术科学，不从自组织与他组织的辩证关系上立意，难以建立系统学。

钱学森本人在运筹学中没有独立的工作，创立工程控制论却使他进入系统科学创立者的行列。但20世纪80年代以后的钱学森不大谈控制论，谈论更多的是运筹学。钱学森一再讲“系统学是从运筹学发展而来的”，却从未讲“系统学是从控制论来的”。我曾经听朱照宣说过，有一位运筹学家对他讲，你们的系统学很像运筹学。把从定性到定量综合集成法作为系统学的内容，很容易给人以这种印象。系统学本质上属于动态理论，系统的发生、成长、存续运行、演化、消亡都是动态过程，可从控制论提炼系统学的内容。运筹学基本上属于静态理论，很难提炼上升为基础理论。不适当地倚重运筹学，甚至有过运筹学就是系统学的认识，恐怕也是系统学没有创立起来的深层原因之一。

5. 网络理论

把系统看成某种网络，是系统科学诞生时期就有的思想。钱学森很早就接受了网络概念，认为“网络是某些系统最形象、最简洁的表达形式”[4页]。不过学界早期研究只限于简单的规则网络，用途十分有限，后来发展到随机网络，仍然不足以描述真正的复杂系统。20世纪80年代，钱学森注意到诺贝尔奖得主叶尔耐的网络理论，认为还太简单。但由此引出一个重要认识：“网络理论已经走到系统科学的门口了，再推一步就进去了”①。能够作为复杂系统描述工具之一的复杂网络理

① 钱学森．人体科学与现代科技发展纵横观．北京：人民出版社，1996：291.

论诞生于 20 世纪 90 年代,目前主要有小世界网络和无标度网络两种。但钱学森已迈向九十高龄,又把主要精力放在研究中国社会发展问题上,故没有注意到国际上正在走向高潮的这一系统科学新动向。他的研究团队也没有注意到复杂网络理论,不能再像当年评介、研究耗散结构论和协同学那样走在国内学界的前沿,显得落伍了。好在中国幅员辽阔,系统科学已经形成一支庞大的研究队伍,可以做到西方不亮东方亮。从本世纪初起,国内一些学者跟踪国际动向,开展复杂网络理论的译介和独立研究,召开学术会议,出版论文集,史定华、狄增如等都有不俗的成果,及时填补了中国系统科学的这一缺环。钱学森地下有知,必定会感到欣慰的。

6. 建模问题

把从定性到定量综合集成法应用于实际问题,关键是建模,有了数学模型才能对专家经验、统计数据及其他资料进行综合集成,在计算机上显示出来,让专家获得直观感受,跟他们的经验相对照,从而提出问题和建议,再修改模型,再上机进行演算。没有模型,综合集成法只是一个思想方法,无法解决实际问题。系统科学和复杂性研究的各个学派都有自己独特的建模理论和方法,而且是他们学派的重要标志,唯独钱学森学派没有自己的建模理论和方法。另外,这个方法的成功应用,世人知道的只有粮油倒挂一例,也只是知道有这么一回事,详细的资料并未公之于世,让人多少有些不放心。

15.2　系统科学中国学派的发展空间

钱学森说得好:“新兴的系统科学之所以成为热门,是因为实际需要,不是什么理论问题”[6-127]。过去七十年如此,未来很长时期仍然如此,甚至比以往更加需要应用系统科学。因为就整个人类世界看,世界系统化、一体化还远未化到底;要化到底,达到它的吸引子,使世界成为一个结构有序、运行稳定、功能优良的社会系统,历史需要系统科学大发展。所以说,系统科学具有光辉的未来。

钱学森的离世是中国系统科学界的巨大损失,三年来我们已经深深地感受到这一点。但钱学森给我们留下的学术遗产十分宝贵而丰富,系统科学的中国学派还有很大发展空间,因为钱学森的有关设想大多数尚未实现,有大量工作需要做:

(1) 系统科学体系并未完全建成,这不仅表现在系统学尚未真正建立起来。钱学森的体系学要求系统科学的不同层次之间、同一层次的不同学科之间紧密联系,相互作用,以求发挥体系的整体效应。而现实是,不论系统科学的研究部门,还是高等学校的教学部门,都不是按照三个层次、一架桥梁的框架组建和运行的,要么偏重于系统工程,要么偏重于系统理论,都做不到打通层次间的壁垒,难以发挥系统科学作为多层次系统的整体涌现作用。

(2) 钱学森的系统科学是现代科学技术体系中的一个部门，要同其他部门相互联系、相互影响、相互作用，才能更好地发展自己，体现现代科学技术体系的整体涌现性。钱学森自己就是在研究系统科学的同时也研究思维科学、人体科学、行为科学等，从中发现和提出系统科学的研究课题，收集材料，吸取思想营养。他关于系统科学的某些新概念、新命题就是从其他部门中提炼出来的。坚持这一条工作路线，就能开辟广阔的新研究领域。

(3) 开放复杂巨系统研究仅仅是开了个头，真正的工作还有待于未来进一步的研究。按照体系学思想，关于开放复杂巨系统的理论研究也应该分两个层次，基础科学层次的研究是开放复杂巨系统学，技术科学层次的研究钱学森没有命名（甚至未明确提到过），不妨称为开放复杂巨系统理论。钱学森说："'开放复杂巨系统学'有了第一步了"[5-476]，意即还有第二步、第三步等。又说："从定性到定量综合集成研讨厅体系是件新事物……理论是极有限的"[9-203]。这表明，在钱学森的心目中，开放复杂巨系统研究还任重道远。"只有从一个个具体的开放复杂巨系统入手进行研究，当这些具体的开放复杂巨系统的研究成果多了，才能从中提炼出一般的开放复杂巨系统理论，形成开放的复杂巨系统学，作为系统学的一部分"①。如何落实钱学森的这一思想，人们在拭目以待。

实事求是地讲，系统科学的中国学派也面临危机。20 世纪 70 年代末到 90 年代中期，的确是中国系统科学的黄金时代。进入世纪末，随着钱学森和许国志年岁日高，王寿云的意外离世，"六大将"云散高塘，系统运动在中国开始落潮。俗话说，人亡政息。学术上也可能出现类似的情形。在许翁和钱学森相继离世后，系统科学的中国学派走到分叉点上，开始出现危机：放弃钱学森系统科学思想这面旗帜，跟着洋人跑，这种危险是存在的。

① 钱学森．创建系统学(新世纪版)．上海：上海交通大学出版社，2007：126.

后　记

钱学森学术思想是一座蕴藏着现代科学技术新思想的宝山，在他那些同样是普通的汉语文字后面有大量深刻的思想，有待挖掘。现代科学技术的发展提出一个引人注目的新概念：数据挖掘。受此启发，顾基发、唐锡晋师徒又提出专家挖掘的概念。我由此想到“钱学森挖掘”也是一个有意义的科学概念，本书就是本人多年来挖掘钱学森系统科学思想的结果。

如何挖掘？自然是用系统科学的观点和方法，即用整体观、全局观、大局观、层次观、有序观、过程观、动态观、历史观，以及自组织观点、他组织观点等。总之，要用系统科学的全部武器，来观察钱学森系统科学思想的形成和演变。经过前后约二十年的思考，作者形成一个框架，陆续发表了一些文章[注]。当《钱学森科学技术思想研究丛书》立项时，我报了这个题目，有幸被选中。由于有了框架，在撰写本书过程中，心血来潮时，间或写一点，2011 年 8 月正式动工，今天总算竣工了。

本书提纲同样得到丛书编委会的集体审阅，部分成员审阅了初稿，对本书做出贡献。送出版社前，又听取了赵少奎同志的意见。成书前还拜读了张锡纯教授的文稿《从事理学角度看系统学的研究》(尚未发表)，受到很多启发。张先生没有给我上过课，但自从跟他交往以来，我是把他视为师长的。年过九十的锡纯先生还在做学问，思考国家科技发展问题，诚如歌词说唱的“人有志气不怕老”，令人敬佩。吾山西同乡潘君岩铭兄再次提供无私帮助，助我查找资料。孤微子在此一并向他(她)们表示感谢。

本书初稿的第一批读者是跨校系统科学学习小组的八个成员，召集人为博士生向悦文，其余成员按姓氏汉语拼音顺序为楚湜婧、董朝辉、贺朝海、雷丽芳、林择人、罗绪春和吴俊。他们都是在校硕士生或博士生，有机会给他们传播点系统科学知识，作为退休教师的我很高兴，好为人师，人之通病嘛。他们(年轻的老朋友岳全力也间或参加)认真读了初稿，提出许多宝贵意见，作者当然也得平等地向他们致以谢意。毋庸讳言，我同他们交往也有自己的小算盘：借他们的朝气，冲淡老夫的暮气。老而不朽做不到，老而鲜朽呢，可能吗？试试看！

苗东升

2012 年 5 月 15 日晨

注：作者已发表的研究钱学森的论著：

(1) 钱学森与系统科学．中国工程科学，2001，8.

(2) 钱学森与系统工程．中国工程科学，2002，3.

(3) 综合集成法的认识论基础．系统辩证学学报,2003,1.
(4) 开放复杂巨系统理论:科学学、研究现状和存在问题．河北师范大学学报,2005,2.
(5) 钱学森论系统方法论．西安交通大学学报,2005,6.
(6) 钱学森与系统学．西安交通大学学报,2006,6.
(7) 把钱学森开创的科学探索推向前进．晋中学院学报,2008,4.
(8) 晚年钱学森在干什么．人民日报内参,2010,1.
(9) 钱学森与《实践论》:再谈复杂性科学的认识论．西安交通大学学报,2010,1.
(10) 系统科学家钱学森．辽东学刊,2010,3.
(11) 钱学森哲学思想研究．北京:科学出版社,2011.
(12) 钱学森与系统科学的中国学派．纪念钱学森先生百年诞辰论文集．北京:科学出版社,2012.